电磁场与微波工程

李九生　裘国华 / 编著

上海科学技术出版社

图书在版编目（CIP）数据

电磁场与微波工程 / 李九生，裘国华编著. -- 上海：
上海科学技术出版社，2024. 7. -- ISBN 978-7-5478
-6712-9

Ⅰ. O441.4；TN015

中国国家版本馆CIP数据核字第2024PU9277号

电磁场与微波工程

李九生　裘国华　编著

上海世纪出版（集团）有限公司
上 海 科 学 技 术 出 版 社　出版、发行
（上海市闵行区号景路 159 弄 A 座 9F–10F）
邮政编码 201101　www.sstp.cn
常熟市兴达印刷有限公司印刷
开本 787 × 1092　1/16　印张 15
字数 340 千字
2024 年 7 月第 1 版　2024 年 7 月第 1 次印刷
ISBN 978–7–5478–6712–9/O·124
定价：69.00 元

内 容 提 要

　　本书包含电磁场、微波工程两部分内容，主要介绍了电磁场、微波工程的发展历史及关键历史时期的重要人物，电磁场传播基础知识、微波传输线、微波器件与天线、微波器件设计实例。将关键器件设计与应用有机融入微波工程中，自然而然地将电磁场、微波互相渗透并融入实际应用，使学习者不再感到相关知识理论的抽象与晦涩，令其能轻松学习并掌握电磁场、微波工程的核心知识。同时，衔接了 5G 和 6G 无线通信的收发关键器件研制内容，展望了微波工程发展前景。全书共分为 10 章，是在目前课时紧缺情况下，学习电磁场与微波工程课程的适用教材，培养学习者的抽象思维、正确思维方法和严谨的科学态度，能够将物理概念和数学方法结合，提高学习者的基本素质，为实际工程问题建立数学模型的能力。

　　本书可作为包括高等学校电子信息工程、电磁场与无线技术、遥感技术及应用、电子与通信工程、仪器与测试技术、电气工程等电气信息类相关专业教材，也可作为研究生及从事电子信息等工程科技人员的参考书。

前言

　　"电磁场与微波工程"课程是电子信息工程、电磁场与无线技术、遥感技术及应用、电子与通信工程、仪器与测试技术、电气工程等电气信息类相关专业本科生的一门专业基础课。通过对该课程学习，学生能够获得完整的电磁场和微波知识结构，并应用相关知识进行简单微波器件设计，培养学生的科学思维及工程问题解决能力。

　　本书共 10 章。前 5 章主要介绍了矢量分析、静电场、麦克斯韦方程、时变电磁场等，为后续章节内容奠定了理论基础；后 5 章为微波工程，介绍了微波传输线、微波网络、微波器件、天线基础知识、微带天线等。另外，每章附有习题，以便读者巩固相关知识。

　　本书的数字资源中给出了教材配套的 PPT 资源，便于读者学习、掌握书中知识，以此来帮助学生更好地掌握教材的内容，或者有利于其他读者自学（下载链接：http://www.sstp.com.cn/video/20240607/1/index.html）。

　　本书由李九生、裘国华合作编写，裘国华主要负责 4 ~ 5 章，李九生负责 1 ~ 3 章和 6 ~ 10 章并进行全书的统稿工作。在本书的编写过程中，参阅了大量的参考文献，得到了许多朋友的支持与帮助，在此表示衷心的感谢。

　　由于笔者水平有限，书中难免存在一些不足和疏漏，敬请广大读者批评指正。

作　者
2024 年 5 月于杭州

目 录

第 1 章

电磁场与微波发展

1.1　电磁场发展简史

自然界存在天空放电现象，古人认为这种放电现象是阴气与阳气相激而生，《说文解字》载"电，阴阳激耀也，从雨从申"。《字汇》载"雷从回，电从申。阴阳以回薄而成雷，以申泄而为电"。《论衡》一书中曾有关于静电的记载，有琥珀或玳瑁经摩擦后能吸引轻小物体，也还记述了丝绸毛皮摩擦起电的现象，但古代中国对于电现象并没有太多了解。

古希腊人发现用毛皮摩擦过的琥珀能吸引像绒毛、麦秆等一些轻小的东西，并把这种现象称作"电"。公元前 585 年，古希腊第一位自然哲学家泰勒斯（Thales，公元前 624—公元前 546）（图 1.1）已经注意到摩擦的琥珀能吸引细小的绒毛。这是西方世界关于电现象最早的观察记录。今天英语中"electricity"（电）这个词在古希腊语中意思就是"琥珀"。

图 1.1　泰勒斯

英国物理学家、医生吉尔伯特（William Gilbert，1544—1603）（图 1.2）做了多年的实验，发现了"电力""电吸引"等许多现象，并最先使用"电力""电吸引"等专用术语，被人们称为电学研究之父。他的主要著作是 1600 年出版的《论磁》（图 1.3）。这是他多年实验研究成果，记录了 600 多个实验。在吉尔伯特之后的 200 年中，又有很多人做过多次试验，不断地积累对电现象的认识。

1734 年，法国人杜菲（Charles-Francois du Fay，1698—1739）（图 1.4）在实验中发现带电的玻璃和带电的琥珀能够相互吸引，

图 1.2　吉尔伯特

1

图 1.3 《论磁》

图 1.4 杜菲

但是两块带电的琥珀或者两块带电的玻璃则是相互排斥。杜菲根据大量的实验事实断定，电有两种：一种与琥珀带电的性质相同，叫作"琥珀电"；一种与摩擦玻璃带电的性质相同，叫作"玻璃电"。1745年，普鲁士人克莱斯特（Ewald Georg von Kleist，1700—1748）在实验中利用导线将摩擦所起的电引向装有铁钉的玻璃瓶。当他用手触及铁钉时，受到猛烈的电击，由此发现放电现象。

1746 年，荷兰莱顿大学的物理学教授马森布罗克（Pieter Von Musschenbrock，1692—1761）（图 1.5）在克莱斯特发现的启发下发明了收集电荷的莱顿瓶（图 1.6）。因为他看到好不容易取得的电却很容易在空气中逐渐消失，便想寻找一种保存电的方法。

图 1.5 马森布罗克

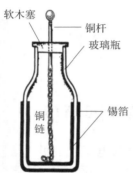

图 1.6 莱顿瓶

软木塞
铜杆
玻璃瓶
铜链
锡箔

18 世纪中叶，美国科学家本杰明·富兰克林（Benjamin Franklin，1706—1790）（图 1.7）做了多次实验，进一步揭示了电的性质，并提出了"电流"这一术语。他认为电是一种没有重量的流体，存在于所有的物体之中。如果一个物体得到了比它本身更多的电，它就被称为带正电（或"阳电"）；如果一个物体少于它本身的电，它就被称为带负电（或"阴电"）。

富兰克林对电学的重大贡献就是 1752 年著名的风筝"捕捉天电"实验，证明天空的闪电和地面上的电是一回事（图 1.8）。他用金属丝把一个很大的风筝放到云层里去，金属丝的下端接一段绳子，还在金属丝上挂一串钥匙。富兰克林一手拉住绳子，另一手轻轻触及钥匙，他立即感到一阵猛烈的冲击（电击），同时还看到手指和钥匙之间产生了小火花。此后，富兰克林制造出了世界上第一个避雷针。

图 1.7 本杰明·富兰克林

图 1.8 富兰克林风筝实验

1780 年，意大利科学家伽伐尼（Luigi Galvani，1737—1798）（图 1.9）在解剖青蛙时偶然发现一只已解剖的青蛙放在一个潮湿的铁案上，当解剖刀无意中触及蛙腿上外露的神经时，蛙腿发生抽搐。伽伐尼立即重复了这个实验，又观察到同样的现象。他以严谨的科学态度选择各种不同的金属，如铜和铁或铜和银，接在一起，而把另两端分别与被解剖青蛙的肌肉和神经接触，青蛙就会不停地抽动（图 1.10）。如果用玻璃、橡胶、松香、干木头等代替金属，就不会发生这样的现象。他认为，这是一种生物电现象，并撰写的论文《论肌肉运动中的电》于 1791 年发表。

1791 年，意大利物理学家亚历山德罗·伏打（Alessandro Volta，1745—1827）（图 1.11）得知伽伐尼的这一发现，做了一系列类似实验，甚至还在自己身上做实验。他用两种金属接成一根弯杆，一端放在嘴里，另一端和眼睛接触，在接触的瞬间就有光亮的感觉产生。另外，他用舌头触碰一枚金币和一枚银币，然后用导线把硬币连接起来，就在连接的瞬间，舌头有发麻的感觉。

图 1.9 伽伐尼

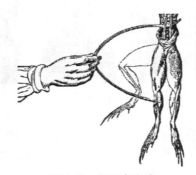

图 1.10 蛙腿电实验

图 1.11 亚历山德罗·伏打

1793 年，伏打发表了一篇论文，总结了自己的实验，不同意伽伐尼关于动物生电的观点。他认为，伽伐尼电在本质上是一种物理的电现象，蛙腿本身不放电，是外来电使蛙腿神经兴奋而发生痉挛，蛙腿实际上只起电流指示计的作用。他得出新的结论，认为两种金属不仅仅是导体，而且是由它们产生电流。

伏打还发现，当金属浸入某些液体时，也会发生同样的电流效应。1800 年伏打宣布了一个重要的发明"伏打电堆"（图 1.12）。这是一种比较原始的电池，是由很多银锌电池连接而成的电池组。伏打证明这个堆的一端带正电，另一端带负电，在当时引起极大的轰动。这是第一个能人为产生稳定、持续电流的装置，为电流现象的研究提供了物质基础，促使电学研究有一个巨大的进展。科学界用他的姓氏命名电势、电势差（电压）的单位，为"伏特"，简称"伏"。

1820 年，奥斯特（Hans Christian Oersted，1777—1851）（图 1.13）发现电流的磁效应。电学与磁学彼此互不

图 1.12 伏打电堆

关联的情况出现突破，开始了电磁学的新阶段。首先对电磁作用力进行研究的是法国科学家安德烈·玛丽·安培（André Marie Ampère，1775—1836）（图 1.14）。他重复了奥斯特的实验，提出了右手定则，并用电流绕地球内部流动解释地磁的起因。他研究了载流导线之间的相互作用，建立了电流元之间的相互作用规律——安培定律。英国物理学家迈克尔·法拉第（Michael Faraday，1791—1867）（图 1.15）对电磁学的贡献尤为突出，1831 年发现电磁感应现象，进一步证实了电现象与磁现象的统一性。法拉第坚信电磁的近距作用，认为物质之间的电力和磁力都需要由媒介传递，这些媒介就是电场和磁场。

图 1.13　奥斯特　　　　图 1.14　安培　　　　图 1.15　法拉第

　　1826 年，欧姆（Georg Simon Ohm，1789—1854）（图 1.16）确定了电路的基本规律——欧姆定律。1865 年，苏格兰的麦克斯韦（James Clark Maxwell，1831—1879）（图 1.17）把法拉第的电磁近距作用思想与安培开创的电动力学规律结合在一起，用一套方程组概括电磁规律，提出电磁场理论的数学式，这一理论首次提供了位移电流的观念，总结出磁场的变化能产生电场，而电场的变化能产生磁场这一结论。麦克斯韦预测了电磁波辐射传播的存在，而在 1887 年德国的海因里希·鲁道夫·赫兹（Heinrich Rudolf Hertz，1857—1894）（图 1.18）利用自研装置测量证实了电磁波存在。

图 1.16　欧姆　　　　图 1.17　麦克斯韦　　　　图 1.18　赫兹

1.2 历史上著名的电磁学家

1.2.1 安培

安培（André-Marie Ampère，1775—1836），生于法国里昂。1820 年 7 月，奥斯特发表关于电流磁效应的论文，安培则报告了他的实验结果：通电的线圈与磁铁相似；同时他还报告了两根载流导线存在相互影响，相同方向的平行电流彼此相吸，相反方向的平行电流彼此相斥；对两个线圈之间的吸引和排斥也作了讨论。

安培自学《科学史》《百科全书》等著作，13 岁就发表第一篇数学论文。1799 年，安培在里昂的一所中学教数学。1802 年安培离开里昂去布尔格学院讲授物理学和化学，同年他发表一篇论述赌博的数学理论。1808 年，安培任法国帝国大学总学监，1809 年任巴黎工业大学数学教授，1814 年当选位法国科学院院士，1824 年任法兰西学院实验物理学教授。1827 年当选为英国伦敦皇家学会会员，他还是柏林、斯德哥尔摩等科学院院士。1836 年，安培因病医治无效去世，终年 61 岁。由于安培在电磁作用方面的研究成就卓著，对数学和化学也有突出贡献，因此电流的国际单位"安培"即以其姓氏命名。

1.2.2 奥斯特

奥斯特（Hans Christian Oersted，1777—1851），1777 年 8 月 14 日生于丹麦，1794 年入哥本哈根大学就读，1799 年获哲学博士学位。1806 年任哥本哈根大学物理学教授。1807 年在实验时无意中发现了磁针在电流作用下有偏转的倾向。1820 年通过实验证实了使磁针偏转的电流磁效应。1829 年被任命为哥本哈根工艺大学校长。1851 年 3 月 9 日奥斯特于哥本哈根逝世。奥斯特发现电流的磁效应，奠定了电磁学研究的基础，为了纪念他，将 CGS 电磁单位制中磁场强度的单位命名为"奥斯特"。

1.2.3 法拉第

法拉第（Michael Faraday，1791—1867），1791 年 9 月 22 日出生于英国郡纽因顿，因家庭贫困仅上过几年小学，13 岁时便在一家书店里当学徒。1813 年由戴维举荐到皇家研究所任实验室助手。同年 10 月，戴维到欧洲大陆作科学考察、讲学，法拉第作为他的秘书、助手随同前往。先后经过法国、瑞士、意大利、德国、比利时、荷兰等国，结识了安培、盖·吕萨克等著名学者。沿途，法拉第协助戴维做了许多化学实验，丰富了他的科学知识，增长了实验能力。1824 年当选皇家学会会员，1825 年任皇家研究所实验室主任，1833—1862 年任皇家研究所化学教授。1846 年荣获伦福德奖章和皇家勋章。

1820 年奥斯特发现电流的磁效应之后，法拉第于 1821 年提出"由磁产生电"的大胆设想，并开始了艰苦的探索。1821 年 9 月，他发现通电的导线能绕磁铁旋转及磁体绕载流导体的运动，第一次实现了电磁运动向机械运动的转换。1831 年发现了电磁感应定律。这一划时代的伟大发现，使人类掌握了电磁运动相互转变，以及机械能和电能相互转变的方法，成为现代发电机、电动机、变压器技术的基础。

法拉第是电磁场理论的奠基人，首先提出了磁力线、电力线的概念，在电磁感应、电化学、静电感应的研究中进一步深化和发展了力线思想，第一次提出场的思想，建立了电场、磁场的概念，否定了超距作用观点。法拉第常数（F）是近代科学研究中重要的物理常数，代表每摩尔电子所携带的电荷，单位 C/mol，是阿伏伽德罗数 $N_A =$ $6.022\,14 \cdot 10^{23}\,\mathrm{mol}^{-1}$ 与元电荷 $e = 1.602\,176 \cdot 10^{-19}\mathrm{C}$ 的积。

法拉第效应于 1845 年发现当线偏振光在介质中传播时，若在平行于光的传播方向上加一强磁场，则光振动方向将发生偏转，偏转角度 θ 与磁感应强度 B 和光穿越介质的长度 l 的乘积成正比，即 $\theta = VBl$。比例系数 V 称为费尔德常数，与介质性质及光波频率有关，偏转方向取决于介质性质和磁场方向，上述现象称为法拉第效应或磁致旋光效应。

1.2.4　伽伐尼

意大利科学家伽伐尼（Luigi Galvani，1737—1798），1737 年 9 月 9 日生于意大利的波洛尼亚。1756 年进入博洛尼亚大学学习医学和哲学。1759 年从医，开展解剖学研究。1768 年任讲师。1780 年，他解剖一只青蛙，当他的解剖刀触及青蛙大腿上的神经时，青蛙就会不停地发抖。当伽伐尼换用松香、玻璃之类的介质连接青蛙的肌肉与神经，就不会出现这样的现象。他认为这是一种生物电现象。1791 年，他把自己长期从事蛙腿痉挛的研究成果发表，这一成果让科学界大为震惊。1798 年 12 月 4 日在波洛尼亚去世，终年61 岁。

1.2.5　伏打

伏打（Alessandro Volta，1745—1827），1745 年 2 月 18 日生于意大利科莫，1774—1779 年任科莫大学预科物理学教授。伏打从 1765 年开始从事静电实验研究。1769 年他发表了静电学著作。1775 年他发明了起电盘。1778 年他提出了电的张力即相当于电位差的概念，建立了导体的电容电荷及其张力之间的关系式。1787 年他发明了灵敏的麦秸静电计。1779—1815 年任帕维亚大学实验物理学教授，1815 年受任为帕多瓦大学哲学系主任。1791 年成为英国皇家学会国外会员，1803 年当选为巴黎科学院国外院士。1810 年，拿破仑由于他对电力学的贡献，册封他为伯爵。1827 年 3 月 5 日，伏打在科莫逝世。

1.2.6　本杰明·富兰克林

1706 年 1 月 17 日，本杰明·富兰克林（Benjamin Franklin，1706—1790）出生在北美洲的波士顿。1723 年，富兰克林离开了波士顿，到费城的基未尔印刷所和英国伦敦的帕尔未和瓦茨印刷厂当工人。1736 年，富兰克林当选为宾夕法尼亚州议会秘书。1737 年，任费城副邮务长。1746 年，富兰克林在家里做了大量电学实验，研究了两种电荷的性能，说明了电的来源和在物质中存在的现象。

1752 年 6 月，富兰克林和他的儿子威廉一道，带着上面装有一个金属杆的风筝来到一个空旷地带，随后将风筝很快就被放上高空。此时，刚好一道闪电从风筝上掠过，富兰克林用手靠近风筝上的铁丝，产生一种恐怖的麻木感。后来，富兰克林用雷电进行了各种电学实验，证明了天上的雷电与人工摩擦产生的电具有完全相同的性质。风筝实验的成功使富兰克林在全世界科学界的名声大振。英国皇家学会给他送来了金质奖章，聘请他担任皇家学会的会员。1753 年，俄国著名电学家利赫曼为了验证富兰克林的实验，不幸被雷电击死。这是做电实验的第一个牺牲者。富兰克林经过多次试验，制成了一根实用的避雷针，1754 年，避雷针开始应用。

1.2.7 赫兹

赫兹（Heinrich Rudolf Hertz，1857—1894），1857 年 2 月 22 日出生在德国汉堡，他曾经在德国德累斯顿、慕尼黑和柏林等地学习科学和工程学。他是古斯塔夫·基尔霍夫和赫尔曼·范·亥姆霍兹的学生。1880 年，赫兹获得博士学位，但继续跟随亥姆霍兹学习，直到 1883 年他收到来自基尔大学出任理论物理学讲师的邀请。1885 年，他获得卡尔斯鲁厄大学正教授资格，并在那里证实了电磁波真实存在。

赫兹在 1886—1888 年期间，首先通过试验验证了麦克斯韦的理论。他证明了无线电辐射具有波的所有特性，并发现电磁场方程可以用偏微分方程（通常称为波动方程）表达。赫兹还通过实验确认了电磁波是横波，具有与光类似的特性，如反射、折射、衍射等，并且实验了两列电磁波的干涉，同时证实了在直线传播时，电磁波的传播速度与光速相同，从而全面验证了麦克斯韦的电磁理论的正确性。赫兹的发现具有划时代的意义，不仅证实了麦克斯韦发现的真理，更重要的是开创了无线电电子技术的新纪元。

赫兹对人类文明做出了很大贡献，正当人们对他寄以更大的期望时，他却于 1894 年 1 月 1 日因血中毒逝世，年仅 36 岁。为了纪念他的功绩，人们用他的名字来命名各种波动频率的单位，简称"赫"，符号是 Hz。

1.2.8 吉尔伯特

威廉·吉尔伯特（William Gilbert，1544—1603），1544 年 5 月 24 日生于英国，在电学和磁力学方面有很大贡献。他年轻时就读于剑桥大学圣约翰学院，攻读医学，获医学博士学位。毕业后已成为英国名医，直到 1603 年 11 月 30 日逝世。

吉尔伯特按照马里古特的办法，制成球状磁石，取名为"小地球"，在球面上用罗盘针和粉笔画出了磁子午线。他证明诺曼所发现的下倾现象也在这种球状磁石上表现出来，在球面上罗盘磁针也会下倾。他还证明表面不规则的磁石球，其磁子午线也是不规则的，由此认为罗盘针在地球上和正北方的偏离由陆地所致。吉尔伯特关于磁学的研究为电磁学的产生和发展创造了条件。在电磁学中，磁通势单位的吉伯（gilbert）就是以他的名字命名，以纪念他的贡献。

1.2.9　库仑

图1.19　库仑

查利·奥古斯丁·库仑（Charles-Augustin de Coulomb，1736—1806）（图1.19）于1736年6月14日生于法国昂古莱姆，后到巴黎军事工程学院学习。1777年，法国科学院悬赏，征求改良航海指南针中的磁针的方法。库仑提出用细头发丝或丝线悬挂磁针。同时，他对磁力进行深入细致的研究，特别注意温度对磁体性质的影响，发现线扭转时的扭力和针转过的角度成比例关系，从而可利用这种装置算出静电力或磁力的大小。这导致他发明了扭秤，扭秤能以极高的精度测出非常小的力。由于成功地设计了新的指南针结构，以及在研究普通机械理论方面做出的贡献，1782年，他当选为法国科学院院士。

在1785年至1789年间，库仑通过精密的实验对电荷间的作用力做了一系列研究，连续在皇家科学院备忘录中发表了很多相关的文章。1785年，库仑用自己发明的扭秤建立了静电学中著名的库仑定律。库仑的扭秤是由一根悬挂在细长线上的轻棒和在轻棒两端附着的两只平衡球构成的。上述实验表明扭转角的大小与扭力成反比，所以得到两电荷间的斥力的大小与距离的平方成反比。

静电学中的库仑定律：即两电荷间的力与两电荷的乘积成正比，与两者的距离平方成反比。库仑定律是电学发展史上的第一个定量规律，它使电学的研究从定性进入定量阶段，是电学史中的一块重要的里程碑。电荷的单位库仑，符号是C就是以他的姓命名的。

库仑还给我们留下了不少宝贵的著作，其中最主要的有《电气与磁性》一书，共七卷，于1785年至1789年先后公开出版发行。1806年8月23日，库仑因病在巴黎逝世，终年70岁。

1.2.10　欧姆

欧姆（Georg Simon Ohm，1789—1854），1789年3月16日出生于德国巴伐利亚埃尔兰根城。1803年考入埃尔兰根大学，未毕业就在一所中学教书。1811年欧姆又回到埃尔兰根完成了大学学业，并通过考试于1813年获得哲学博士学位。1817年，他应聘在科隆大学预科教授物理学和数学。他主要的贡献是通过实验发现了电流公式，后来被称为欧姆定律。欧姆在1827年出版的《伽伐尼电路的数学论述》一书中，从理论上推导了欧姆定律。1833年，他前往纽伦堡理工学院任物理学教授。1841年，欧姆获英国伦敦皇家学会的柯希利奖章，第二年当选为该学会的国外会员。1852年，他被任命为慕尼黑大学教授。为了纪念他，人们把电阻的单位命名为欧姆，符号是Ω。其定义是：在电路中两点间，当通过1安培稳恒电流时，如果这两点间的电压为1伏特，那么这两点间导体的电阻便定义为1欧姆。1854年7月，欧姆在德国曼纳希逝世。

1.2.11 普利斯特里

约瑟夫·普利斯特里（Joseph Priestley，1733—1804）（图1.20）生于英国利兹，1794 年移居美国宾夕法尼亚州。1767 年普利斯特里与 1785 年库仑发现了静态电荷间的作用力与距离成反平方的定律，奠定了静电的基本定律。1804 年 2 月 6 日，普利斯特里逝世于美国宾夕法尼亚州的诺赞巴兰镇，终年 71 岁。

1.2.12 威廉·爱德华·韦伯

威廉·爱德华·韦伯（Wilhelm Eduard Weber，1804—1891）（图 1.21），1804 年 10 月 14 日出生于德国维藤堡。1831 年被洪堡和高斯推荐担任哥廷根大学物理教授，从此开始与高斯合作研究电磁学。1832 年，高斯在韦伯协助下提出了磁学量的绝对单位，符号为 Wb。1833 年，他们发明了第一台有线电报机。

图 1.20　普利斯特里

韦伯在电磁学上的贡献是多方面的。1841 年发明了既可测量地磁强度又可测量电流强度的绝对电磁学单位的双线电流表，1846 年发明了既可用来确定电流强度的电动力学单位又可用来测量交流电功率的电功率表，1853 年发明了测量地磁强度垂直分量的地磁感应器。韦伯在建立电学单位的绝对测量方面卓有成效。他提出了电流强度、电量和电动势的绝对单位和测量方法，根据

图 1.21　韦伯

安培的电动力学公式提出了电流强度的电动力学单位，还提出了电阻的绝对单位。韦伯与柯尔劳施合作测定了电量的电磁单位对静电单位的比值，发现这个比值等于 3×10^8 m/s，接近于光速。1891 年 6 月 23 日，韦伯在哥廷根去世。

1.2.13 詹姆斯·麦克斯韦

麦克斯韦（James Clerk Maxwell，1831—1879），1831 年 6 月 13 日出生于英国苏格兰爱丁堡，19 世纪末是经典物理学向现代物理学转化的时期，麦克斯韦则是近代物理学的巨匠、经典物理学大厦的主要完成者之一，现代物理学的先驱。麦克斯韦的电磁学理论通向相对论；他的气体动力学理论对量子论起过作用；他筹建并领导的卡文迪许实验室引导了实验原子物理学的发展。这一切使他成为牛顿之后、爱因斯坦之前最重要的物理学家。19 世纪上半叶，电磁学的实验研究发展迅速，19 世纪二三十年代发现了电流的磁效应和电磁感应现象，打破了电与磁是孤立现象的传统观念。但是电磁学的理论研究进展相对缓慢，无法建立把电现象和磁现象统一起来的理论体系。

1850 年前后，电和磁的实验和理论研究都积累了大量的、然而又不全面的成果，迫切要求在更加普遍的观点下加以概括和总结。但是当时的人们受牛顿力学观的影响，认为电力和磁力的作用与引力作用一样是"超距作用"。这种传统观念阻碍了电和磁的统一。

直到法拉第提出"场"的概念之后，这种错误的观念才被打破，但是法拉第的思想却为当时绝大多数科学家所轻视。麦克斯韦从剑桥大学毕业后不久就开始研究电磁学。在1855年到1864年间，麦克斯韦从场的观点出发对法拉第电磁感应定律进行了理论分析，提出了著名的麦克斯韦方程组。这组方程不仅标志着经典物理学大厦的最后完成，而且预见了电磁波的存在，并证明电磁波传播的速度与真空中的光速是相同的。在此基础上，麦克斯韦认为光是频率介于某一范围之内的电磁波。这是人类在认识光的本质方面的又一大进步。正是在这一意义上，人们认为麦克斯韦把光学和电磁学统一起来是19世纪科学史上最伟大的综合之一。

1.3　微波技术发展简史

电磁波是在特定的媒质中电场和磁场随时间不断扰动的电磁波动，这种电磁波动在整个自然界无所不在、无时不在。无线电波是电磁波的一部分，其频率范围是从几十赫兹（甚至更低的频率）到300 GHz，对应的波长从1 m到1 mm左右。无线电波的波长范围不同，其应用领域也不相同，表1.1为无线电波的频段划分及其主要应用。

表 1.1　无线电波的频段划分及其主要的应用

波段名称	波长范围	频段名称	频率范围	应用领域
极长波	$10^8 \sim 10^7$ m	极低频（ELF）	3 ~ 30 Hz	地下通信、地下遥感、对潜通信等
超长波	$10^7 \sim 10^6$ m	超低频（SLF）	30 ~ 300 Hz	地质探测、电离层研究、对潜通信等
特长波	$10^6 \sim 10^5$ m	特低频（ULF）	300 ~ 3 000 Hz	电离层结构研究、水下通信等
甚长波	$10^5 \sim 10^4$ m	甚低频（VLF）	3 k ~ 30 kHz	导航、声呐、时间与频率标准传递等
长波	$10^4 \sim 10^3$ m	低频（LF）	30 k ~ 300 kHz	无线电信标、导航等
中波	$10^3 \sim 10^2$ m	中频（MF）	300 k ~ 3 MHz	调幅广播、海岸警戒通信、测向等
短波	$10^2 \sim 10$ m	高频（HF）	3 M ~ 30MHz	电话、电报、传真、国际短波、业余无线电、民用频段、船—岸和船—空通信等
米波	10 ~ 1 m	甚高频（VHF）	30 M ~ 300 MHz	电视、调频广播、空中交通管制、出租车移动通信、航空导航信标等
分米波	1 m ~ 10 cm	特高频（UHF）	300 M ~ 3 GHz	电视、卫星通信、移动通信、警戒雷达、飞机导航等
厘米波	10 ~ 1 cm	超高频（SHF）	3 G ~ 30 GHz	机载雷达、微波线路、卫星通信等
毫米波	1 cm ~ 1 mm	极高频（EHF）	30 G ~ 300 GHz	短路径通信、雷达、卫星遥感等
亚毫米波	1 ~ 0.1 mm	超极高频（SEHF）	300 G ~ 3 THz	短路径通信、卫星通信

　　微波处于无线电波的高频段，其频率范围从 300 MHz 到 300 GHz，对应的波长从 1m 到 1 mm 左右。按照国际电工委员会（IEC）的定义，微波（microwaves）是"波长足够短，以致在发射和接收中能实际应用波导和谐振腔技术的电磁波"。这个定义实际上主要指分米波、厘米波、毫米波三个波段。国际上又将微波波段分为更细的波段，其名称和频率范围见表 1.2。

表 1.2　微波波段划分

波段	频率范围 /GHz	波段	频率范围 /GHz
UHF	0.30 ~ 1.12	Ka	26.50 ~ 40.00
L	1.12 ~ 1.70	Q	33.00 ~ 50.00
LS	1.70 ~ 2.60	U	40.00 ~ 60.00
S	2.60 ~ 3.95	M	50.00 ~ 75.00
C	3.95 ~ 5.85	E	60.00 ~ 90.00
XC	5.85 ~ 8.20	F	90.00 ~ 140.0
X	8.20 ~ 12.40	G	140.0 ~ 220.0
Ku	12.40 ~ 18.00	R	220.0 ~ 325.0
K	18.00 ~ 26.50		

　　微波技术的历史，从 1936 年波导传输实验成功至今，微波科学技术无论在理论上还是在实践上，已相当成熟，并拥有庞大的从业人员队伍。英国物理学家麦克斯韦于 1862 年提出了位移电流的概念，并提出了"光与电磁现象有联系"的想法。1865 年，麦克斯韦在其论文中第一次使用了"电磁场"（electro-magnetic field）一词，并提出了电磁场方程组，推演了波方程，还论证了光是电磁波的一种。一百多年来的事实证明，建立在电磁场理论基础上的微波科学技术，对人类生活产生了巨大的影响。

　　早在 1885 年，赫兹到德国卡尔斯鲁厄高等工业学校任物理学教授，并从事电磁波方面的实验，以确定麦克斯韦理论的正确性。1888—1889 年，赫兹在德文科学刊物（Annalen der Physik）上发表了三篇文章，提到他产生并辐射出去的波长有 4.8 m、4 ~ 5 m、2.8 m、66 cm、58 cm 等，即分布在米波和分米波段。另外，他曾把 2 m 长的锌板弯成抛物面形状，把振子放在焦线上，以此证明电磁波的直线进行性质和可聚焦性质。因此，赫兹发明了抛物反射面天线。

　　约瑟夫·约翰·汤姆逊（Joseph John Thomson）（图 1.22）在其著作中预言了圆波导，难能可贵的是他给出了有限导电壁波导的初步理论。雷利勋爵（Lord Rayleigh）（图 1.23）则更全面地分析了未来的矩形波导和圆波导的理论基础。1910 年，德拜（Peter Joseph Wilhelm Debye）（图 1.24）给出用介质圆柱导波的原理。

　　1940 年初夏，布什（Samuel Bush）（图 1.25）写信给罗斯福（F.D. Roosevelt）总统，建议成立专门机构研制战争中急需的雷达。6 月 3 日，罗斯福总统在白宫接见他，只谈

图 1.22　汤姆逊

图 1.23　雷利勋爵

图 1.24　德拜

图 1.25　布什

了 15 分钟就确定下来。国防研究委员会（National Defence Research Committee）的负责人就是麻省理工学院（MIT）的校长、诺贝尔奖获得者坎普顿（K.P. Compton），他决定就在 MIT 成立辐射实验室（radiation laboratory），全力进行雷达的研制。当时英国人达到的水平是在 10 cm 波长上产生 10 kW 的脉冲功率。辐射实验室后来能做到：波长降到 1 cm，脉冲功率升为 400 kW。要研制出雷达需要多方面的工作，在美国，除 BTL 负责改进和生产磁控管以外，西屋（Westing House）公司负责设计脉冲发生器，SPerry 公司负责设计扫描天线，通用电气公司（GE）负责设计接收机等。这样，20 世纪 40 年代初就有厘米波脉冲雷达在美国诞生，辐射实验室于 1941 年正式成立。

　　雷达的原意是 radio detection and ranging（无线电侦察与测距），开始时不是采用微波。第二次世界大战初期，英国的海岸雷达站使用波长为 12 m，许多站联合组成低空搜索网。这种系统有两大缺点，首先是误差大，它曾把入侵德机的数目多报了 3 倍；其次是天线尺寸太大，雷达站易受攻击。1939 年秋，纳粹德国装备一种雷达，波长为 2.4 m，可担任搜索海、空目标的任务。1940 年夏，德国人给部队装备了分米波雷达（0.53 m），其电波集束性好，可以指挥高炮射击，曾击落过在云层之上飞行的英机。此外，还可以引导夜航战斗机。英国于 1942 年才开始生产厘米波机载雷达，地面情形可清晰地显示在飞机机舱中的荧光屏上。1941 年 12 月 7 日晨，位于夏威夷瓦胡岛北部山头上的防空警戒雷达站中的两名士兵，于 7 时 2 分看到荧光屏上有一群亮点；他们测量了距离不到 250 km，方位是北偏东 3°。7 时 25 分，距离缩短到 100 km。到 7 时 39 分，由于距离太近，显示器上看不到日本飞机了。7 时 53 分，日本指挥官从高空轰炸机上用无线电发出了"虎、虎、虎"信号，表示突袭成功。第二次世界大战中，雷达的应用遍及陆地、海上、空中，对微波工业是极大的刺激和推动。仅就美国而言，到 1945 年微波与雷达工业的规模已超过了二战前的汽车工业。

　　微波对应的频率范围大约从 300 MHz 到 3 000 GHz，由频率 f、波长 λ 和电磁波在真空中的传播速度 c（$c \approx 3 \times 10^8$ m/s）之间的关系 $f\lambda = c$ 可知，微波的波长范围约在 1 m ~ 0.1 mm。微波低频段与普通无线电波的"超短波"波段相连接，而其高频段则与红外线的"远红外"波段毗邻。在微波波段内部，按波长范围划分为分米波、厘米波、毫米波和亚毫米波。因为它的波长与长波、中波与短波相比来说，要"微小"得多，所以命名为"微波"了。微波有着不同于其他波段的重要特点，自被人类发现以来，就不断地得到发展和应用。19 世纪末，人们已经知道了超高频的许多特性，赫兹用火花振荡得到了微波信号，并对其进行了研究。但赫兹本人并没有想到将这种电磁波用于通信，他的实验仅证实了麦克斯韦的一个预言——电磁波的存在。20 世纪初期对微波技术的研究又有了一定的进展，波导传输实验的成功激励了当时的研究者，因为它证实了麦克斯韦的另一个预言——电磁波可以在空心的金属管中传输。因此在第二次世界大战中，微波技术的应用就成了一个热门的课题。战争的需要促进了微波技术的发展，而电磁波在波导中传输的成功又提供了一个有效的能量传输设备，微波电真空振荡器及微波器件的发展十分迅速。在 1943 年终于制造出了第一台微波雷达，工作波长在 10 cm。在第二次世界大战期间，由于迫切需要能够对敌机及舰船进行探测定位的高分辨率雷达，大大促进了微波技术的发展。第二次世界大战后，微波技术进一步迅速发展，不仅系统研究了微波技术的传输理论，而且向着多方面的应用发展，并且一直在不断地完善。我国开始研究和利用微波技术是在 20 世纪 70 年代初期，首先是在连续微波磁控管的研制方面取得重大进展，特别是大功率磁控管的研制成功，为微波技术的应用提供了先决条件。20 世纪 80 年代，我国开始生产微波炉，到目前为止，已经发展有家用微波炉、工业微波炉等系列产品，产品质量接近或达到世界先进水平。随着科学技术的迅猛发展，微波技术的研究向着更高频段——毫米波段和亚毫米波段发展。

随着对微波技术的深入研究，也发现了微波如下特性：

一是似光性。微波波长非常小，当微波照射到某些物体上时，将产生显著的反射和折射，就和光线的反射、折射一样。同时微波传播的特性也和几何光学相似，能像光线一样直线传播和容易集中，即具有似光性。这样利用微波就可以获得方向性好、体积小的天线设备，用于接收地面上或宇宙空间中各种物体反射回来的微弱信号，从而确定该物体的方位和距离。这就是雷达导航技术的基础。

二是穿透性。微波照射于介质物体时，能深入该物体内部的特性称为穿透性。例如微波是射频波谱中唯一能穿透电离层的电磁波（光波除外）。因而成为人类外层空间的"宇宙窗口"。微波能穿透生物体，成为医学透热疗法的重要手段。毫米波还能穿透等离子体，是远程导弹和航天器重返大气层时实现通信和末端制导的重要手段。

三是信息性。微波波段的信息容量是巨大的，即使是很小的相对带宽，其可用的频带也是很宽的，可达数百甚至上千兆赫。所以现代多路通信系统，包括卫星通信系统，几乎无一例外都是工作在微波波段。此外，微波信号还可提供相位信息、极化信息、多普勒频率信息。这在目标探测、遥感、目标特征分析等应用中是十分重要的。

四是非电离性。微波的量子能量不够大，因而不会改变物质分子的内部结构或破坏其分子的化学键，所以微波和物体之间的作用是非电离的。而由物理学可知，分子、原子和原子核在外加电磁场的周期力作用下所呈现的许多共振现象都发生在微波范围，因此微波为探索物质的内部结构和基本特性提供了有效的研究手段。

1.4　微波科学技术的应用和发展

自 1945 年以来，微波科学技术表现出巨大的应用价值，非常活跃而充满生命力。例如，雷达的诞生与成熟（1939—1945 年）、射电天文学大发展（1946—1971 年）、卫星通信及卫星广播的建立与普及（1964 年以后至今）、微波波谱学与量子电子学的巨大进步（1944 年以后至今）、微波能利用及微波医学的发展（1947 年以后至今）。

下面从几个方面叙述微波科学技术的应用与发展。

1.4.1　微波中继通信

对于幅员辽阔、地形复杂、水灾多发的国家（如中国），微波通信的优越性非常突出。第一条微波中继通信线路是美国于 1948 年建立的：从纽约到波士顿，中间设 7 个站，可传送 480 路电话及 1 路电视。这时的技术称为"模拟微波"。美国后来大力发展称为"数字微波"的技术。到 20 世纪 80 年代末，仅美国电话电报公司（AT & T）就拥有 4 GHz、6 GHz 的微波站 3 000 多个。实际上，美国有 70% 的站是采用数字技术的。日本于 1954 年开通东京到大阪的 4 GHz 微波中继线路，后来又陆续使用 5 GHz、6 GHz、2 GHz 乃至 11 GHz、15 GHz 等频段。目前，已使用亚毫米波段的 20 GHz 的线路于东京、大阪、横滨等城市。近年来有一个动向，即美国把原来广泛使用的 2700 路设备（"模拟微波"）拆除后，出口到中国。我国引进后可取代原来的 600 路设备，改装后成为"数字微波"设备，应用于地区通信。

1.4.2　卫星通信

图 1.26　卡拉克

1945 年，英国科幻作家克拉克（Arthur C. Clarke，图 1.26）提出如把飞行器发射到离地球赤道高 36 000 km 处的空中，它可同步于地球自转速度运行，从地面看是固定不动的。通信卫星，实为高悬天上的微波中继站，但其通信距离远，通信质量不受气候影响，覆盖面积大，具有极大的优越性。1964 年成立国际卫星通信组织（International Telecomrnunication Satellite Organization，INTELSAT）。1965 年发射了 1 号国际通信卫星，寿命仅 1.5 年。而 1988 年由美国发射的 4 号卫星，寿命可达 14 年。卫星通信，过去主要用 6/4 GHz（C 波段），少数用 14/11 GHz（K 波段）；而 1988 年发射的卫星侧重 30/20 GHz（Ka 波段）。另外，从 INTELSAT-V 卫星开始，电波传送采用双圆极化频率复用体制，使通信容量增加一倍。

1.4.3　雷达

到 1943 年，在美国已投产的雷达有上百个型号，厘米波磁控管的生产数以万计。雷达工业极大地促进了微波工业的发展。从第二次世界大战以后至今，雷达的应用已十分普遍，并产生了许多新技术。就雷达波段而言，UHF 用于超远程警戒，L 波段用于远程警戒、空中交通管制，S 波段用于中程警戒、机场交通管制、远程气象观测，C 波段用于远程跟踪、机载气象观测，X 波段用于远程跟踪、导弹制导、测绘、机载攻击，KU 波段用于地形测绘、卫星测高度。雷达的新技术有连续波雷达、脉冲多普勒雷达、脉冲压缩雷达、合成孔径雷达、相控阵雷达、捷变频雷达等。例如，美国的空中预警指挥机 E-8A，1989 年研制成功，全称为"联合监视与目标攻击雷达系统飞机"，其上装有美国最新型的 AN/APY-3 雷达，是 X 波段合成孔径相控阵雷达。又如，法国空军于 1983 年起开始装备的优秀战斗机"幻影 2000"，装有性能先进的 RDI 脉冲多普勒火控雷达。雷达当然不限于军用。1994 年美国将用航天飞机上先进的图像雷达研究地球表层。1994 年 7 月国内报道，在成渝高等级公路施工中，对于大断面隧道的施工成功地使用了地质雷达探测技术。

1.4.4　射电天文学研究

1933 年，美国人雷伯（Reber）（图 1.27）制作了直径 9.5 m 的抛物面天线装在院子里，日夜扫描天空。这是世界上第一架射电望远镜。1940 年，Reber 发表了第一张射电天图。1945 年底，刚从军队复员的英国物理学家洛弗尔（B. Lowell）（图 1.28）用两辆军用雷达车开始了战后最早的微波射电天文研究，他观测到流星雨的雷达回波。1950 年，Jodrell Bank 建成直径 66.5 m

图 1.27　雷伯　　　图 1.28　洛弗尔

的射电望远镜，观测到仙女座大星云（M31）的射电辐射。1957 年建成的可转动射电望远镜直径 76.2 m，重达 2 000 t，10 月里成功地跟踪了苏联发射的第一颗人造地球卫星。1960 年又为美国宇航器提供了跟踪、测量、控制。76 m 射电望远镜成为美国科学界、工业界的骄傲。1963 年美国建成的抛物面直径达 305 m（固定式），而 1971 年原西德建成的抛物面直径达 100 m（可转动式），它们在很长时期内保持着这方面的世界冠军。

当今，射电天文学已发展到令人惊异的高水平。例如，德国波恩以南 40 km 的 100 m 直径射电望远镜，正对银河、星际气体进行研究。美国哈佛大学的 META 系统，从 1985 年起即对外星生命信息作大规模的探查。中国从 2011 年动工，2016 年建设完成的 500 米口径球面射电望远镜（FAST）已于 2020 年 1 月 11 日正式开放运行，截至 2024 年 4 月 17 日已发现超 900 颗新脉冲星，极大地拓展了人类观测宇宙视野的极限。

1.4.5　电磁波隐身

飞行体的雷达可检测性是用 RCS 这个指标表示，原文为 Radar Cross Section，译作雷达反射截面。美国 B-52 轰炸机的 RCS 约 100 m², B-1 轰炸机约 10 m²。改进后的 B1-B

型仅有 $1 m^2$。在海湾战争中大显身手的 F-117A 隐身战斗机的 RCS 竟低到 $0.01 m^2$ 以下！它的隐身奥秘有三个方面，首先是采用多平面多角体结构，角形平滑面向各个方向散射掉来波波束；其次是大量使用轻质复合吸波材料及防护涂层；最后是严密屏蔽飞机自身的波辐射。因此，F-117A 几乎是雷达发现不了的。此外，美国已开始研究隐身舰船和隐身坦克。

1.4.6　多频道微波分配系统

微波技术的发展与人民生活关系密切如用作大城市中心电视台有线电视服务的"多频道微波分配系统"（multi-channel microwave distribution system，MMDS）。1983 年，美国联邦通信委员会（FCC）批准用 2.5 ~ 2.69 GHz 作为 MMDS 波段，成为这一系统进入实用化的标志。这种系统的特点是"无线发射、有线入户"，其投资比传统的有线电视（CATV）低。具体说，电视及调频立体声广播节目由发射塔用微波发射，用户用网状微波天线接收后，经过下变频器变到 V/U 频道，通过解码器可收看、收听。这一技术在西方国家已相当完善，如美国 Comband 公司、英国 Marconi 公司的均较著名。北京有线电视台采用的正是 MMDS，其设备是从 Marconi 公司购进的。

1.4.7　微波理论和通信研究

微波理论是建立在 Maxwell 电磁场方程求解基础上，同时也应用于经典的电路理论和方法，只不过赋予后者以新的含义。现代移动通信技术发展始于 20 世纪 20 年代，大致经历了五个发展阶段。

第一阶段从 20 世纪 20 年代至 40 年代，为早期发展阶段。首先在短波几个频段上开发出专用移动通信系统，其代表是美国底特律市警察使用的车载无线电系统。该系统工作频率为 2 MHz，到 40 年代提高到 30 ~ 40 MHz，可以认为这个阶段是现代移动通信的起步阶段，特点是专用系统开发，工作频率较低。

第二阶段从 40 年代中期至 60 年代初期。公用移动通信业务开始问世。1946 年，根据美国联邦通信委员会（FCC）的计划，贝尔系统在圣路易斯城建立了世界上第一个公用汽车电话网，称为"城市系统"。当时使用三个频道，间隔为 120 kHz，通信方式为单工。随后，西德（1950 年）、法国（1956 年）、英国（1959 年）等相继研制了公用移动电话系统。美国贝尔实验室完成了人工交换系统的接续问题。这一阶段的特点是从专用移动网向公用移动网过渡，接续方式为人工，网的容量较小。

第三阶段从 60 年代中期至 70 年代中期。美国推出了改进型移动电话系统（IMTS），使用 150 MHz 和 450 MHz 频段，采用大区制、中小容量，实现了无线频道自动选择并能够自动接续到公用电话网。德国也推出了具有相同技术水平的 B 网。可以说，这一阶段是移动通信系统改进与完善的阶段，其特点是采用大区制、中小容量，使用 450 MHz 频段，实现了自动选频与自动接续。

第四阶段从 70 年代中期至 80 年代中期。这是移动通信蓬勃发展时期。1978 年底，美国贝尔试验室成功研制出先进移动电话系统（AMTS），建成了蜂窝状移动通信网，大大提高了系统容量。1983 年，首次在芝加哥投入商用。同年 12 月，在华盛顿启用。之后，服务区域在美国逐渐扩大。到 1985 年 3 月已扩展到 47 个地区，约 10 万移动用户。其他工业化国家也相继开发出蜂窝式公用移动通信网。日本于 1979 年推出 800 MHz 汽车电话系统（HAMTS），在东京、神户等地投入商用。1984 年联邦德国完成 C 网，频段为 450 MHz。英国在 1985 年开发出全地址通信系统（TACS），首先在伦敦投入使用，以后覆盖了全国，频段为 900 MHz。法国开发出 450 系统。加拿大推出 450 MHz 移动电话系统 MTS。瑞典等北欧四国于 1980 年开发出 NMT–450 移动通信网，并投入使用，频段为 450 MHz。

这一阶段的特点是蜂窝状移动通信网成为实用系统，并在世界各地迅速发展。移动通信大发展的原因，除了用户要求迅猛增加这一主要推动力之外，还有几方面技术进展所提供的条件。首先，微电子技术在这一时期得到长足发展，这使得通信设备的小型化、微型化有了可能性，各种轻便电台被不断地推出。其次，提出并形成了移动通信新体制。随着用户数量增加，大区制所能提供的容量很快饱和，这就必须探索新体制。在这方面最重要的突破是贝尔试验室在 70 年代提出的蜂窝网的概念。蜂窝网，即所谓小区制，由于实现了频率再用，大大提高了系统容量。可以说，蜂窝概念真正解决了公用移动通信系统要求容量大与频率资源有限的矛盾。再次是随着大规模集成电路的发展而出现的微处理器技术日趋成熟，以及计算机技术的迅猛发展，为大型通信网的管理与控制提供了技术手段。

第五阶段从 80 年代中期开始。这是数字移动通信系统发展和成熟时期。以 AMPS 和 TACS 为代表的第一代蜂窝移动通信网是模拟系统。模拟蜂窝网虽然取得很大成功，但也暴露了一些问题。例如，频谱利用率低，移动设备复杂，费用较贵，业务种类受限制，以及通话易被窃听等，最主要的问题是其容量已不能满足日益增长的移动用户需求。解决这些问题的方法是开发新一代数字蜂窝移动通信系统。数字无线传输的频谱利用率高，可大大提高系统容量。另外，数字网能提供语音、数据多种业务服务，并与 ISDN 等兼容。实际上，早在 70 年代末期，当模拟蜂窝系统还处于开发阶段时，一些发达国家就接手数字蜂窝移动通信系统的研究。到 80 年代中期，欧洲首先推出了泛欧数字移动通信网（GSM）体系。随后，美国和日本也制定了各自的数字移动通信体制。GSM 已于 1991 年 7 月开始投入商用，1995 年覆盖欧洲主要城市、机场和公路。

与其他现代技术的发展一样，移动通信技术的发展也呈现加快趋势，当数字蜂窝网刚刚进入实用阶段，关于未来移动通信的讨论已如火如荼地展开。各种方案纷纷出台，其中最热门的是个人移动通信网。关于这种系统的概念和结构，各家解释并未一致。但有一点是肯定的，即未来移动通信系统将提供全球性优质服务，真正实现在任何时间、任何地点、向任何人提供通信服务这一移动通信的最高目标。

傅里叶变换最早是在 19 世纪由法国的数学家傅里叶（J.B. Fourier）（图 1.29）提出，他认为任何信号（例如声音、影像等）

图 1.29　傅里叶

均可被分解为频率、振幅。由于傅里叶变换性质，可以把图像或者信号在频域中进行处理，从而达到简化处理过程、增强处理的效果，对电信发展起到了重要推进作用。

1.4.8 微波加热原理与微波炉

微波炉的微波加热原理是基于物质对微波的吸收作用而产生的热效应。微波加热的是一些能够吸收微波的吸收性介质，即含有极性分子的介质材料。当有极性分子的介质材料置于微波电磁场中时，介质材料中会形成偶极子或已有的偶极子重新排列，在交变电磁场的作用下，并随着高频交变电磁场以每秒高达数亿次的速度摆动，分子要随着不断变化的高频电场的方向重新排列，就必须克服分子原有的热运动和分子相互间作用的干扰和阻碍，产生类似于摩擦的作用，实现分子水平的"搅拌"，从而产生大量的热量。由于微波频率高，极性分子摆动速度很快，因此，快速加热是微波加热的突出特点。水分子是极性分子，绕其对称轴的旋转频率为 22 GHz，在此频率的水对微波产生共振吸收现象，对微波有很强的吸收作用。一般食品中都含有水分子，因此可用微波快速烘干和烹调。

微波炉是一种多功能、快捷、方便、能量转化均匀的加热工具。微波在生物内转化为热量的热效应，不同于常规加热。常规加热是首先通过传导、对流、辐射的传热方式加热固体周围的环境或固体表面，使固体表面得到热量，然后再通过热传导的方式将热量传到固体内部，其加热介质可以是热空气、炉气、过热蒸汽，也可以是远红外线辐射等。这种加热方式效率低，加热时间长。而微波加热是一种"冷热源"，它在产生和接触到物体时，不是一般热气，而是电磁能，要在生物体内经过分子内部作用才能转化为热能。因此，使用这种能源加热时，不会像其他能源那样由外向内传输热能，当内部发热时，外表就可能焦糊了。而使用微波进行加热时，由于它能深入到物体的内部，所以是里外一起加热。另因物体表面外的水分一般都较少，往往是里面的湿度高于表面的湿度，且内部物质如果质地相同，也往往是同时加热，就不会出现加热体表面烧焦的现象，并能保护表面形状色彩。所以，微波炉既能用于工业、医疗上进行加热与解冻、烘烤与干燥等，又能用于家庭进行烹饪。

1.4.9 微波的杀伤机理与微波武器

微波武器是利用高功率微波束毁坏敌方电子设备和杀伤作战人员的一种定向能武器。用作武器的微波波长通常在 30 ~ 3 cm，频率为 1 ~ 30 GHz。目前，美、俄、英、法等国研制的微波武器主要分为两大类：一类是高功率微波波束武器，另一类是微波炸弹。微波波束武器，由能源系统、高功率微波系统和高增益定向天线组成，主要是利用高功率波源产生的微波经增益定向天线向空间发射出去，形成功率高、能量集中且具有方向性的微波射束，使之成为一种杀伤破坏性武器。这类武器全天候作战能力强，有效作用距离较远，可同时杀伤几个目标，还能与雷达兼容形成一体化系统，先探测、跟踪目标，再提高功率杀伤目标，达到最佳作战效能。微波炸弹一般是在炸弹或导弹战斗部上加装电磁脉冲发生器和辐射天线构成，主要是利用炸药爆炸压缩磁通量的方法产生高功率电磁脉冲，覆盖面状目标，在目标的电子线路中产生感应电压与电流，以击穿或烧毁其中的敏感元件，使其电子系统失效、中断和破损。微波武器的杀伤机理是基于微波与被照射物之间分子相互作用，将电磁能转变为热能而产生的微波效应，就其物理机制来讲，主要有以下三种效应：电效应、热效应和生物效应。

微波电效应是指高功率微波在金属表面或金属导线上感应电流或电压，并由此对电子元器件产生的效应，如造成电路中器件状态反转、器件性能下降和半导体的结击穿等。微波热效应是指高功率微波对介质加热导致升温而引起的效应。如烧毁器件和半导体的结、二次击穿等。微波生物效应是指高功率微波与生物体相互作用的效应，一般情况下它是吸收微波功率的结果，吸收的微波功率转化成热能，热能又转化成温度，所以高功率微波生物效应是热效应的一种，又可分为"非热效应"和"热效应"两类。"非热效应"是由较弱的微波能量照射后，造成人员出现神经紊乱、行为失控、烦躁、致盲或心肺功能衰竭等，这些均是微波生物效应所致，这种效应能够加热细胞而改变神经细胞的活动而引起的。基于这种原理，微波武器利用高增益定向天线，将强微波发生器输出的微波能量汇聚在窄波束内，从而辐射出强大的微波射束（频率为 1 ~ 300 GHz 的电磁波），直接毁伤目标或杀伤人员。由于微波武器是靠射频电磁波能量打击目标，所以又称"射频武器"。高功率微波武器的关键设备有两个，即高功率微波发生器和高增益天线。高功率微波发生器的作用是将初级能源（电能或化学能）经能量转换装置（强流加速器等）转变成高功率强脉冲电子束，再使电子束与电磁场相互作用而产生高功率电磁波。这种强微波将经高增益天线发射，其能量汇聚在窄波束内，以极高的强微波波束辐射和轰击目标、杀伤人员和破坏武器系统。微波武器的穿透力极强，能像中子弹那样杀伤目标（如装甲车辆）内部的战斗人员，如指挥人员、武器装备操纵人员等，从而瘫痪目标。

与常规武器、激光武器等相比，微波武器并不是直接破坏和摧毁武器设备，而是通过强大的微波束破坏它们内部的电子设备。实现这种目的，途径有两条：一是通过强微波辐射形成瞬变电磁场，从而使各种金属目标产生感应电流和电荷，感应电流可以通过各种入口（如天线、导线、电缆和密封性差的部位）进入导弹、卫星、飞机、坦克等武器系统内部电路。当感应电流较低时，会使电路功能混乱，如出现误码、抹掉记忆或逻辑等；当感应电流较高时，会造成电子系统内的一些敏感部件如芯片等被烧毁，从而使整个武器系统失效。这种效应与核爆炸产生的电磁脉冲效应相似，所以又称"非核爆炸电磁脉冲效应"。据有关报道，20 世纪五六十年代，美国科学家在研制原子弹和氢弹等核武器时惊奇地发现，核武器爆炸也会产生巨大的电磁脉冲。一次美军在太平洋高空进行氢弹试爆，氢弹爆炸后，夏威夷美军地面部队的电子系统莫名其妙地受到了冲击。其二是强微波束直接使工作于微波波段的雷达、通信、导航、侦察等电子设备因过载而失效或烧毁。因此，微波武器也被认为是现代武器电子设备的克星。

微波技术是近代科学研究的重大成就之一，几十年来，它已经发展成为一门比较成熟的学科，在雷达、通信、导航、电子对抗等许多领域得到了广泛的应用。军事科学家们还应用微波的作用机理，研制新概念武器——微波武器。而微波的另一方面应用就是作为能源应用于工农业生产及人们的日常生活中，如微波加热与解冻、微波干燥、微波灭菌与杀虫等，特别是随着微波炉的日益普及，微波炉产品也进入了寻常百姓的家中，直接为人类造福。

电磁场与微波技术发展带来了相关行业的测试需求，推动了微波与毫米波测量仪器的进步与发展。相关测试仪器的主要竞争企业有：是德科技（KeySight）、罗德与施瓦茨（Rohde & Schwarz）、安立（Anritsu）、思仪科技（Ceyear）。

习　题

1. 简述电磁场发展史。
2. 简述对电磁场研究作出重要贡献的人。
3. 简述微波技术发展史。
4. 简述对微波技术研究作出重要贡献的人。
5. 什么是微波？微波有什么特点？

第 2 章

矢量分析

电磁场理论中的电场强度、电位移、磁场强度、磁感应强度及电流密度等一些重要的物理量都是矢量，同时反映电磁现象基本规律的方程，如麦克斯韦方程组主要是矢量函数的微分方程和积分方程。而矢量分析的主要内容是介绍矢量函数及其微分、积分等，因此矢量分析构成了电磁理论重要的数学基础。打好这一基础，对于更好地理解各类电磁矢量场的基本概念、掌握问题的分析方法是至关重要的，为后续章节的学习做准备。

2.1 标量场与矢量场

2.1.1 标量和矢量

通常把只有大小没有方向的物理量叫标量。例如：质量 m、体积 τ、功 W、功率 P、能量 E、电压 U、电流强度 I、电阻 R、磁通量 Φ、电荷量 q 等物理量都是标量。

既有大小又有方向的物理量叫矢量。例如速度 v、加速度 a、力 F、电场强度 E 等物理量都是矢量。矢量 A 的方向可用单位矢量 e_A 表示，其模为 1，（$e_A = A/|A|$）。矢量 A 的大小（或长度）叫作矢量的模，记为 $|A|$，其为一个正实数（除零实数）。矢量 A 可用它在坐标轴上的投影来表示，在直角坐标系中的表示，如图 2.1 所示，其表达式为

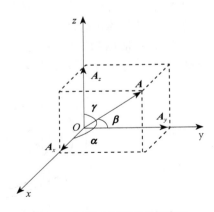

图 2.1　矢量 A 的直角坐标表示

$$A = e_x A_x + e_y A_y + e_z A_z \tag{2-1}$$

式中：$A_x = |A| \cos \alpha$，$A_y = |A| \cos \beta$，$A_z = |A| \cos \gamma$，称为矢量 A 的直角坐标分量。矢量 A 的方向可表示为

$$e_A = e_x \cos \alpha + e_y \cos \beta + e_z \cos \gamma \tag{2-2}$$

式中：$\cos\alpha$、$\cos\beta$、$\cos\gamma$ 称为矢量 A 的方向余弦。

空间任一点矢量的位置可由位置矢量 r（或称为矢径）来表示。在直角坐标中，位置矢量可表示为

$$r = e_x x + e_y y + e_z z \tag{2-3}$$

在矢量计算中，常用到线元矢量和面元矢量。直角坐标系中的线元矢量可表示为

$$dl = e_x dx + e_y dy + e_z dz \tag{2-4}$$

面元矢量可表示为

$$dS = n dS \tag{2-5}$$

式中：dS 是面元的面积，表示面元矢量的大小；n 是面元法线方向的单位矢量，也称为法向矢量。在直角坐标系中，表示为

$$dS = e_x dy dz + e_y dz dx + e_z dx dy$$

2.1.2　标量场与矢量场

在空间区域上的每一点都对应着某一物理量的一个确定值，则这一物理量的无穷集合表示一种场。若该物理量是标量，则称为标量场。例如：温度场、密度场、电位场就是标量场。对于标量场，常用图 2.2（a）所示的"等值面"表示。例如：气象图上的等压线、地图上的等高线。

然而，在许多物理系统中，物理量不仅要定义出大小，还需定义出方向。这一物理量的无穷集合则表示为矢量场，如引力场、速度场、电场、磁场。对于矢量场，常用图 2.2（b）所示的"力线"表示。例如：物理学中的电力线、磁力线。力线是一种有向曲线，其中蕴含着重要的物理概念。

研究标量场和矢量场时，描述物理状态空间分布的标量函数和矢量函数在确定的时间状态下，其大小或方向与所选择的坐标系无关，具有唯一性，即矢量与矢量场具有不

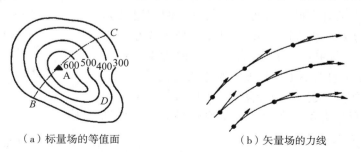

（a）标量场的等值面　　　　　　　　　　（b）矢量场的力线

图 2.2　标量场的等值面与矢量场的力线

变特性。对于常用的正交坐标系如直角坐标系、圆柱坐标系和球坐标系之间的变换，其方向和大小保持不变。

2.2　矢量的代数运算

2.2.1　矢量的加减法

两个矢量加法运算与减法运算仍为矢量，遵循平行四边形法则和三角形法则，求两个矢量的相加和相减，满足交换律和结合律。例如 $S=A+B=B+A$、$S=A-B=A+(-B)$，如图 2.3 所示。

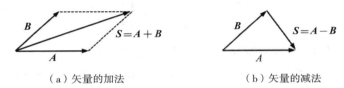

（a）矢量的加法　　　　　　　　（b）矢量的减法

图 2.3　矢量的加法与减法

在直角坐标系中，矢量 A 和 B 可表示为

$$A=\begin{pmatrix} A_x \\ A_y \\ A_z \end{pmatrix}, \quad B=\begin{pmatrix} B_x \\ B_y \\ B_z \end{pmatrix}$$

或

$$A=e_x A_x+e_y A_y+e_z A_z, \quad B=e_x B_x+e_y B_y+e_z B_z$$

在直角坐标系中，两个矢量 A 和 B 之间的加减运算表示其直角坐标分量的和或差运算，为

$$A\pm B=\begin{pmatrix} A_x \\ A_y \\ A_z \end{pmatrix} \pm \begin{pmatrix} B_x \\ B_y \\ B_z \end{pmatrix}$$

或

$$A\pm B=e_x(A_x\pm B_x)+e_y(A_y\pm B_y)+e_z(A_z\pm B_z) \tag{2-6}$$

2.2.2　矢量加减的运算法则

（1）交换律：

$$A+B=B+A \tag{2-7}$$

（2）结合律：

$$A\pm(B\pm D)=(A\pm B)\pm D \tag{2-8}$$

2.2.3 矢量的乘法运算

（1）矢量与标量相乘（标积）。矢量 A 与标量 u 相乘，矢量 A 表示为

$$A=\begin{pmatrix} A_x \\ A_y \\ A_z \end{pmatrix}$$

则

$$uA=Au=\begin{pmatrix} uA_x \\ uA_y \\ uA_z \end{pmatrix}=\begin{pmatrix} A_xu \\ A_yu \\ A_zu \end{pmatrix} \tag{2-9}$$

对运算中的矢量 $A\pm B$ 与标量 u 相乘，则式（2-9）有

$$u(A\pm B)=u(A_x\pm B_x)e_x+u(A_y\pm B_y)e_y+u(A_z\pm B_z)e_z$$

（2）矢量与矢量点积。矢量 A 点乘矢量 B 表示为

$$A\cdot B=A_xB_x+A_yB_y+A_zB_z \tag{2-10}$$

式（2-10）表示在直角坐标系中，矢量 A 与 B 的点乘结果等于两个矢量的同方向分量乘积之和。

$$A\cdot B=|A||B|\cos\theta_{AB} \tag{2-11}$$

矢量 A 与矢量 B 点积的结果是标量，等于矢量 A 与 B 的模 $|A|$、$|B|$ 乘积再乘以 A、B 之间的夹角 θ_{AB} 余弦，如图 2.4（a）所示。如果矢量 A 和矢量 B 之间的夹角 $\theta_{AB}=90°$，表示 A 和 B 相互垂直（$A\perp B$），其点乘结果为零，即 $A\cdot B=0$。

矢量点积的运算法则：

① 交换律：

$$A\cdot B=B\cdot A \tag{2-12}$$

② 分配律：

$$A\cdot(B+C)=A\cdot B+A\cdot C \tag{2-13}$$

③ 如果两个非零矢量的点积 $A\cdot B=0$，则它们的夹角为 90°，可见两个矢量相互垂直。

（3）矢量的叉积。矢量 A 叉乘矢量 B 的行列式形式可表示为

$$A\times B=\begin{vmatrix} e_x & e_y & e_z \\ A_x & A_y & A_z \\ B_x & B_y & B_z \end{vmatrix} \tag{2-14}$$

根据行列式乘积的性质可以得到以下运算关系：

① 矢量的叉积不满足交换律，即 $A\times B=-B\times A$。

② 若 A、B 相互平行或反平行，则 $A\times B=0$。

③ 矢量 $A \times B$ 结果矢量与矢量 A 和矢量 B 都正交，即矢量积的方向矢量 A 和矢量 B 满足右手螺旋定则。

$$A \times B = |A||B| \sin \theta_{AB} \tag{2-15}$$

A 与 B 的叉积仍是矢量，其结果等于 A、B 的模 $|A|$、$|B|$ 的乘积再乘以 A、B 之间的夹角 θ_{AB} 的正弦，如图 2.4（b）所示。若矢量 A 和矢量 B 之间的夹角 $\theta_{AB} = 90°$，表示矢量 A、B、$A \times B$ 两两相互垂直，则 $A \times B = |A||B|$。若矢量 A 和矢量 B 之间的夹角 $\theta_{AB} = 0$，则 A、B 相互平行。

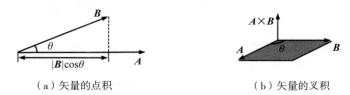

（a）矢量的点积　　　　　　　　　　　　（b）矢量的叉积

图 2.4　矢量的点积和叉积

在直角坐标系中的两个矢量 A 与 B 间的叉积的直角坐标分量形式表示为

$$A \times B = e_x(A_yB_z - A_zB_y) + e_y(A_zB_x - A_xB_z) + e_z(A_xB_y - A_yB_x) \tag{2-16}$$

例 2-1　已知空间一点 $M(x, y, z)$ 处的矢量为

$$A = e_x1, \quad B = e_x1 + e_y1$$

求：（a）$A \cdot B$。

（b）$A \times B$。

（c）包含 A 和 B 的平面的法向单位矢量。

（d）以 A 和 B 为两相邻的平行四边形的面积。

解：（a）$A \cdot B = 1 \times 1 + 0 \times 1 + 0 \times 0 = 1$

（b）$A \times B = \begin{vmatrix} e_x & e_y & e_z \\ 1 & 0 & 0 \\ 1 & 1 & 0 \end{vmatrix}$

$\qquad = e_x(0 \times 0 - 0 \times 1) + e_y(0 \times 1 - 1 \times 0) + e_z(1 \times 1 - 0 \times 1)$

$\qquad = -e_x1 + e_z1$

（c）$\cos \theta = \dfrac{A \cdot B}{|A||B|} = \dfrac{1}{\sqrt{1^2 + 0^2 + 0^2}\sqrt{1^2 + 1^2 + 0^2}} = \dfrac{1}{\sqrt{1}\sqrt{2}} = \dfrac{\sqrt{2}}{2}$

得

$$\theta = \arccos\left(\frac{\sqrt{2}}{2}\right) = 45°$$

故

$$e_n = \frac{\boldsymbol{A} \cdot \boldsymbol{B}}{|\boldsymbol{A}||\boldsymbol{B}|\sin\theta} = \frac{-\boldsymbol{e}_x 1 + \boldsymbol{e}_z 1}{\sqrt{1}\sqrt{2}\sin 45°} = \frac{-\boldsymbol{e}_x 1 + \boldsymbol{e}_z 1}{\sqrt{2}\sin 45°}$$
$$= -\boldsymbol{e}_x 1 + \boldsymbol{e}_z 1$$

（d）
$$S_{AB} = |\boldsymbol{A}||\boldsymbol{B}|\sin\theta = \sqrt{1}\sqrt{2}\sin 45° = 1$$

2.3　三种常用的正交坐标系

2.3.1　直角坐标系

直角坐标系是最常见的坐标系，下面学习直角坐标系中的物理量的基本含义。

（1）坐标变量。在直角坐标系中，场的空间位置用坐标变量（x，y，z）来表示，它们的取值范围为 $-\infty < x < \infty$，$-\infty < y < \infty$，$-\infty < z < \infty$。例如点 M 的位置表示为 $x = x_1$，$y = y_1$，$z = z_1$。

（2）坐标的单位矢量。对于矢量的描述，必须引入三个单位矢量 $\boldsymbol{e}_x$、$\boldsymbol{e}_y$、$\boldsymbol{e}_z$。其中 $\boldsymbol{e}_x$ 的方向为 x 轴正方向，$\boldsymbol{e}_y$ 的方向为 y 轴正方向，$\boldsymbol{e}_z$ 的方向为 z 轴正方向，它们大小为1。可见，直角坐标的单位矢量相互正交，而且遵循右手螺旋定则，即

$$\boldsymbol{e}_x \times \boldsymbol{e}_y = \boldsymbol{e}_z, \ \boldsymbol{e}_y \times \boldsymbol{e}_x = -\boldsymbol{e}_z$$
$$\boldsymbol{e}_y \times \boldsymbol{e}_z = \boldsymbol{e}_x, \ \boldsymbol{e}_z \times \boldsymbol{e}_y = -\boldsymbol{e}_x \qquad (2\text{-}17)$$
$$\boldsymbol{e}_z \times \boldsymbol{e}_x = \boldsymbol{e}_y, \ \boldsymbol{e}_x \times \boldsymbol{e}_z = -\boldsymbol{e}_y$$

在直角坐标系中，单位矢量 $\boldsymbol{e}_x$、$\boldsymbol{e}_y$、$\boldsymbol{e}_z$ 的方向不会随测量点的位置改变而变化，这样的矢量被称为常矢量。

（3）空间微分元。

① 线元。坐标点 M 沿坐标单位矢量方向的线元为

$$\mathrm{d}l_x = \boldsymbol{e}_x \mathrm{d}l_x = \boldsymbol{e}_x \mathrm{d}x$$
$$\mathrm{d}l_y = \boldsymbol{e}_y \mathrm{d}l_y = \boldsymbol{e}_y \mathrm{d}y \qquad (2\text{-}18)$$
$$\mathrm{d}l_z = \boldsymbol{e}_z \mathrm{d}l_z = \boldsymbol{e}_z \mathrm{d}z$$

任意方向线元矢量表示为

$$\mathrm{d}l = \sum_{i=1}^{3} \mathrm{d}l_i = \boldsymbol{e}_x \mathrm{d}l_x + \boldsymbol{e}_y \mathrm{d}l_y + \boldsymbol{e}_z \mathrm{d}l_z \qquad (2\text{-}19)$$

任意方向线元的长度表示为

$$|\mathrm{d}l| = \sqrt{(\mathrm{d}l_x)^2 + (\mathrm{d}l_y)^2 + (\mathrm{d}l_z)^2} \qquad (2\text{-}20)$$

② 面元。由 x，$x + \mathrm{d}x$，y，$y + \mathrm{d}y$，z，$z + \mathrm{d}z$ 这六个面构成一个直角六面体，它的各个面的面积元简称面元，表示为

$$dS_x = dydz$$
$$dS_y = dxdz \quad\quad\quad (2-21)$$
$$dS_z = dxdy$$

③ 体元。空间体元表示为

$$dV = dxdydz \quad\quad\quad (2-22)$$

2.3.2 圆柱坐标系

圆柱坐标系中的任意一点的位置和矢量是用三个坐标变量（ρ，φ，z）来表示的。下面学习圆柱坐标中物理量的基本含义。

（1）坐标变量。圆柱坐标系的坐标变量为 ρ、φ、z，其取值范围为 $0 \leqslant \rho < \infty$；$0 < \varphi < 2\pi$；$-\infty < z < \infty$。

（2）坐标的单位矢量。圆柱坐标的单位矢量为 $\hat{\rho}$、$\hat{\varphi}$、$\hat{z}$，其相互正交，也遵循右手螺旋定则：

$$\hat{\rho} \times \hat{\varphi} = \hat{z}, \quad \hat{\varphi} \times \hat{\rho} = -\hat{z}$$
$$\hat{\varphi} \times \hat{z} = \hat{\rho}, \quad \hat{z} \times \hat{\varphi} = -\hat{\rho} \quad\quad\quad (2-23)$$
$$\hat{z} \times \hat{\rho} = \hat{\varphi}, \quad \hat{\rho} \times \hat{z} = -\hat{\varphi}$$

（3）空间微分元。

① 线元。坐标点 M 沿坐标单位矢量方向 $\hat{\rho}$、$\hat{\varphi}$、$\hat{z}$ 的线元为

$$dl_\rho = \hat{\rho} dl_\rho = \hat{\rho} d\rho$$
$$dl_\varphi = \hat{\varphi} dl_\varphi = \rho \hat{\varphi} d\varphi \quad\quad\quad (2-24)$$
$$dl_z = \hat{z} dl_z = \hat{z} dz$$

线元矢量表示为

$$dl = \sum_{i=1}^{3} dl_i = \hat{\rho} dl_\rho + \hat{\varphi} dl_\varphi + \hat{z} dl_z = \hat{\rho} d\rho + \rho \hat{\varphi} d\varphi + \hat{z} dz \quad\quad\quad (2-25)$$

线元长度表示为

$$|dl| = \sqrt{(dl_\rho)^2 + (dl_\varphi)^2 + (dl_z)^2} = \sqrt{(d\rho)^2 + (\rho d\varphi)^2 + (dz)^2} \quad\quad\quad (2-26)$$

② 面元。由 ρ，$\rho + d\rho$，φ，$\varphi + d\varphi$，z，$z + dz$ 这六个面决定一个六面体，它的各个面的面积元可表示为

$$dS_\rho = dl_\varphi dl_z = \rho d\varphi dz$$
$$dS_\varphi = dl_\rho dl_z = d\rho dz \quad\quad\quad (2-27)$$
$$dS_z = dl_\rho dl_\varphi = \rho d\rho d\varphi$$

（4）体元。六个面积元所围成的体积称为体积元，简称体元，表示为

$$dV = dl_\rho dl_\varphi dl_z \qu\quad\quad (2-28)$$

2.3.3　球坐标系

球坐标系中的任意一点的位置和矢量是用三个坐标变量 r、θ、φ 来表示的。下面学习球坐标系中物理量的基本含义。

（1）坐标变量。球坐标系的坐标变量为 r、θ、φ，其取值范围为 $0 \leqslant r < \infty$；$0 \leqslant \theta \leqslant \pi$；$0 < \varphi < 2\pi$。

（2）坐标的单位矢量。球坐标的单位矢量为 $\hat{r}$、$\hat{\theta}$、$\hat{\varphi}$ 相互正交，也遵循右手螺旋定则：

$$\hat{r} \times \hat{\theta} = \hat{\varphi}$$
$$\hat{\theta} \times \hat{\varphi} = \hat{r} \quad\quad (2\text{-}29)$$
$$\hat{\varphi} \times \hat{r} = \hat{\theta}$$

在球坐标系中，单位矢量 $\hat{r}$、$\hat{\theta}$、$\hat{\varphi}$ 的模为常数，其方向随点 M 的位置改变而变化。

（3）空间微分元。

① 线元。坐标点 M 沿坐标单位矢量方向线元表示为

$$\mathrm{d}l_r = \hat{r}\mathrm{d}l_r = \hat{r}\mathrm{d}r$$
$$\mathrm{d}l_\theta = \hat{\theta}\mathrm{d}l_\theta = r\hat{\theta}\mathrm{d}\theta \quad\quad (2\text{-}30)$$
$$\mathrm{d}l_\varphi = \hat{\varphi}\mathrm{d}l_\varphi = \hat{\varphi}r\sin\theta\mathrm{d}\varphi$$

线元矢量表示为

$$\mathrm{d}l = \sum_{i=1}^{3}\mathrm{d}l_i = \hat{r}\mathrm{d}l_r + \hat{\theta}\mathrm{d}l_\theta + \hat{\varphi}\mathrm{d}l_\varphi = \hat{r}\mathrm{d}r + r\hat{\theta}\mathrm{d}\theta + \hat{\varphi}r\sin\theta\mathrm{d}\varphi \quad\quad (2\text{-}31)$$

线元长度表示为

$$|\mathrm{d}l| = \sqrt{(\mathrm{d}l_r)^2 + (\mathrm{d}l_\theta)^2 + (\mathrm{d}l_\varphi)^2} = \sqrt{(\mathrm{d}r)^2 + (r\mathrm{d}\theta)^2 + (r\sin\theta\mathrm{d}\varphi)^2} \quad\quad (2\text{-}32)$$

② 面元。由 r，$r + \mathrm{d}r$，θ，$\theta + \mathrm{d}\theta$，$\varphi$，$\varphi + \mathrm{d}\varphi$ 这六个面决定了六面体上的面积元，简称面元。各个面的面积元表示为

$$\mathrm{d}S_r = \mathrm{d}l_\theta\mathrm{d}l_\varphi = r^2\sin\theta\mathrm{d}\theta\mathrm{d}\varphi$$
$$\mathrm{d}S_\theta = \mathrm{d}l_r\mathrm{d}l_\varphi = r\sin\theta\mathrm{d}r\mathrm{d}\varphi \quad\quad (2\text{-}33)$$
$$\mathrm{d}S_\varphi = \mathrm{d}l_r\mathrm{d}l_\theta = r\mathrm{d}r\mathrm{d}\theta$$

③ 体元。有六个面积元组成的体积称为体积元，简称体元，表示为

$$\mathrm{d}V = \mathrm{d}l_r\mathrm{d}l_\theta\mathrm{d}l_\varphi = r^2\sin\theta\mathrm{d}r\mathrm{d}\theta\mathrm{d}\varphi \quad\quad (2\text{-}34)$$

2.3.4　三种坐标系之间的关系

坐标变量之间有以下三种转换关系。

（1）直角坐标系的坐标变量与柱坐标系的坐标变量之间关系。在同一空间位置点的直角坐标 (x, y, z) 与柱坐标 (ρ, φ, z) 的关系为

$$\begin{cases} x = \rho \cos \varphi \\ y = \rho \sin \varphi \\ z = z \end{cases} \tag{2-35}$$

$$\begin{cases} \rho = \sqrt{x^2 + y^2} \\ \varphi = \arctan \dfrac{y}{x} = \arcsin \dfrac{y}{\sqrt{x^2 + y^2}} = \arccos \dfrac{x}{\sqrt{x^2 + y^2}} \end{cases} \tag{2-36}$$

（2）直角坐标系的坐标变量与球坐标系的坐标变量之间关系。在同一空间位置点的直角坐标（x，y，z）与球坐标（r，θ，φ）之间的关系为

$$\begin{cases} x = r \sin \theta \cos \varphi \\ y = r \sin \theta \sin \varphi \\ z = r \cos \theta \end{cases} \tag{2-37}$$

$$\begin{cases} r = \sqrt{x^2 + y^2 + z^2} \\ \theta = \arccos \dfrac{z}{\sqrt{x^2 + y^2 + z^2}} = \arcsin \dfrac{\sqrt{x^2 + y^2}}{\sqrt{x^2 + y^2 + z^2}} \\ \varphi = \arctan \dfrac{y}{x} = \arcsin \dfrac{y}{\sqrt{x^2 + y^2}} = \arccos \dfrac{x}{\sqrt{x^2 + y^2}} \end{cases} \tag{2-38}$$

（3）柱坐标系的坐标变量与球坐标系的坐标变量之间关系。同一空间位置点的柱坐标（ρ，φ，z）与球坐标（r，θ，φ）之间的关系为

$$\begin{cases} \rho = r \sin \theta \\ \varphi = \varphi \\ z = r \cos \theta \end{cases} \tag{2-39}$$

$$\begin{cases} r = \sqrt{\rho^2 + z^2} \\ \theta = \arccos \dfrac{z}{\sqrt{\rho^2 + z^2}} = \arcsin \dfrac{\rho}{\sqrt{\rho^2 + z^2}} \\ \varphi = \varphi \end{cases} \tag{2-40}$$

2.4 标量场的梯度

标量场 $u(x, y, z)$ 的等值面只描述了场量 u 的整体状况，但还需要了解标量场 u 的局部特点，因为研究标量场 $u(x, y, z)$ 有必要研究该场量 u 在空间任意一点的领域内沿各个方向的变化规律。要进行场量 u 的等值面和场量 u 沿各个方向变化规律的分析，需要引入方向导数和梯度的概念。

2.4.1 方向导数

设 $u(M)$ 是标量场中的一点，从点 M 出发引一条射线 l，点 M 是射线 l 上的动点，到点 M_0 距离为 Δl，则标量场 $u(M)$ 在点 M_0 处沿方向 e_l（e_l 是射线 l 的单位矢量）的方向导数为

$$\frac{\partial u}{\partial l}\bigg|_{M_0}=\lim_{\Delta l\to 0}\frac{u(M)-u(M_0)}{\Delta l} \tag{2-41}$$

在直角坐标系中，设 $\cos\alpha$、$\cos\beta$、$\cos\gamma$ 是 e_l 方向的余弦，则有

$$\cos\alpha=\frac{\mathrm{d}x}{\mathrm{d}l},\ \cos\beta=\frac{\mathrm{d}y}{\mathrm{d}l},\ \cos\gamma=\frac{\mathrm{d}z}{\mathrm{d}l}$$

根据复合函数求导法则，容易得到直角坐标系中方向导数的计算公式为

$$\frac{\partial u}{\partial l}=\frac{\partial u}{\partial x}\cos\alpha+\frac{\partial u}{\partial y}\cos\beta+\frac{\partial u}{\partial z}\cos\gamma \tag{2-42}$$

方向导数具有以下性质：

（1）方向导数 $\dfrac{\partial u}{\partial l}$ 是标量场 $u(M)$ 在点 M_0 处沿方向 e_l 的距离变化率。当 $\dfrac{\partial u}{\partial l}>0$ 时，标量场 $u(M)$ 沿 e_l 方向是增加的；当 $\dfrac{\partial u}{\partial l}<0$ 时，标量场 $u(M)$ 沿 e_l 方向是减小的；当 $\dfrac{\partial u}{\partial l}=0$ 时，标量场 $u(M)$ 沿 e_l 方向无变化。

（2）方向导数值既与点 M_0 有关，也与 e_l 方向有关。因此，标量场中，在一个给定点 M_0 处沿不同方向 e_l，其方向导数的值一般是不同。

例 2-2 已知函数 $u=(x^2+y^2+2z^2)^{1/2}$，求空间一点 $M(1,1,1)$ 的梯度和沿方向 $l=e_x1+e_y2+e_z2$ 的方向导数。

解：在 $M(1,1,1)$ 处，有

$$\frac{\partial u}{\partial x}\bigg|_{M}=\frac{x}{(x^2+y^2+2z^2)^{1/2}}\bigg|_{M}=\frac{1}{2}$$

$$\frac{\partial u}{\partial y}\bigg|_{M}=\frac{y}{(x^2+y^2+2z^2)^{1/2}}\bigg|_{M}=\frac{1}{2}$$

$$\frac{\partial u}{\partial z}\bigg|_{M}=\frac{z}{(x^2+y^2+2z^2)^{1/2}}\bigg|_{M}=\frac{1}{2}$$

$$\nabla u|_{M}=\left(e_x\frac{\partial u}{\partial x}+e_y\frac{\partial u}{\partial y}+e_z\frac{\partial u}{\partial z}\right)\bigg|_{M}=\frac{1}{2}(e_x+e_y+e_z)$$

l 方向的单位矢量为

$$e_l=\frac{l}{|l|}=\frac{e_x1+e_y2+e_z2}{(1^2+2^2+2^2)^{1/2}}=\frac{1}{3}(e_x1+e_y2+e_z2)$$

故沿 l 方向的方向导数为

$$\frac{\partial u}{\partial l}\bigg|_M = (\nabla u \cdot e_l)\big|_M = \frac{1}{2}(e_x + e_y + e_z) \cdot \frac{1}{3}(e_x 1 + e_y 2 + e_z 2)\bigg|_M = \frac{5}{6}$$

2.4.2 梯度

标量场的方向导数给出了在给定点沿某个方向的变化率，但是从给定点出发有无穷多个方向。标量场在同一点 M 处沿不同方向上的变化率是不同的，在某个方向上，变化率可能最大。为了描述变化率最大的问题，非常有必要引入梯度的概念。

标量场 u 在 M 点最大变化率的方向和最大变化率的值分别为矢量 G 的方向和模值，称 G 为标量场 u 中点 M 处的梯度，记为 grad u，即

$$\text{grad } u = G \tag{2-43}$$

梯度在直角坐标系中用哈密尔顿算子表示为 grad $u = \nabla u$，其表达式为

$$\nabla u = e_x \frac{\partial u}{\partial x} + e_y \frac{\partial u}{\partial y} + e_z \frac{\partial u}{\partial z} \tag{2-44}$$

梯度运算是微分求导运算的组合，其运算规则与微分运算规则相似。

梯度的性质如下：

（1）梯度在 l 方向的投影正好等于它沿 l 方向的方向导数，记为

$$\nabla u \cdot e_l = \frac{\partial u}{\partial l} \tag{2-45}$$

（2）梯度与等值面相垂直，且指向函数 u 增加的方向。

$$\nabla \times \nabla u = 0 \tag{2-46}$$

（3）对梯度再取旋度等于零，即

$$\nabla u = e_\rho \frac{\partial u}{\partial \rho} + \frac{e_\varphi}{r} \frac{\partial u}{\partial \varphi} + e_z \frac{\partial u}{\partial z} \tag{2-47}$$

在圆柱坐标系和球坐标中梯度的表达式分别为

$$\nabla u = e_r \frac{\partial u}{\partial r} + \frac{e_\theta}{r} \frac{\partial u}{\partial \theta} + \frac{e_\varphi}{r \sin \theta} \frac{\partial u}{\partial \varphi} \tag{2-48}$$

2.5 矢量场的通量与散度

若空间中处处都有矢量存在，则称形成了一个矢量场，常用带箭头的场线表示矢量场在空间的分布情况，这些场线就称为矢量线。矢量线的切线方向表示场量的方向；矢量线的疏密表示场量的大小，如图 2.5a 所示。为了描述矢量场在空间的变化，下面将引入矢量场的通量和散度概念。

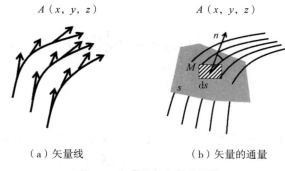

（a）矢量线　　　　　　　　（b）矢量的通量

图 2.5　矢量线与矢量的通量

2.5.1　矢量场的通量

在矢量场中取任意的面元矢量 dS，那么矢量场 A 与面元矢量 dS 的标量积称为 A 穿过面元的通量，记作 dΦ，如图 2.5b 所示，即

$$d\Phi = AdS + A\cos\theta dS \qquad （2\text{-}49）$$

式中：θ 为矢量场 A 与面元矢量 dS 正向的夹角大小。

矢量场 A 穿过任意曲面 S 的通量可表示为

$$\Phi = \int_S A \cdot dS = \int_S A\cos\theta dS \qquad （2\text{-}50）$$

而矢量场 A 穿过任意闭合曲面 S 的通量可表示为

$$\Phi = \oint_S A \cdot dS = \oint_S A\cos\theta dS \qquad （2\text{-}51）$$

通量的物理意义表示单位时间内穿出闭合曲面 S 的净通量，一般总是取其外侧为正侧，即取 e_n 由内侧指向外侧。

若 $\Phi > 0$ 时，表示穿出闭合曲面 S 的通量多于穿入的通量，此时闭合曲面 S 内必有发出通量线的源，称为正源。

若 $\Phi < 0$ 时，表示穿出闭合曲面 S 的通量少于穿入的通量，此时闭合曲面 S 内必有接受通量线的源，称为负源。

若 $\Phi = 0$ 时，表示穿入闭合曲面 S 的通量等于穿出的通量，此时闭合曲面 S 内正源与负源的代数和为零，即闭合曲面 S 内无源。

关于通量的物理意义，应视选择的具体场而定。例如静电场中的正电荷就是发生电通量的正源，负电荷为汇集电通量的负源。

2.5.2　矢量场的散度

（1）散度的定义及运算。通量是一个积分量，它从整体上描述了曲面 S 所围区域 τ 中矢量总的发散状况，而没有说明闭合面内每一点处的性质。为了研究矢量场中每一点的场与通量源之间的关系，需要引入矢量场的散度概念。在矢量场 A 中的任意一点 M 处作一个包围该点的任意闭合曲面 S，其所限定的体积设为 $\Delta\tau$，那么该点处通量与体积 $\Delta\tau$ 的比值并取极限称为矢量场 A 在该点处的散度，记为 $\mathrm{div}\,A$，即

$$\mathrm{div}\,A = \lim_{\Delta\tau\to\infty} \frac{\oint_S A\cdot \mathrm{d}S}{\Delta\tau} \tag{2-52}$$

在直角坐标系中，设 $A = e_x A_x + e_y A_y + e_z A_z$，则式（2-50）可表示为

$$\oint_S A\cdot \mathrm{d}S = \oint_S A_x \mathrm{d}y\mathrm{d}z + A_y \mathrm{d}z\mathrm{d}x + A_z \mathrm{d}x\mathrm{d}y = \int_\tau \left(\frac{\partial A_x}{\partial x} + \frac{\partial A_y}{\partial y} + \frac{\partial A_z}{\partial z}\right)\mathrm{d}x \tag{2-53}$$

由式（2-51）可见，通量可表示为区域 τ 内各点处的发散强度，称 $\dfrac{\partial A_x}{\partial x} + \dfrac{\partial A_y}{\partial y} + \dfrac{\partial A_z}{\partial z}$ 为矢量场 A 在该点处的散度，记作 $\mathrm{div}\,A$。

由此可见，散度是通量 Φ 对曲面所围区域的变化率，也可看作通量在所围体积 τ 中的分布密度，所以 $\mathrm{div}\,A$ 也被称为通量密度。

矢量场 A 的散度可表示为

$$\mathrm{div}\,A = \frac{\partial A_x}{\partial x} + \frac{\partial A_y}{\partial y} + \frac{\partial A_z}{\partial z} \tag{2-54}$$

引入一个被称为哈密尔顿算子的矢量微分算子 "∇"，它是一个微分运算符号，读作 "del" 或 "纳布拉"。

$$\nabla = e_x \frac{\partial}{\partial x} + e_y \frac{\partial}{\partial y} + e_z \frac{\partial}{\partial z}$$

在直角坐标系中，散度的表达式为

$$\nabla\cdot A = \left(e_x \frac{\partial}{\partial x} + e_y \frac{\partial}{\partial y} + e_z \frac{\partial}{\partial z}\right)\cdot(e_x A_x + e_y A_y + e_z A_z) = \frac{\partial A_x}{\partial x} + \frac{\partial A_y}{\partial y} + \frac{\partial A_z}{\partial z} \tag{2-55}$$

在圆柱坐标系和球坐标系中，散度的表达式分别为

$$\nabla\cdot A = \frac{1}{\rho}\frac{\partial}{\partial\rho}(\rho A_\rho) + \frac{1}{\rho}\frac{\partial A_\varphi}{\partial\varphi} + \frac{\partial A_z}{\partial z} \tag{2-56}$$

$$\nabla\cdot A = \frac{1}{r^2}\frac{\partial}{\partial r}(r^2 A_r) + \frac{1}{r\sin\theta}\frac{\partial}{\partial\theta}(\sin\theta A_\theta) + \frac{1}{r\sin\theta}\frac{\partial A_\varphi}{\partial\varphi} \tag{2-57}$$

（2）散度定理。矢量场 A 的散度 $\nabla\cdot A$ 在某一体积 V 内的积分，等于矢量场 A 在包围该体积 τ 的闭合曲面 S 上的面积分

$$\int_\tau \nabla\cdot A\mathrm{d}\tau = \oint_S A\cdot \mathrm{d}S \tag{2-58}$$

称为散度定理或高斯定理。在电磁场理论计算中，常用散度定理对方程进行积分形式与微分形式的转换或简化矢量公式、求证矢量恒等式等。

（3）散度运算的基本公式。

$$\nabla\cdot C = 0 \qquad （C\text{ 为常矢量}） \tag{2-59}$$

$$\nabla\cdot(cA) = c\nabla\cdot A \qquad （c\text{ 为常数}） \tag{2-60}$$

$$\nabla \cdot (A \pm B) = \nabla \cdot A \times \nabla \cdot B \tag{2-61}$$

$$\nabla \cdot (uA) = (\nabla u) \cdot A + u(\nabla \cdot A) \quad (u \text{ 为标量函数}) \tag{2-62}$$

$$\nabla \cdot (\nabla u) = \frac{\partial^2 u}{\partial x^2} + \frac{\partial^2 u}{\partial y^2} + \frac{\partial^2 u}{\partial z^2} \tag{2-63}$$

引入拉普拉斯算子:

$$\nabla^2 = \frac{\partial^2}{\partial x^2} + \frac{\partial^2}{\partial y^2} + \frac{\partial^2}{\partial z^2} \tag{2-64}$$

2.6　矢量场的环流与旋度

2.6.1　矢量场的环流与环流面密度

（1）环流的定义。在矢量场 A 中，取沿某一闭合的有向曲线 C 的线积分，即

$$\Gamma = \oint_C A \cdot dl \tag{2-65}$$

称 Γ 为矢量 A 按所取方向沿闭合曲线 C 的环流。环流的物理意义由具体的场而定，如在力场 F 中，环流 $\oint_C F \cdot dl = 0$ 表示沿闭合曲线路径 C 所做的功为零。在流速场 A 中，环流为 $\oint_C A \cdot dl$。流速场 A 的环流有两种特性，一种其环流等于零（即 $\oint_C A \cdot dl = 0$），此时沿闭合曲线无漩涡流动情况；另一种其环流不等于零（即 $\oint_C A \cdot dl \neq 0$），此时流速场中流体在漩涡流动，必有产生漩涡的源，这个源称为漩涡源。

（2）环流的面密度。矢量场的环流只反映产生环流的漩涡源的总体情况，不能反映场源在闭合曲线内的具体分布，因此有必要引入环流面密度概念。

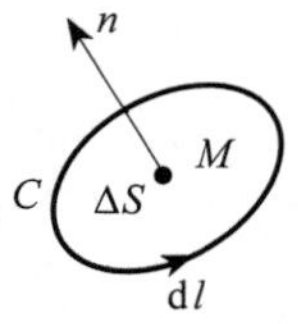

设 M 为矢量场 A 中的任意一点，在 M 点处作微小曲面元 ΔS，取其法向矢量为 n，C 是沿小曲面元周界的有向闭合曲线，其方向与 n 满足右手螺旋，如图 2.6 所示。

图 2.6　n 与 dl 的关系

当闭合曲线 C 不断收缩，使其所围 ΔS 面积逐渐趋近于零时，矢量场沿 C 正向的环流 $\Delta \Gamma$ 与面元 ΔS 之比表现环流与面积的变化，若求其极限

$$\lim_{\Delta S \to 0} \frac{\Delta \Gamma}{\Delta S} = \lim_{\Delta S \to 0} \frac{\oint_C A \cdot dl}{\Delta S}$$

则称为矢量场 A 在 M 点沿 n 方向的环流面密度，表示环流对面积的变化率。

2.6.2　矢量场的旋度

由于矢量场在点 M 处的环流面密度与面元 ΔS 的法线方向 n 有关，在某一方向上，环流面密度可能取得最大值。为了表示这种最大值分布状态，有必要引入旋度的概念。

在矢量场 A 中，定义这样一个矢量，其方向为该点最大环流面密度的方向，其模为该点最大环流面密度的数值，这个矢量即是 A 的旋度 $\text{rot}\,A$，即

$$(\text{rot}\,A)\cdot e_n = \lim_{\Delta S \to 0} \frac{1}{\Delta S} \oint_C A \cdot \mathrm{d}l$$

可以证明，矢量场的旋度可以通过对矢量的微分运算得到，即矢量场 A 的旋度用哈密尔顿算符表示为

$$\text{rot}\,A = \nabla \times A \tag{2-66}$$

在直角坐标系中，旋度 $\nabla \times A$ 的表达式为

$$\nabla \times A = \begin{vmatrix} e_x & e_y & e_z \\ \dfrac{\partial}{\partial x} & \dfrac{\partial}{\partial y} & \dfrac{\partial}{\partial z} \\ A_x & A_y & A_z \end{vmatrix} \tag{2-67}$$

在圆柱坐标系中，旋度 $\nabla \times A$ 的表达式为

$$\nabla \times A = \begin{vmatrix} e_\rho & \rho e_\varphi & e_z \\ \dfrac{\partial}{\partial \rho} & \dfrac{\partial}{\partial \varphi} & \dfrac{\partial}{\partial z} \\ A_\rho & \rho A & A_z \end{vmatrix} \tag{2-68}$$

在球坐标系中，旋度 $\nabla \times A$ 的表达式为

$$\nabla \times A = \frac{1}{r^2 \sin\theta} \begin{vmatrix} e_r & r e_\theta & r\sin\theta\, e_\varphi \\ \dfrac{\partial}{\partial r} & \dfrac{\partial}{\partial \theta} & \dfrac{\partial}{\partial \varphi} \\ A_r & r A_\theta & r\sin\theta A_\varphi \end{vmatrix} \tag{2-69}$$

（1）旋度的性质。旋度的散度恒等于零，即

$$\nabla \cdot (\nabla \times A) = 0 \tag{2-70}$$

（2）斯托克斯定理。矢量场 A 的旋度 $\nabla \times A$ 在曲面 S 上的面积分等于矢量场 A 在有向曲面 C 上的线积分

$$\oint_C A \cdot \mathrm{d}l = \int_S (\nabla \times A) \cdot \mathrm{d}S \tag{2-71}$$

这就是斯托克斯定理，它给出了闭合线积分与面积分的关系，反映了曲面边界上的矢量场与曲面中的旋度源的关系。

（3）旋度运算的基本公式。

$$\nabla \times C = 0 \qquad (C\ \text{为常矢量}) \tag{2-72}$$

$$\nabla \times (cA) = c\nabla \times A \qquad (c\ \text{为常数}) \tag{2-73}$$

$$\nabla \cdot (A \pm B) = \nabla \times A \pm \nabla \times B \tag{2-74}$$

$$\nabla \times (uA) = (\nabla u) \times A + u(\nabla \times A) \qquad (u\ \text{为标量函数}) \tag{2-75}$$

$$\nabla \cdot (A \times B) = B \cdot (\nabla \times A) - A \cdot (\nabla \times B) \tag{2-76}$$

$$\nabla \times (\nabla u) \equiv 0 \qquad (u\ \text{为标量函数}) \tag{2-77}$$

2.7 亥姆霍兹定理

由本章前面的内容可知，矢量场有两种不同性质的源，即散度源和旋度源。散度源产生的场称为无旋场，旋度源产生的场称为无散场。

在有限空间区域 V 内的任意一个矢量场 A，若给定其散度和旋度，则该矢量场就被确定，最多只差一个附加的常矢量。若同时给定了矢量场的散度、旋度和边界条件（即包围 V 的闭合面 S 上的矢量场分布）唯一确定，并且该矢量场可表示成一个无旋场和无散场之和。这就是著名的亥姆霍兹定理。下面进一步说明亥姆霍兹定理的意义。

在有限空间区域 V 内任何一个矢量场都是由"源"激发的，通常来说，矢量场有散度，也有旋度。它可以表示为一个只有散度而其旋度为零的矢量 A_1 和另一个只有旋度而其散度为零的矢量场 A_2 之和，即

$$A = A_1 + A_2$$

其中 $\nabla \times A_1 = 0$，$\nabla \times A_2 = 0$。由于 A_1 的散度不为零，则设其为 ρ，于是有

$$\nabla \cdot A = \nabla \cdot (A_1 + A_2) = \nabla \cdot A_1 = \rho \tag{2-78}$$

同理，A_2 的旋度不为零，设为 J，于是

$$\nabla \times A = \nabla \times (A_1 + A_2) = \nabla \cdot A_2 = J \tag{2-79}$$

ρ 和 J 分别是散度和旋度对应的散度源和旋度源。在电磁场中，它们分别表示为电荷和电流。这就是说，当矢量场的散度和旋度给定后，就相当于确定了"源"的分布。如果场域有限，给定边界条件后，矢量场 A 就唯一地确定了。

亥姆霍兹定理是研究电磁场理论的一条主线，无论是静电场还是时变场，都是围绕着它们的旋度、散度和边界条件展开理论分析的。

习 题

1. 已知矢量 A 和 B 分别为 $A = e_x + 2e_y - e_z$，$B = e_x + e_y + 2e_z$。试求：（1）$|A|$，$|B|$；（2）单位矢量 e_A，e_B。

2. 已知矢量 A 和 B，$A = e_x - 9e_y - e_z$，$B = 2e_x - 4e_y + 3e_z$。求：（1）$A + B$；（2）$A - B$；（3）$A \cdot B$；（4）$A \times B$。

3. 已知 $u = xy + 2yz + xz$，求 ∇u。

4. 已知 $u = xy + 2yz + xz$，求 u 在点 $M(1，1，1)$ 处的方向导数。

5. 已知矢量 A 和 B：$A = 2e_x + e_y - e_z$；$B = 2e_x + e_z$。求：（1）A 的方向；（2）$A \cdot B$；（3）A 与 B 的夹角 θ_{AB}。

6. 在内半径为 a，外半径为 b 的介质（$\varepsilon = 4\varepsilon_0$）球壳空腔内，均匀分布着体密度为 ρ 的电荷，球壳内外均为空气，求以下三个区域内的电场分布：（1）$r < a$；（2）$a < r < b$；（3）$r > b$。并求以上三个区域内的 $\nabla \times E$ 和 $\nabla \cdot D$。

7. 求函数 $\phi = 3x^2 y - y^3 z^2$ 在点 $M(1，-2，-1)$ 处沿矢量 $a = yze_x + xze_y + zye_z$ 方向

的方向导数。

8. 已知标量函数为

$$\phi = 2x^2 + 3y^2 + z^2 + 2xyz$$

试求在 $M(1, -2, 1)$ 点处的梯度。

9. 计算场 $f(r) = xy^2z$ 沿 $A = a_x + 2a_y + 2a_z$ 方向的方向导数，以及在点 $(2, 1, 0)$ 处，沿 $B = 2a_x - a_y + 2a_z$ 方向的方向导数。

10. 解释矢量场的通量，通量的正、负和零分别表示什么意义？

11. 给出散度的定义、物理意义，散度的正、负和零分别表示什么意义？

12. 什么是矢量场的环量？环量的正、负和零分别表示什么意义？

13. 给出旋度的定义、物理意义，旋度为零和不为零分别表示什么意义？

14. 根据算符 ∇ 的矢量特性，推导下列公式：

（1）$\nabla(A \cdot B) = B \times (\nabla \times A) + (B \cdot \nabla)A + A \times (\nabla \times B) + (A \cdot \nabla)B$;

（2）$\nabla \cdot (E \times H) = H \cdot (\nabla \times E) - E \cdot (\nabla \times H)$。

15. 求下列矢量场的散度和旋度。

（1）$F = (3x^2y + z)e_x + (y^3 - xz^2)e_y + 2xyze_z$;

（2）$F = \rho\cos^2\phi e_\rho + \rho\sin\phi e_\phi$;

（3）$F = yz^2e_x + zx^2e_y + xy^2e_z$。

第 3 章

静电场与恒定电场

电磁学是研究静止电荷和运动电荷的效应，以及相互作用的一门学科。尽管人们发现电、磁现象年代久远，但发现电和磁之间的联系只有近两百年的历史。由于静电场和静磁场彼此独立，两者之间没有任何联系，而时变电磁场的理论基础是不随时间变化的电场和磁场（即静态的电磁场）。因此，静态电磁场（即静态场）的基本理论是电磁场理论的基础。静电场是由相对静止的电荷产生，而恒定电场和静磁场则是由不随时间变化的电流产生。

3.1 电场强度和电位

3.1.1 电荷和电荷密度

电荷有正、负之分，正电荷的出现总是伴随着负电荷的出现。所有带电体的电荷量（简称电荷）都是电子电荷量绝对值的整数倍，带电体中的电荷不仅与带电体带有电量的大小有关，而且与电荷分布有关。微观上，根据物质结构理论可知，带电微粒间总有空隙，带电体所带电量不是连续分布。但宏观上，由于带电微粒间空隙的距离非常小，并考虑带电体中大量带电微粒的平均效应，因此可以近似认为带电体内的电荷连续分布。所以，可以用电荷密度来描述带电体的电荷分布。为此，定义体电荷密度为

$$\rho = \lim_{\Delta V \to 0} \frac{\Delta Q}{\Delta V} = \frac{\mathrm{d} Q}{\mathrm{d} V} C / \mathrm{m}^3 \tag{3-1}$$

当电荷存在于一无限薄的薄层或截面很小的细线上时，将薄层或细线上的电荷分布分别用面电荷密度和线电荷密度来描述更加方便。为此定义面电荷密度 ρ_S 和线电荷密度 ρ_l 分别为

$$\rho_S = \lim_{\Delta S \to 0} \frac{\Delta Q}{\Delta S} = \frac{\mathrm{d}Q}{\mathrm{d}S} \, \mathrm{C/m}^2 \qquad (3\text{-}2\mathrm{a})$$

$$\rho_l = \lim_{\Delta l \to 0} \frac{\Delta Q}{\Delta l} = \frac{\mathrm{d}Q}{\mathrm{d}l} \, \mathrm{C/m} \qquad (3\text{-}2\mathrm{b})$$

式中：ΔQ 分别是薄层的面积元 ΔS 和细线的长度元 Δl 上的电荷增量。

于是，一个体积为 V、表面积为 S 以及线长为 l 上包含的总电荷可分别对以上三式进行体、面和线积分得到，其表达式分别为

$$Q = \int_V \rho \mathrm{d}V, \quad Q = \int_S \rho \mathrm{d}S, \quad Q = \int_l \rho \mathrm{d}l \qquad (3\text{-}3)$$

3.1.2 库仑定律

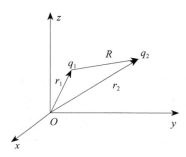

图 3.1 两个点电荷之间的作用力

库仑定律在 1785 年实验基础上得出"两个某同种电荷的小球之间的相互排斥力和它们之间距离的平方成反比"的结论。当带电体本身的几何尺寸远小于带电体之间的距离时，可把带电体看作点电荷。如图 3.1 所示，在一个相对无限大的真空环境中，两个点电荷之间的作用力可表示为

$$F_{12} = \frac{q_1 q_2}{4\pi\varepsilon_0} \cdot \frac{e_{21}}{R^2} \qquad (3\text{-}4\mathrm{a})$$

$$F_{21} = \frac{q_1 q_2}{4\pi\varepsilon_0} \cdot \frac{e_{12}}{R^2} \qquad (3\text{-}4\mathrm{b})$$

式中：q_1 和 q_2 表示两带电体所带的电荷量，单位是 C（库仑）；R 表示带电体之间的距离，单位是 m（米）；ε_0 表示真空介电常数，其值为 $\varepsilon_0 = 1/36\pi \times 10^{-9} = 8.85 \times 10^{-12}$，单位为 F/m（法/米），力的单位是 N（牛顿）；F_{12} 表示 q_2 对 q_1 的作用力；e_{21} 是沿着带电体之间连线方向、由 q_2 指向 q_1 的单位矢量；F_{21} 表示 q_1 对 q_2 的作用力；e_{12} 是与 e_{21} 方向相反的单位矢量。

库仑定律描述了三个方面的内容：①在真空中两个静止点电荷间的相互作用力与两个点电荷间的距离平方成反比；②作用力与两个点电荷电量的乘积成正比；③作用力的方向在两电荷的连线上，同号电荷相互排斥，异号电荷相互相吸引。

电荷之间的作用力是通过其周围空间存在的一种特殊物质，即电场。任何电荷在其周围都产生电场，而电场的一个重要特性就是对处于其中的任何其他电荷都产生作用力。下面引入电场强度这个物理量来描述电场这个重要特性。

3.1.3 电场强度

电荷周围空间存在电场，电场是客观存在的一种物质。一个点电荷之所以对另外一个点电荷产生作用力，就是因为这个点电荷在其周围空间产生电场，当另一个点电荷进

入这个电场中时就会受到力的作用。换言之，电场对静止或运动电荷都有作用力。为了定量计算电场的强弱，定义基本物理量——电场强度。

电场中某点的电场强度在量值和方向上等于一个实验电荷（一般取为单位正电荷）在该点所受的力，即

$$E = \frac{F}{q_0} \text{V/m} \tag{3-5}$$

式中：试验电荷量 q_0 及其体积应尽可能小，从而使原电场受到的影响可忽略不计。这样，若空间中任一点 p 处的电场强度为 E，则作用于该点处点电荷 q 的作用力为

$$F = qE \tag{3-6}$$

可得到真空中距点电荷 q 的距离为 R 处点 p 的电场强度为

$$E = \frac{qR}{4\pi\varepsilon_0 R^3} \tag{3-7}$$

一般地，若真空中有 n 个点电荷，则空间中任意点 p 处的总电场强度为

$$E = \frac{1}{4\pi\varepsilon_0} \sum_{i=1}^{n} \frac{q_i}{R_i^3} R_i \tag{3-8}$$

式中：$R = r - r_i$，代表从 q_i 所在点到 p 点的距离量，方向由点电荷 q_i 所在点（源点）指向场点 p。

对真空中有限区域内连续分布的体电荷，设体电荷分布的体积为 V'，则体积 V' 之外任一点 p 处的电场强度为

$$E = \frac{1}{4\pi\varepsilon_0} \int_{V'} \frac{\rho(r')(r-r')}{|r-r'|^3} dV' = \frac{1}{4\pi\varepsilon_0} \int_V \frac{\rho(r')R}{R^3} dV' \tag{3-9}$$

式中：r 为 p 点的矢径；r' 为体电荷元 dV' 所在点的矢径。在本书的以后章节中，在不至于引起混淆的地方，可以将体积元 dV' 改记为 dV。

在真空中，以体电荷密度 $E(r')$、面电荷密度 $E_s(r')$、线电荷密度 $E_c(r')$ 分布的电荷所产生的电场强度表达式分别为

$$E(r) = \frac{1}{4\pi\varepsilon_0} \int_r \frac{\rho(r')}{R^2} e_r d\tau' \tag{3-10a}$$

$$E(r) = \frac{1}{4\pi\varepsilon_0} \int_S \frac{\sigma(r')}{R^2} e_r dS' \tag{3-10b}$$

$$E(r) = \frac{1}{4\pi\varepsilon_0} \int_l \frac{\rho_l(r')}{R^2} e_r dl' \tag{3-10c}$$

若已知真空中的电荷分布，即可按照上面各式计算电场强度，但都是矢量积分公式，运算比较复杂。

例 3-1 求均匀带电细圆环轴线上的电场。

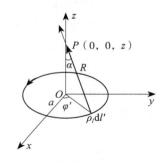

图 3.2 均匀带电细圆环轴线上的电场

解：设圆环半径为 a，圆环上线电荷密度为 ρ_l，如图 3.2 选取直角坐标系

$$dE = e_z dE_z + e_x dE_x + e_y dE_y$$

由于圆环线电荷分布关于 z 轴对称，水平电场分量为

$$E_x = E_y = 0$$

$$E = e_z E_z$$

$$E_z = \int_l dE \cos\alpha = \int_l \frac{\rho_l dl'}{4\pi\varepsilon_0 R^2} \cdot \frac{z}{R} = \frac{\rho_l}{4\pi\varepsilon_0} \int_0^{2\pi} \frac{a d\varphi'}{R^2} \cdot \frac{z}{R}$$

$$= \frac{\rho_l a}{4\pi\varepsilon_0} \frac{z}{R^3} \cdot 2\pi = \frac{a\rho_l z}{2\pi\varepsilon_0 (a^2 + z^2)^{3/2}}$$

即

$$E = \frac{qz}{4\pi\varepsilon_0 (a^2 + z^2)^{\frac{1}{2}}} e_z$$

3.1.4 电位和电位差

（1）电位。若把电荷 q 置于电场强度为 E 的电场中，电荷将受到电场力 qE 作用。在电场中，电场力把单位正电荷从 A 点移动到无穷远处，电场力所作的功就定义为场点 A 的电位 φ_A

$$\phi_A = \int_A^\infty E \cdot dl \tag{3-11}$$

φ_A 等于静电力把正电荷从 A 点移到无穷远处电场力所作功的总量，积分表示沿着无穷远点到 A 点的路径，当作功为 1 焦耳（J）时，A 点的电位为 1 伏特（V）。

对于在静电场中有多个电荷存在的情况，电场中某点 A 的电位是各个电荷单独存在时，在该点产生电位的叠加。

例 3-2 求距点电荷 Q（库仑）r_A（米）处 A 点的电位 φ_A。

解：在理论上常选择无穷远处的电位为电位零点（而实际中则是选择大地为电位零

点），得到在距点电荷 Q 的 r_A 处 A 点的电位 φ_A 为

$$\phi_A = \int_A^\infty E \cdot \mathrm{d}l = \int_A^\infty \frac{q}{4\pi\varepsilon R^2} e_R \cdot \mathrm{d}l$$

$$= \int_{r_A}^\infty \frac{q}{4\pi\varepsilon R^2} \cdot \mathrm{d}R = \frac{q}{4\pi\varepsilon} \frac{1}{R}\Big|_{r_A}^\infty = \frac{q}{4\pi\varepsilon r_A}$$

（2）电位差。电场中 A 点的电位 φ_A 是指相对于参考电位零点的电位，它是一个相对概念。如果在电场中点 B 处存在着相对于同一参考电位零点的电位 φ_B，若 φ_A 与 φ_B 电位相同，则为等电位；若 φ_A 与 φ_B 电位不同，则存在电位差 U。

A 和 B 两点间的电位差 U 表示，在电场中把单位正电荷从 A 点移动到 B 点电场力所作的功为

$$U = \phi_A - \phi_B = \int_A^B E \cdot \mathrm{d}l \tag{3-12}$$

电位差的单位与电位相同，用伏特（V）表示。

3.1.5 电位和电场强度的关系

电场强度可用一个标量函数电位 ϕ 的梯度来表示

$$E = -\nabla\phi \tag{3-13}$$

$$\phi = \frac{q}{4\pi\varepsilon_0 R} + C \tag{3-14}$$

其中，C 是常数。如果 R 在无穷远处电位为零点，则常数 $C = 0$。

电场强度在任意方向的分量用电位 ϕ 的方向导数表示为

$$E_l = -\frac{\partial\phi}{\partial l} \tag{3-15}$$

电位的微分可表示为

$$\mathrm{d}\phi = -E_l \cdot \mathrm{d}l = -E \cdot \mathrm{d}l \tag{3-16}$$

那么空间中 A、B 两点间的电位差可表示为

$$\phi_A - \phi_B = \int_A^B E \cdot \mathrm{d}l \tag{3-17}$$

对于线电荷、面电荷和体电荷，其电位可用对场源求积分的方法求得，即

$$\begin{cases} \phi = \dfrac{1}{4\pi\varepsilon_0} \displaystyle\int_l \dfrac{\rho_l \mathrm{d}l}{R} + C \\[2mm] \phi = \dfrac{1}{4\pi\varepsilon_0} \displaystyle\int_S \dfrac{\sigma \mathrm{d}S}{R} + C \\[2mm] \phi = \dfrac{1}{4\pi\varepsilon_0} \displaystyle\int_\tau \dfrac{\rho \mathrm{d}\tau}{R} + C \end{cases} \tag{3-18}$$

式中：ρ_l 为线电荷密度；σ 为面电荷密度；ρ 为体电荷密度。

3.2 静电场中的导体与电介质

在静电场中，实体物质会影响和改变自由电荷在无限大真空中静电场的分布，根据物体的静电表现，可以把物质分成导电体（导体）和绝缘体（或称为电介质），导体和电介质在静电场中的性质和表现有所不同。

（1）静电场中的导体。导体内部存在大量自由运动的自由电荷，若导体处于静电场中，则自由电荷在静电场的作用下移至导体表面形成表面感应电荷，自由电荷在导体中移动建立附加电场。附加电场与外面静电场在导体内部处处抵消，形成一种新的静电平衡状态。静电场中导体的特点是：在导体表面形成一定面积的电荷分布，使导体内部的电场为零，每个导体都成为等位体，导体表面均为等位面。

（2）静电场中的电介质。电介质（绝缘体）与导体不同，电介质内部的电子是被原子核束缚在分子范围内不能自由运动，被称为束缚电荷。在外加静电场的作用下，电介质分子由中性转而呈现正负电荷在分子范围内的极化，其作用中心不再重合，形成一个小小的电偶极子，使电介质内部出现连续的电偶极子分布，形成附加电场，引起原先电场分布的变化，这种现象称为电介质极化。为了描述电介质极化的特性，引入电极化强度。电极化强度是指单位体积内电偶极矩的矢量和，即

$$P = \lim_{\Delta\tau \to 0} \frac{\sum p}{\Delta\tau} = N p_{av} \tag{3-19}$$

式中：N 为单位体积内分子密度数；p_{av} 为平均电矩。

在各向同性的线性电介质中，电极化强度 P 与电场强度 E 成正比，即

$$P = \chi_e \varepsilon_0 E \tag{3-20}$$

式中：χ_e 为电介质的电极化率，是一个无单位的比例系数，与介质材料种类有关。

极化的电介质可视为体分布的电偶极子，由其引起的附加电场可视为这些电偶极子电场的叠加。电偶极子构成了场的二次源，总电场应是自由电荷产生的场与电偶极子产生的场之和。但通常不直接计算电偶极子产生的场，而认为束缚电荷是产生场的二次源，即电介质极化后对电场的影响可以用在介质中出现的束缚体电荷和在介质表面束缚面电荷进行分析。可以证明，束缚电荷面密度 ρ_{ps} 与束缚电荷体密度 ρ_p 与电极化强度的关系为

$$\rho_{ps} = P \cdot e_n \tag{3-21}$$

$$\rho_p = -\nabla \cdot P \tag{3-22}$$

这两部分极化电荷的总和 Q_p 为

$$Q_p = \oint_S \rho_{ps} \mathrm{d}S + \oint_V \rho_p \mathrm{d}V = \oint_S P \cdot \mathrm{d}S + \oint_V -\nabla P \mathrm{d}V \tag{3-23}$$

在实际中，电极化强度 P 一般是未知的，因而上述方法一般难以具体计算。更有效的方法是引入电通量密度 D，采用介质中的高斯定理分析有电介质存在的电场。

3.3 静电场的基本方程

静电场是矢量场。根据亥姆霍兹定理，矢量场散度和旋度所满足的关系决定了矢量的基本性质，所以研究一个矢量场，必须从它的散度和旋度两方面着手，从而得到两个关于描述静电场基本性质的方程，即静电场的基本方程。静电场的基本方程主要由高斯定理和静电场的守恒定理构成。

3.3.1 高斯定理

设 S 为包围体积为 V 的任意闭合曲面，根据库仑定律和叠加原理可得出在无限大真空静电场中的任意闭合曲面 S 上，电场强度 E 的面积分等于曲面内总电荷 q 的 $\frac{1}{\varepsilon_0}$ 倍，而与曲面外电荷无关。表示为

$$\oint_S E \cdot \mathrm{d}S = \frac{1}{\varepsilon_0} \int_\tau \rho \mathrm{d}\tau = \frac{Q}{\varepsilon_0} \tag{3-24}$$

称为真空中静电场的高斯定理。

当有电介质存在时，电场中的总电荷包括自由电荷和束缚电荷，在这种情况下有

$$\oint_S E \cdot \mathrm{d}S = \frac{Q + Q_p}{\varepsilon_0} = \frac{\oint_\tau \rho \mathrm{d}V + Q_p}{\varepsilon_0} \tag{3-25}$$

式中：Q 和 Q_p 分别表示闭合曲面 S 内的自由电荷总量和束缚电荷总量。由电守恒原理，有

$$q_p = \oint_S P \cdot \mathrm{d}S = \oint_V \rho_p \mathrm{d}V = \oint_V -\nabla \cdot P \mathrm{d}V$$

将结果代入上式得到

$$\oint_S E \cdot \mathrm{d}S = \frac{1}{\varepsilon_0} \int_V \rho \mathrm{d}\tau - \frac{1}{\varepsilon_0} \oint_S P \cdot \mathrm{d}S$$

整理后有

$$\oint_S (\varepsilon_0 E + P) \cdot \mathrm{d}S = \int_\tau \rho \mathrm{d}\tau$$

令

$$D = \varepsilon_0 E + P \tag{3-26}$$

称 D 为电通量密度，或为电位移，单位是 C/m^2（库 / 米 ^{2}），于是得到高斯定理的积分形式为

$$\oint_S D \cdot \mathrm{d}S = \int_V \rho \mathrm{d}V = Q \tag{3-27}$$

上式表明，D 在闭合面 S 上通量等于闭合面 S 包围电荷的代数和。表示在真空或电介质中，任意闭合曲面 S 上电通量密度 D 的面积分等于该曲面内的总自由电荷，而与所有束缚电荷及曲面外的自由电荷无关。

由散度定理有

$$\oint_S D \cdot \mathrm{d}S = \int_V \nabla \cdot D \mathrm{d}V = \int_\tau \rho \mathrm{d}V \qquad (3\text{-}28)$$

得到

$$\nabla \cdot D = \rho \qquad (3\text{-}29)$$

上式是高斯定理的微分形式，表示在静电场中任意一点上的电通量密度 D 的散度等于该点的自由电荷体密度。表明静电场是有散场，其散度源是电荷体密度 ρ。

得到

$$D = \varepsilon_0 E + P = \varepsilon_0 (1 + \chi_e) E = \varepsilon_0 \varepsilon_r E = \varepsilon E \qquad (3\text{-}30)$$

其中，ε 称为电介质的介电常数，单位是 F/m，而 $i_{\varepsilon_r} = 1 + \chi_e = \varepsilon / \varepsilon_0$ ，称为相对介电常数，无量纲。

例 3-3 已知在半径为 a 的球形内，电荷分布的体密度为 $\rho(r) = \rho_0 \left(1 - \dfrac{r^2}{a^2} \right)$ ，求电位移 D。

解：（1）计算球外电位移 D。如图 3.3 所示，以球心 O 为中心，做一个高斯面，其半径 $r \geq a$，$\oint_S D \cdot \mathrm{d}S = \sum q_i$ ，由于球对称性，在半径为 r 的球面上 D 值相等，所以有

$$\oint_S D \cdot \mathrm{d}S = D \cdot 4\pi r^2$$

$$\sum q_i = \int \rho \cdot \mathrm{d}\tau = \int_0^a \rho_0 \left(1 - \frac{r^2}{a^2} \right) 4\pi r^2 \mathrm{d}r$$

$$= 4\pi \rho_0 \left(\frac{r^3}{3} - \frac{r^5}{5a^2} \right) \Big|_0^a = \frac{8\pi}{15} \rho_0 a^3$$

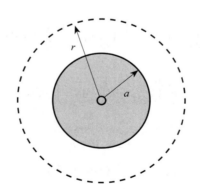

图 3.3　计算球体外部电位

得

$$D \cdot 4\pi r^2 = \frac{8\pi}{15} \rho_0 a^3$$

$$D=\frac{2\rho_0 a^3}{15r^2}=\frac{2}{15}\rho_0\frac{a^3}{r^2}$$

$$D==\frac{2}{15}\rho_0\frac{a^3}{r^2}e_r$$

（2）计算球内电位移 D。如图 3.4 所示，同样作一个与球体同心的高斯面，只是此时半径 $r\leqslant a$，由高斯定理中 $\oint_S D\cdot\mathrm{d}S=\sum q_i$，以及电位移 D 分布的球对称性可推得

$$4\pi r^2 D=\int_0^r\rho_0\left(1-\frac{r^2}{a^2}\right)4\pi r^2\mathrm{d}r=4\pi\rho_0\left(\frac{r^3}{3}-\frac{r^5}{5a^2}\right)$$

因此有

$$D=\rho_0\left(\frac{r}{3}-\frac{r^3}{5a^2}\right)e_r$$

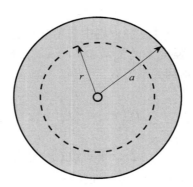

图 3.4　计算球体外部电位

3.3.2　静电场的守恒定理

如图 3.5 所示，在点电荷 Q 形成的电场中，沿 l_{ab} 线积分，有

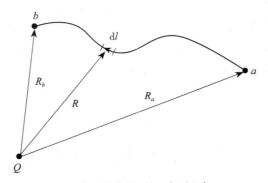

图 3.5　电荷 Q 沿路径 l 从 a 点到 b 点

$$\int_l E \cdot \mathrm{d}l = \frac{Q}{4\pi\varepsilon_0} \int_l \frac{e_r \cdot \mathrm{d}l}{R^2} = \frac{Q}{4\pi\varepsilon_0} \int_{R_a}^{R_b} \frac{\mathrm{d}R}{R^2}$$

$$= \frac{Q}{4\pi\varepsilon_0} \left(-\frac{1}{R}\right)\Big|_{R_a}^{R_b} = \frac{Q}{4\pi\varepsilon_0} \left(\frac{1}{R_a} - \frac{1}{R_b}\right) \qquad (3\text{-}31)$$

对闭合回路 A、B 两点重合，有

$$\oint_C E \cdot \mathrm{d}l = 0 \qquad (3\text{-}32)$$

上式即为静电场守恒定理的积分形式，表明 E 在闭合回路上的环流等于零，即静电场具有守恒特性。由斯托克斯定理可得

$$\oint_c E \cdot \mathrm{d}l = \int_s (\nabla \times E) \cdot \mathrm{d}S = 0$$

因 C 是任意回路，可得静电场守恒定理的微分形式为

$$\nabla \times E = 0 \qquad (3\text{-}33)$$

表明静电场是无旋场，任一带电体在静电场中都不会受到旋转力的作用。

可知，电位移 D 与电场强度 E 的关系 $D(r) = \varepsilon E(r)$ 称为本构关系。分别考虑在真空和各向同性线性电介质本构关系，有

在真空中有 $\varepsilon = \varepsilon_0$

$$D_0(r) = \varepsilon_0 E_0(r) \qquad (3\text{-}34)$$

在各向同性线性电介质中有

$$D(r) = \varepsilon E(r) \qquad (3\text{-}35)$$

其中，ε 为常数，$D(r)$ 与 $\varepsilon E(r)$ 呈线性关系。

根据上面的讨论，静电场基本方程的积分形式微分形式分别

$$\begin{cases} \oint_c E \cdot \mathrm{d}l = 0 \\ \oint_s D \cdot \mathrm{d}S = q \end{cases} \qquad (3\text{-}36a)$$

$$\begin{cases} \nabla \times E = 0 \\ \nabla \cdot D = \rho \end{cases} \qquad (3\text{-}36b)$$

静电场基本方程的积分形式与微分形式从不同角度描述了静电场的基本性质，积分形式描述的是每条回路和每个闭合面上场量的整体情况；微分形式则描述了各点及其领域的场量情况，也即反映了从一点到另一点场量的变化。在工程电磁场计算中，对静电场问题分析通常是已知某区域的场源 ρ，求场矢量 E 或 D 的分布；或已知某区域的场矢量 E 或 D，求场源 ρ 的分布。

3.4 静电场的边界条件

静电场所存在的空间区域中常分布有两种以上的电介质，对于两种互相紧密接触的不同介质，其分界面两侧的静电场之间存在一定关系。当电介质的性质经过分界面发生

突变时，电场也要发生变化，在分界面上，两种电介质中场量之间的关系称为分界面的边界条件。它反映出从一种介质过渡到另一种介质时，分界面上电场的变化规律。介质中静电场的边界条件分为法向分量边界条件和切向分量边界条件。

（1）法向分量边界条件。介质中静电场的法向分量边界条件是指电位移矢量 D 的法向分量在分界面上所满足的关系。

在分界面上作一高斯柱面，并使其柱面高度 $h \to 0$，由高斯定理可推得

$$\oint_S D \cdot \mathrm{d}S = D_{1n}\Delta S - D_{2n}\Delta S = \rho_s \Delta S$$

所以

$$D_{1n} - D_{2n} = \rho_s \tag{3-37}$$

用矢量式表示为

$$D_1 \cdot n - D_2 \cdot n = \rho_s \tag{3-38}$$

上式称为 D 的法向分量边界条件，其中 ρ_s 是分界面上的自由电荷面密度，如图 3.6 所示。分界面两侧的电位移矢量 D 的法向分量之差等于分界面上的自由电荷面密度。

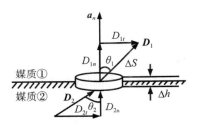

图 3.6　分界面处的电能量密度 D

若 $\sigma = 0$，

$$D_{1n} = D_{2n} \tag{3-39}$$

或

$$D_1 \cdot n = D_2 \cdot n \tag{3-40}$$

根据 D 与 E 的关系有

$$\varepsilon_1 E_{1n} = \varepsilon_2 E_{2n} \tag{3-41}$$

或

$$\varepsilon_1 \frac{\partial \phi_1}{\partial n} = \varepsilon_2 \frac{\partial \phi_2}{\partial n} \tag{3-42}$$

（2）切向分置边界条件。介质中静电场的切向分量边界条件主要是指电场强度切向分量在分界面上所满足的关系，如图 3.7 所示。

在分界面上取一矩形回路，令其短边 $h \to 0$，应用于该矩形回路，有

$$\oint_C E \cdot \mathrm{d}l = E_{1t}\Delta l - E_{2t}\Delta l = 0$$

即

$$E_{1t} = E_{2t} \tag{3-43}$$

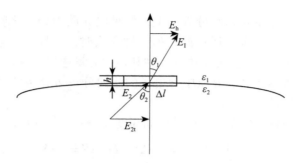

图 3.7 切向分量边界条件

又可写成

$$n \times E_1 = n \times E_2 \tag{3-44}$$

或

$$E_1 \sin\theta_1 = E_2 \sin\theta_2 \tag{3-45}$$

即在分界面上，电场强度的切向分量是连续的。该边界条件用电位表示为

$$\varphi_1 = \varphi_2 \tag{3-46}$$

（3）夹角 θ_1 与 θ_2 关系。

因为 $\sigma = 0$，$\varepsilon_1 E_{1n} = \varepsilon_2 E_{2n}$，即

$$\varepsilon_1 E_1 \cos\theta_1 = \varepsilon_2 E_2 \cos\theta_2 \tag{3-47}$$

又因为 $E_{1t} = E_{2t}$，即

$$E_1 \sin\theta_1 = E_2 \sin\theta_2 \tag{3-48}$$

可推得

$$\tan\theta_1 / \varepsilon_1 = \tan\theta_2 / \varepsilon_2$$

即

$$\frac{\tan\theta_1}{\tan\theta_2} = \frac{\varepsilon_1}{\varepsilon_2} \tag{3-49}$$

上式也称为静电场的折射关系。

（4）电位的边界条件。

根据电位与电场强度的关系有

$$D_{1n} = \varepsilon_1 E_{1n} = -\varepsilon_1 \frac{\partial\phi_1}{\partial n}, \ D_{2n} = \varepsilon_2 E_{2n} = -\varepsilon_2 \frac{\partial\phi_2}{\partial n}$$

代入式 $D_{1n} - D_{2n} = \rho_s$ 得

$$\varepsilon_2 \frac{\partial\phi_2}{\partial n} - \varepsilon_1 \frac{\partial\phi_1}{\partial n} = \rho_s \tag{3-50}$$

上式即为电位 ϕ 的边界条件。

如果区域 ε_1 为理想介质，ε_2 区域为理想导体，则边界条件可以简化，得到

$$\begin{cases} \phi = 常数 \\ \varepsilon \dfrac{\partial\phi}{\partial n} = -\rho_s \end{cases} \tag{3-51}$$

如果交界面的两侧是理想电介质，存在 $\rho_s = 0$，则边界条件可以简化为

$$\begin{cases} \phi_2 = \phi_1 \\ \varepsilon_2 \dfrac{\partial \phi_2}{\partial n} = \varepsilon_1 \dfrac{\partial \phi_1}{\partial n} \end{cases} \quad (3\text{-}52)$$

3.5　电位的泊松方程和拉普拉斯方程

根据静电场基本方程 $\nabla \cdot D = \rho$ 介质的本构关系 $D = \varepsilon E$ 及 $E = -\nabla \phi$ 有

$$\nabla \cdot D = \nabla \cdot (\varepsilon E) = \varepsilon \nabla \cdot E = \varepsilon \nabla \cdot (-\nabla \phi) = -\varepsilon \nabla^2 \phi$$

$$\nabla \cdot D = -\varepsilon \nabla^2 \phi = \rho$$

即

$$\nabla^2 \phi = -\frac{\rho}{\varepsilon} \quad (3\text{-}53)$$

上式为电位的泊松方程。其中"∇^2"称为拉普拉斯算符，在直角坐标系中的表达式为

$$\nabla^2 \phi = \frac{\partial^2 \phi}{\partial x^2} + \frac{\partial^2 \phi}{\partial y^2} + \frac{\partial^2 \phi}{\partial z^2}$$

在圆柱坐标系和球坐标系中梯度的表达式为

$$\nabla^2 \phi = \frac{1}{\rho} \frac{\partial}{\partial \rho} \left(\rho \frac{\partial \phi}{\partial \rho} \right) + \frac{1}{\rho^2} \frac{\partial^2 \phi}{\partial \varphi^2} + \frac{\partial^2 \phi}{\partial z^2}$$

$$\nabla^2 \phi = \frac{1}{r^2} \frac{\partial}{\partial r} \left(r^2 \frac{\partial \phi}{\partial r} \right) + \frac{1}{r^2 \sin\theta} \frac{\partial}{\partial \theta} \left(\sin\theta \frac{\partial \phi}{\partial \theta} \right) + \frac{1}{r^2 \sin^2\theta} \frac{\partial^2 \phi}{\partial \varphi^2}$$

对于真空情况 $\varepsilon = \varepsilon_0$，泊松方程 $\nabla^2 \phi = -\dfrac{\rho}{\varepsilon}$ 为

$$\nabla^2 \phi = -\frac{\rho}{\varepsilon_0} \quad (3\text{-}54)$$

对无源区域 $\rho = 0$，泊松方程将变为齐次微分方程

$$\nabla^2 \phi = 0 \quad (3\text{-}55)$$

上式为电位的拉普拉斯方程。电位的泊松方程和拉普拉斯方程是电位函数所满足的微分方程，反映了场中空间各点电位变化与该点自由电荷体密度之间关系。

3.6　静电能量和静电力

3.6.1　静电能量

电场最基本的性质是对静止电荷有作用力，这也说明电场具有能量。电场能量来源于建立电荷系统过程中外界提供的能量。例如给导体充电时，外电源要对电荷作功，提

高电荷的电位能，这就构成了电荷系统的能量。假设导体及介质的位置都是固定的，介质是线性的。电荷分布为 ρ，电位函数为 ϕ。如果在充电过程中使各点的电荷密度按其最终值的同一比例因子 α 增加，则各点的电位也将按同一因子增加。换言之，某一时刻电荷分布为 $\alpha\rho$ 时，其电位分布则为 $\alpha\phi$。令 α 从 0 到 1，把充电过程用无数次增加微分电位的过程的叠加来表示，则当 α 到 $\alpha + \mathrm{d}\alpha$ 时，对于某一体积元 $\mathrm{d}V$，其电位为 $\alpha\phi$，送入微分电荷 $\mathrm{d}(\alpha\rho)\mathrm{d}\tau$，因为电场 E 对电荷 q 所作的功可以表示为

$$A=\int F \cdot \mathrm{d}l=\int qE \cdot \mathrm{d}l=q\phi$$

所以对整个空间而言，增加的能量可以表示为

$$\mathrm{d}W_e=\int_{整个空间} \phi \mathrm{d}q=\int_{整个空间} (\alpha\phi)\,\mathrm{d}(\alpha\rho)\,\mathrm{d}V \tag{3-56}$$

整个充电过程增加的能量就是系统的总能量，为

$$W_e=\int_0^1 \alpha \mathrm{d}\alpha \int_{整个空间} \rho\phi \mathrm{d}\tau=\frac{1}{2}\int_{整个空间} \rho\phi \mathrm{d}\tau \tag{3-57}$$

若电荷分布在表面上，其面密度为 σ，则

$$W_e=\frac{1}{2}\int_{所有表面} \sigma\phi \mathrm{d}S \tag{3-58}$$

若是带电导体系统，每个导体的电位为常数，则上式变为

$$W_e=\frac{1}{2}\sum \phi_i \left(\int_{s_i} \sigma_i \mathrm{d}S\right)=\frac{1}{2}\sum \phi_i q_i \tag{3-59}$$

其中，$q_i=\int_{s_i} \sigma_i \mathrm{d}S$ 为第 i 个导体的总电荷量。注意，上面所有的电荷都是指自由电荷，不包括束缚电荷在内。

将 $\rho=\nabla \cdot D$ 代入上式，并利用高斯定律和矢量公式 $\nabla(\phi A)=\phi\nabla A+A\nabla\phi$ 得到

$$W_e=\frac{1}{2}\int_V (\nabla \cdot D)\phi \mathrm{d}V=\frac{1}{2}\int_V [\nabla \cdot (\phi D)-\nabla\phi \cdot D]\mathrm{d}V$$

$$=\frac{1}{2}\oint_s D \cdot \mathrm{d}S+\frac{1}{2}\int_V E \cdot D\mathrm{d}V \tag{3-60}$$

当 $S \to \infty$，有限区域内的电荷就可以近似为一个点电荷。此时 φ 和 D 将分别与 $\frac{1}{R}$ 和 $\frac{1}{R^2}$ 成比例，故当闭合面的 $R \to \infty$ 时，式中的闭合面积分趋于零，即

$$\oint_s D \cdot \mathrm{d}S \sim \frac{1}{R^3}\times R^2 \sim \frac{1}{R}\bigg|_{R\to\infty} \to 0 \tag{3-61}$$

得到

$$W_e=\frac{1}{2}\int_V E \cdot D\mathrm{d}V \tag{3-62}$$

将本构关系 $D=\varepsilon E$ 代入得到

$$W_e=\frac{1}{2}\int_V \varepsilon E \cdot E\mathrm{d}V=\int_V \frac{1}{2}\varepsilon E^2 \mathrm{d}V \tag{3-63}$$

静电场的能量体密度为单位体积内的静电场能量，即

$$W_e = \frac{1}{2} D \cdot E = \frac{1}{2\varepsilon} E^2 \qquad （3-64）$$

若已知系统总电容及电压，则

$$W_e = \frac{1}{2} C U^2 \qquad （3-65）$$

3.6.2 静电力

下面分析一下多导体系统内任意导体上受到的静电力。静电力可用虚位移法来计算。由于是假设导体或介质在静电力的作用下产生一个位移（假想的），故此方法被称为虚位移法。求解方法分为两种：常电荷系统和常电位系统。

（1）常电荷系统。当多导体系统中所有电荷保持不变时，即带电系统充电后与外电源脱离。假设系统内某一导体因受静电力的作用引起某种位移，则静电力一定等于电位能量的空间减少率，用公式表达为

$$F = -\nabla W_e \big|_{q=常量} \qquad （3-66）$$

例如一个半径为 R 的孤立球导体充电后与电源断开，这时带电量 q 为常量，设无限远处为零电位。可得总的静电能量为

$$W_e = \frac{1}{2} q\varphi = \frac{1}{2}\left(\frac{q^2}{4\pi\varepsilon_0 R}\right) \qquad （3-67）$$

对上式求负梯度得

$$F = \frac{q^2}{8\pi\varepsilon_0 R^2} e_r = \left[\frac{1}{2}\varepsilon_0 E^2(R)\right](4\pi R^2)\, e_r \qquad （3-68）$$

导体单位面积上所受到的力为

$$f = \frac{F}{4\pi R^2} = w_e e_r \qquad （3-69a）$$

即

$$f = w_e = \frac{1}{2}\varepsilon_0 E^2 \qquad （3-69b）$$

虽然是从带电导体球这一特殊情况下导出的，但容易证明，它适用于任意导体表面。

（2）常电位系统。假定导体系统内各导体保持与外加电源相连，则这时各导体的电位保持为常数。如果某一导体发生位移，则必然引起所有导体上的电荷量变化。

故外界电源要作功，所作之功为

$$\Delta W = \sum \phi_i \Delta q_i \qquad （3-70）$$

电场能量的增量为 $\Delta W_e = \frac{1}{2}\sum \phi_i \Delta q_i$，故电源提供的能量一半用于电场储能，另一半用于静电力作功。这时的静电力计算为

$$F=\nabla W\big|_{\varphi=\text{常量}} \tag{3-71}$$

假定半径为 R 的孤立导体球的电位 $q=U=$ 常数，总的静电能量为

$$W_e=\frac{1}{2}qU=\frac{1}{2}(4\pi_0 RU)\,U=\frac{1}{2}(4\pi_0 R^2)\frac{1}{R}U^2=2\pi_0 RU^2 \tag{3-72}$$

故静电力为

$$F=\nabla W_e=2\pi\varepsilon_0 U^2 e_r=\left[\frac{1}{2}\varepsilon_0 E^2(R)\right](4\pi R^2)\,e_r \tag{3-73}$$

所得结果与 q 为常数时完全一致。

上述计算导体所受静电力的方法即为虚位移法。在静电场中计算介质受到的静电力也可以采用上面介绍的方法。

3.7 恒定电场基本方程

上面分析了静止电荷产生静电场的物理现象，而在恒定电流空间中也存在着电场，被称为恒定电场。通常把流过导电媒质中的恒定电流称为传导电流，还有真空中或离子运动形成的恒定电流，称为运流电流。

导电媒质内的恒定电场可以利用电流密度 J 和电场强度 E 进行描述。根据电荷守恒定律，由任一闭合面流出的传导电流等于该面内自由电荷的减少率，即

$$\oint_s J\cdot \mathrm{d}S=-\frac{\partial q}{\partial t} \tag{3-74}$$

恒定电场中 $\partial/\partial t=0$，得到恒定电场的电流连续性方程为

$$\oint_s J\cdot \mathrm{d}S=0$$

而恒定电场的电场强度沿闭合回路的积分等于零，所以恒定电场的基本方程为

$$\begin{cases}\oint_c E\cdot \mathrm{d}l=0 \\ \oint_s J\cdot \mathrm{d}S=0\end{cases} \tag{3-75}$$

相应恒定电场方程的微分形式为

$$\begin{cases}\nabla\times E=0 \\ \nabla\cdot J=0\end{cases} \tag{3-76}$$

3.8 恒定电场中电位的拉普拉斯方程

对恒定电场有 $\nabla\cdot J=0$，$J=\sigma E$，即 $\nabla\cdot\sigma E=0$ 而 σ 为常数，所以

$$\nabla\cdot E=0$$

又因为 $E=-\nabla_\phi$，对均匀导电媒质 $\nabla\cdot E=-\nabla^2\phi=0$，即

$$\nabla^2 \phi = 0 \qquad (3-77)$$

即为恒定电场的拉普拉斯方程。

3.9 恒定电场的边界条件

根据恒定电场方程可知，方程中只含两个变量 E 和 J，通过恒定电场方程的积分形式得到以下边界条件

$$\begin{cases} n \times (E_2 - E_1) = 0 \\ n \cdot (J_2 - J_1) = 0 \end{cases} \quad \text{或} \quad \begin{cases} E_{2t} = E_{1t} \\ J_{2n} = J_{1n} \end{cases} \qquad (3-78)$$

利用媒质本构关系 $J = \sigma E$ 得到

$$\begin{cases} \dfrac{J_{21}}{\sigma_2} = \dfrac{J_{1t}}{\sigma_1} \\ \sigma_2 E_{2n} = \sigma_1 E_{1n} \end{cases} \qquad (3-79)$$

利用 $J = \sigma E = -\sigma \nabla \phi$ 得到恒定电场的边界条件

$$\begin{cases} \phi_2 = \phi_1 \\ \sigma_2 \dfrac{\partial \phi_2}{\partial n} = \sigma_1 \dfrac{\partial \phi_1}{\partial n} \end{cases} \qquad (3-80)$$

3.10 导电媒质中的恒定电场与静电场的比拟

将电源外导电媒质中的恒定电场与无电荷分布区域的静电场进行比较，可以看出两种场的基本方程，边界条件有相似之处。由此引出静电比拟的方法，即在定条件下，将一种场解作对应量置换，可以方便地得到另外一种场解。表 3.1 给出了静电场与恒定电场对比。

表 3.1　静电场与恒定电场对比

项　　目	理想介质中的静电场（$\rho = 0$）	导电媒质中的恒定电场（电源外）
基本方程	$\nabla \times E = 0$ $\nabla \cdot D = 0$	$\nabla \times E = 0$ $\nabla \cdot J = 0$
本构关系	$D = \varepsilon E$	$J = \sigma E$
边界条件	$e_n \times (E_1 - E_2) = 0$ $e_n \cdot (D_1 - D_2) = 0$	$e_n \times (E_1 - E_2) = 0$ $e_n \cdot (J_1 - J_2) = 0$

（续表）

项　目	理想介质中的静电场（$\rho=0$）	导电媒质中的恒定电场（电源外）
电位 ϕ 的边界条件	$\nabla^2\phi=0$ $\phi_1=\phi_2$ $\varepsilon_1\dfrac{\partial\phi_1}{\partial n}=\varepsilon_2\dfrac{\partial\phi_2}{\partial n}$	$\nabla^2\phi=0$ $\phi_1=\phi_2$ $\rho_1\dfrac{\partial\phi_1}{\partial n}=\rho_2\dfrac{\partial\phi_2}{\partial n}$
积分量间的对应关系	$q=\oint_S D\cdot\mathrm{d}S$ $U=\int_C E\cdot\mathrm{d}L$ $C=\dfrac{q}{U}$	$I=\int_s J\cdot\mathrm{d}S$ $U=\int_c E\cdot\mathrm{d}L$ $G=\dfrac{I}{U}$
对偶量	电场强度 E 电位移矢量 D 介电常数 ε 电量 q 电容 C	电场强度 E 电流强度 J 电导率 ε 电流强度 I 电导 G

可以看出，静电场与恒定电场同样满足拉普拉斯方程，且边界条件形式一样由唯一性定理可知，它们解的形式必定相同。根据静电场与恒定电场解的形式相同的特点，来求解恒定电场或静电场的方法称为静电比拟法。

对某一恒定电场，若相应的静电场边值解已知，则恒定电场的解可以直接写出，只需做相应的对偶的置换（ $\varepsilon\rightarrow\gamma$, $q\rightarrow I$, $D\rightarrow J$, $C\rightarrow G$ ），反之亦然。

例 3-4　如图 3.8 所示，无限长同轴线间填充介电常数为 ε 的介质，内外间加电压 U。求 E, ρ_l, C_0。

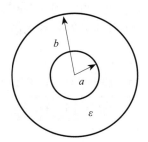

图 3.8　填充介质 ε 的同轴线

解：由高斯定理 $\oint_s D\cdot\mathrm{d}S=q$，得

$$\varepsilon E\cdot 2\pi r\cdot h=q$$

$$E=\frac{q}{2\pi r\varepsilon h}$$

即

$$E=\frac{q}{2\pi r\varepsilon h}e \tag{3-81}$$

$$U=\int_a^b E\cdot\mathrm{d}r=\int_a^b\frac{q}{2\pi r\varepsilon h}\mathrm{d}r=\frac{q}{2\pi r\varepsilon h}\ln r\big|_a^b=\frac{q}{2\pi\varepsilon h}\ln\frac{b}{a} \tag{3-82}$$

将 $q=\dfrac{2\pi\varepsilon hU}{\ln\dfrac{b}{a}}$ 代入表达式（3-81），则

$$E=\frac{q}{2\pi r\varepsilon h}e_r=\frac{U}{r\ln\dfrac{b}{a}}e_r \tag{3-83}$$

$$\rho_l=\frac{q}{h}=\frac{2\pi\varepsilon U}{\ln\dfrac{b}{a}} \tag{3-84}$$

$$C_0=\frac{\rho_l}{U}=\frac{2\pi\varepsilon}{\ln\dfrac{b}{a}} \tag{3-85}$$

3.11 静电场边值问题的解法

通过前面内容的学习可知，根据引出的电位泊松方程和拉普拉斯方程，以及不同媒质分界面处电场和电位的边界条件，可求解静电场的定解问题（通常将方程＋边界条件构成的边值问题称为定解问题）。尽管前面给出的电位仅是一维空间坐标函数的例子，但实际应用中遇到的静电场边值问题往往较为复杂（如电位为二维或三维空间坐标的函数），此时需采用其他求解方法。

根据不同的边界条件，静电场的边值问题可分为三类：①第一类边值问题［或狄利克莱（P.G. Dirichlet）问题］是已知全部边界上的电位分布，如导体表面上的电位；②第二类边值问题［或诺伊曼（C.G. Neumann）问题］是已知边界上电位的法向导数，如已知导体表面上的电荷分布；③第三类边值问题，又称混合边值问题［或劳平（Rob-bin）问题］，是已知一部分边界上的电位分布及另一部分边界上电位的法向导数，如已知部分导体表面上的电位和部分导体表面上的面电荷密度。可以证明，对于任何一种边值问题，满足边界条件的电位泊松方程和拉普拉斯方程的解是唯一的（这就是电位函数的唯一性定理）。这样，可以选择任何一种求解静电场（包括静磁场）边值问题的解法，只要得到的解满足已知的边界条件及泊松方程或拉普拉斯方程，则可确定此解必定是唯一解。

边值问题的解法有解析法、近似法、图解法及数值解法等。常用的解析法有分离变量法、镜像法、复变函数法及格林函数法等。分离变量法是求解拉普拉斯方程的最基本的方法，主要用于求解二维和三维边值问题。镜像法可以求解不便用其他方法求解的一类特殊的边值问题。复变函数法主要是采用保角变换的方法将较为复杂的边界形状变为

简单边界进行求解，它能求解的主要是二维问题。格林函数法主要用于求解泊松方程构成的定解问题。由于计算机的运算速度越来越快，因此数值解法（如有限差分法、有限元法、矩量法及时域有限差分法等）已获得广泛应用。这类方法主要求解具有复杂边界条件的问题。限于篇幅，下面只介绍解析法中的分离变量法和镜像法。

分离变量法是求解不同坐标系下拉普拉斯方程的一种最常用的方法。这里只介绍采用分离变量法在直角坐标系中求解拉普拉斯方程的情况。

在直角坐标系中，电位的拉普拉斯方程为

$$\frac{\partial^2 \phi}{\partial x^2} + \frac{\partial^2 \phi}{\partial y^2} + \frac{\partial^2 \phi}{\partial z^2} = 0 \qquad (3-86)$$

设电位函数为

$$\phi(x,y,z) = X(x)\,Y(y)\,Z(z) \qquad (3-87)$$

式中：$X(x)$、$Y(y)$、$Z(z)$ 分别只是 x、y、z 的函数。将上式代入式（3-86），即对该式进行变量分离，并设 X、Y、Z 均不为零，经整理可得

$$\frac{1}{X}\frac{\partial^2 X}{\partial x^2} + \frac{1}{Y}\frac{\partial^2 Y}{\partial y^2} + \frac{1}{Z}\frac{\partial^2 Z}{\partial z^2} = 0$$

由于上式的每一项都只是一个坐标变量的函数，为使此式对所有 x、y 和 z 都满足，三项中的每一项都必须等于一个常数。设这三个常数分别为 k_x^2、k_y^2、k_z^2，于是，有

$$\frac{\mathrm{d}^2 X}{\mathrm{d}x^2} + k_x^2 X = 0 \qquad (3-88a)$$

$$\frac{\mathrm{d}^2 Y}{\mathrm{d}y^2} + k_y^2 Y = 0 \qquad (3-88b)$$

$$\frac{\mathrm{d}^2 Z}{\mathrm{d}z^2} + k_z^2 Z = 0 \qquad (3-88c)$$

式中，$k_x^2 + k_y^2 + k_z^2 = 0$，而 k_x、k_y、k_z 分别称为分离常数，又称为本征值，均为待定常数。这样，通过变量分离后，就将三维拉普拉斯方程分离成了三个常微分方程，从而使偏微分方程的求解问题转化为常微分方程的求解问题。

上述方程中的三个方程的形式完全相同，其通解的形式也相同，但对每一个方程，若分离常数不同，则其通解的形式不同。例如，对方程（3-88a），若 $k_x = 0$，则 X 的通解为

$$X = A_0 + B_0 x$$

若 $k_x^2 > 0$，即 k_x 为实数，设 $k_x = -k^2$，$k > 0$，则方程（3-88a）的通解为

$$X = A_1 \mathrm{e}^{-jkx} + B_1 \mathrm{e}^{jkx} \qquad (3-89a)$$

或

$$X = A_2 \cos kx + B_2 \sin kx \qquad (3-89b)$$

式中，指数函数和三角函数分别称为本征值 k 所对应的本征函数。本征函数的形式究竟选式（3-89a）还是式（3-89b），可根据所研究的区域是无限区域还是有限区域确定。

若 $k_x^2 < 0$，即 k_x 为纯虚数，设 $k_x^2 = -k^2$，$k > 0$，则方程（3-88a）的通解为

$$X = A_3 e^{-kx} + B_3 e^{kx} \tag{3-90a}$$

或

$$X = A_4 \cos hkx + B_4 \sin hkx \tag{3-90b}$$

同样，对无限区域，取式（3-90a）的形式解；对有限区域，取式（3-90b）的形式解。

对方程（3-88a）和方程（3-88b），其通解可类似得到。

这样，若电位 ϕ 是 x 和 y 的二维函数，设 $k_x^2 \geq 0$，$k_y^2 \leq 0$，且 $|k_x| = |k_y| = k$，$k > 0$，则其通解可写成为

$$\phi = (A_0 + B_0 x)(C_0 + D_0 y) + (A_1 \cos kx + B_1 \sin kx)(C_1 \cos hky + D_1 \sin hky) \tag{3-91}$$

根据解的叠加原理，可将电位的通解写成级数形式，即

$$\phi = (A_0 + B_0 x)(C_0 + D_0 y) + \sum_{n=1}^{\infty} (A_n \cos k_n x + B_n \sin k_n x)(C_n \cos hk_n y + D_n \sin hk_n y)$$

$$\tag{3-92}$$

式中：$k_{n(n=1, 2, \cdots)}$ 为不同的本征值，是正实数。

同理，若电位中是 x、y、z 的三维函数，仿照式（3-92），可类似写出其级数解，只是此时有两个独立的本征值 k_m（$m = 1$，2，$\cdots$）和 k，级数也应变为二重级数。

习 题

1. 思考题

（1）摩擦起电是否只能发生在绝缘体上？

（2）根据库仑定理，当两电荷的电量一定时，是否它们之间的距离 r 越小，作用力就越大，当 r 趋于零时，作用力将无限大？

（3）是否试探电荷的电量 q_0 应尽可能小，其体积应尽可能小？

（4）一对量值相等的正负点电荷是否总可以看作是电偶极？

（5）A、B 两个金属球分别带电，P 点的场强是否等于这两个带电球在 P 点单独产生的场强的矢量和？

（6）电场线如图所示，P 点电势是否比 Q 点电势低？

（7）在实际工作中，常把仪器的机壳作为电势零点，所以人站在地上是否可以接触机壳？

（8）在静电场中，任何电荷仅在静电力作用下是否能处于稳定平衡状态？

（9）在偶极子的电势能公式 $W = -\bar{P} \cdot \bar{E}$ 中是否包括偶极子正负电荷间的相互作用？

（10）如果库仑定律公式分母中 r 的指数不是 2，而是其他数，高斯定理是否还成立？

（11）如果高斯面上 $\bar{E}$ 处处为零，则面内是否还有电荷？

（12）电荷沿等势面移动时，电场力是否永远不作功？

（13）在静电场中，是否电子沿着电力线的方向移动时，电场力作负功，电势能增加？

（14）由公式 $E=\dfrac{\sigma}{\varepsilon_0}$ 知，导体表面任一点的场强正比于导体表面处的面电荷密度，因此该点场强是否仅由该点附近的导体上的面上的面电荷产生？

（15）孤立带电导体圆盘上的电荷是否均匀分布在圆盘的两个圆面上？

（16）对于一个孤立带电导体，当达到静电平衡时，面电荷的相对分布是否与导体表面的曲率成正比？

（17）一个接地的导体空腔，使外界电荷产生的场强不能进入腔内，因此内部电荷产生的场是否进入腔外？

（18）若电荷间的相互作用不满足平方反比律，导体的屏蔽效是否仍然存在？

（19）用一个带电的导体小球于一个不带电的绝缘大导体球相接触，小球上的电荷是否会全部传到大球上去？

（20）带电体的固有能在数值上是否等于该带电体从不带电到带电过程中外力反抗电力作的功？

（21）静电平衡时，某导体表面的电荷是否在该导体内部产生的场强处处必为零？

（22）两个带有同种电荷的金属球是否一定相斥？

（23）真空中有一中性的导体球壳，在球中心处置一点电荷 q，则壳外距球心为 r 处的场强为 $E=\dfrac{q}{4\pi\varepsilon_0 r^2}$，若点电荷 q 偏离中心时，则 r 外的场强是否仍为 $\dfrac{q}{4\pi\varepsilon_0 r^2}$？

（24）接地的导体腔，腔内、外导体的电荷分布，场强分布和电势分布是否都不影响？

（25）两个导体 A、B 构成的带电系的静电能为 $\dfrac{1}{2}(q_A\varphi_A+q_B\varphi_B)$，则式中的 $\dfrac{1}{2}q_A\varphi_A$ 及 $\dfrac{1}{2}q_B\varphi_B$ 是否表示 A 和 B 的自能？

（26）两个半径相同的金属球，其中一个是实心的，一个是空心的，哪个电容大？

2.均匀带电导体球的半径为 a，电量为 q，求球内、外电场。

3.总量为 q 的电荷均匀分布于球体内、外的电场强度。

4.如下图所示无限长线圈，中心为空气，单位长度上绕有 n 匝线圈，求单位长度自感。

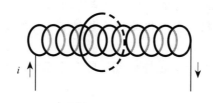

第 4 章

时变电磁场

 静止电荷产生静电场，等速运动电荷形成恒定电流，恒定电流产生恒定磁场（静磁场），这是人们很早就认识到的电磁现象。时变电场会激发时变磁场，时变磁场也会激发时变电场，时变电磁场相互激发从而形成传播的电磁波。这是麦克斯韦于 1873 年在总结和概括物理学家法拉第、安培及高斯等前人工作的基础上，创造性提出的电磁场完整方程（称为麦克斯韦方程组）所预示的结果。因此，要全面地叙述电磁学即电磁场与电磁波的经典理论，其核心是麦克斯韦方程组。它是宏观电磁理论所遵循的基本规律。与静态场不同，由于电现象与磁现象的密切联系，对于时变电磁场，必须考虑它们之间的相互影响和相互制约的关系，即电场随时间变化产生磁场，而磁场随时间变化产生电场，电磁场是统一的、不可分割的整体。麦克斯韦对前人的工作进行了总结，用精确的数学语言，高度概括了电磁场的基本特性，即麦克斯韦方程组，成为研究电磁现象的理论基础。本章将讨论法拉第电磁感应定律、位移电流和时变电磁场的能量定理即坡印廷定理。

4.1 电磁感应定律与全电流定律

4.1.1 电磁感应定律

 如前所述，静态的电场和磁场由静止电荷与运动电荷或恒定电流产生，静电场是保守场，而静磁场是管形场；静电场和静磁场可以单独存在，两者间没有任何联系。但是，随着时间变化的时变电场和时变磁场是相互联系的，即时变电场可以由时变磁场产生，反之亦然。法拉第于 1831 年在实验中首次观察到，一个导线回路所交链的磁通量随时间变化时，回路中就感应出一个电动势，且感应电动势的大小正比于磁通量的时间变化率。感应电动势的极性由楞次定律决定，楞次定律（Lenz's law）指出，感应电动势以及它所引起的感应电流力图使回路所交链的磁通量保持不变。法拉第的实验结果和楞次定律相结合就称为法拉第电磁感应定律（简称电磁感应定律），闭合回路中感应电动势的大小等于磁通 Φ_m 对时间的变化率，感应电动势的正方向与磁通的正方向之间符合右手螺旋关系，其数学表达式为

$$\mathcal{E} = -\frac{\mathrm{d}\Phi}{\mathrm{d}t} \tag{4-1}$$

感应电动势的方向总是企图阻止回路中磁通变化。当穿过回路的磁通增大时，感应电动势产生的磁通将抵消原来的磁通，而当穿过回路的磁通减少时，感应电动势产生的磁通将补充原来的磁通。

由于导线回路内维持电流必须在导体内存在电场，因此，可以用导体内的感应电场来定义感应电动势，即

$$\mathcal{E} = \oint_l E \cdot \mathrm{d}l \tag{4-2}$$

式中，积分路径 l 是沿着导线回路的感应电流方向。若闭曲线 1 所包围的总磁通量为 $\Phi = \int_S B \cdot \mathrm{d}S$，则式（4-1）可以表示为

$$\oint_l E \cdot \mathrm{d}l = -\frac{\mathrm{d}}{\mathrm{d}t}\int_S B \cdot \mathrm{d}S \tag{4-3}$$

式中，$\mathrm{d}S$ 的方向与封闭曲线 1 的绕行方向之间满足右手关系。这表明，感应电场沿任意闭曲线的线积分等于该路径所交链磁通量的时间变化率的负值。应指出，前面的结论是假设存在闭合导线回路情况下得出的。事实上，对感应电动势而言，形成封闭曲线的环路不一定是导电的，若封闭曲线是在自由空间（或绝缘介质）中，则感应电动势依然存在。

一般地，导线回路内磁通量的变化既可以由磁场随时间变化引起，也可以由导线回路本身在磁场中运动引起。假设一导线回路 l 以速度 v 在时变磁场 $B(t)$ 中运动如图 4.1 所示。设导线回路 l 在时刻 t 位于 a 处，所围面积为 S_a；导线回路 l 在时刻 $(t+\Delta t)$ 位于 b 处，所围面积为 S_b，而导线回路 l 在时间 Δt 内扫过的带状环面积为 S_c。于是时刻 t 和 $(t+\Delta t)$ 穿过回路 l 的磁通量分别为

$$\Phi(t) = \int_{S_a} B(t) \cdot \mathrm{d}S$$

$$\Phi(t+\Delta t) = \int_{S_b} B(t+\Delta t) \cdot \mathrm{d}S$$

因此，当导线回路在时变磁场中以速度 v 运动时，总的感应电动势可以表示为

$$\begin{aligned}
\mathcal{E} = -\frac{\mathrm{d}\Phi}{\mathrm{d}t} &= \lim_{\Delta t \to 0}\left[\frac{\Phi(t+\Delta t) - \Phi(t)}{\Delta t}\right] \\
&= -\lim_{\Delta t \to 0}\frac{1}{\Delta t}\left[\int_{S_b} B(t+\Delta t) \cdot \mathrm{d}S - \int_{S_a} B(t) \cdot \mathrm{d}S\right]
\end{aligned} \tag{4-4}$$

根据磁通连续性原理可知，$(t+\Delta t)$ 时刻穿过面积 S_a，S_b 和 S_c 所围成的封闭曲面 S 内的磁通量恒等零，即

$$\oint_S B(t+\Delta t)\cdot \mathrm{d}S = -\int_{S_a} B(t)\cdot \mathrm{d}S + \int_{S_c} B(t+\Delta t)\cdot \mathrm{d}S + \int_{S_b} B(t+\Delta t)\cdot \mathrm{d}S = 0 \qquad (4\text{-}5)$$

式中，等号右端第一项的负号是由于 S_a 的方向与封闭曲面 S 的外法向单位矢量的规定方向相反而引起。将式（4-5）等号右端第二和第三项中的被积函数按照泰勒级数展开式：

$$B(t+\Delta t) = B(t) + \frac{\partial B(t)}{\partial t}\Delta t + \frac{1}{2}\frac{\partial^2 B(t)}{\partial t^2}(\Delta t)^2 + \cdots$$

进行展开，并略去 Δt 的二次项以上的高次项，则式（4-5）变为

$$\int_{S_b} B(t+\Delta t)\cdot \mathrm{d}S - \int_{S_a} B(t)\cdot \mathrm{d}S = \Delta t\left\{\int_{S_a}\frac{\partial B(t)}{\partial t}\cdot \mathrm{d}S + \oint_l [B(t)\times v]\cdot \mathrm{d}l\right\} \qquad (4\text{-}6)$$

式中利用了关系式：$\int_{S_c} B(t+\Delta t)\cdot \mathrm{d}S = \Delta t\oint_l B(t)\cdot (\mathrm{d}l\times v) +$（包含（$\Delta t$）^{2} 项以上的高次项），其中 $\mathrm{d}S = \mathrm{d}S_c = \mathrm{d}l\times v\Delta t$，为导线回路 l 上的线矢量 $\mathrm{d}l$ 在时间 Δt 内扫过的面积微元矢量。

这样，将式（4-6）代入式（4-4），即得导线回路 l 从位置 a 移动到位置 b 时总的感应电动势为

$$\mathcal{E} = -\int_S \frac{\partial B}{\partial t}\cdot \mathrm{d}S + \oint_L (v\times B)\cdot \mathrm{d}l \qquad (4\text{-}7)$$

式中：右端第一项代表磁场随时间变化引起的"感生"电动势；第二项代表回路运动引起的"动生"电动势。再将上式左端用感应电场的闭曲线积分表示，并利用斯托克斯定理，则得

$$\int_S (\nabla\times E)\cdot \mathrm{d}S = -\int_S \frac{\partial B}{\partial t}\cdot \mathrm{d}S + \int_S [\nabla\times(v\times B)]\cdot \mathrm{d}S$$

由于 S 是由同一闭曲线 l 决定且是任意的，从而有

$$\nabla\times E = -\frac{\partial B}{\partial t} + \nabla\times(v\times B)$$

若回路是静止的，则由上式可得

$$\nabla\times E = -\frac{\partial B}{\partial t}$$

此式称为电磁感应定律的微分形式。它表明，随时间变化的磁场将激发电场。这是麦克斯韦方程组四个方程之一。显然，感应电场是旋涡场，不是保守场，这一点与库仑电场不同。

4.1.2 位移电流与全电流定律

根据电荷守恒原理有

$$\nabla\cdot J = -\frac{\mathrm{d}\rho}{\mathrm{d}t} \qquad (4\text{-}8)$$

在时变场中，电荷密度 ρ 随时间变化，所以 J 的散度是不等于零的。这样恒定磁场

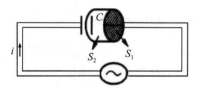

图 4.1　连接于交流电源上的电容器

中的安培环路定律应用于时变场时就会出现问题。下面以平板电容器为例说明这问题。

将一平板电容器接于交流电源上（如图 4.1 所示），设电路上的非稳恒电流为 i，在平板电容器外取一闭合回路 C，以回路为 C 为周界做两个曲面 S_1 和 S_2，由恒定磁场的安培环路定律，磁场强度沿闭合回路 C 的线积分应该等于穿过以回路 C 为周界的曲面的电流。由于导线穿过 S_1 面而没有穿过 S_2 面，于是对于 S_1 面，有

$$\oint_C H \cdot \mathrm{d}l = i$$

对于 S_2 面，有

$$\oint_C H \cdot \mathrm{d}l = 0$$

上面两式出现了矛盾，即 H 沿同一回路的线积分出现了两种结果，说明恒定磁场的安培环路定律应用于时变场时需要加以修正。英国科学家麦克斯韦对这一问题进行了深入研究，提出了位移电流的概念。他认为，在平板电容器间存在着一种与传导电流截然不同的电流，这种电流被称为"位移电流"。为了确定位移电流的大小，对由 S_1 和 S_2 成的闭合曲面，应用电流连续性方程和高斯定理。

$$\oint_S J \cdot \mathrm{d}S = -\frac{\mathrm{d}q}{\mathrm{d}t} \tag{4-9}$$

$$q = \oint_S D \cdot \mathrm{d}S \tag{4-10}$$

于是有

$$\oint_S J \cdot \mathrm{d}S = -\frac{\mathrm{d}}{\mathrm{d}t} \oint_S D \cdot \mathrm{d}S \tag{4-11}$$

因为积分是对 S 取的，与微分号无关，故可将其移到微分号外面，同时因电位移矢量 D 是一个多变量的函数，故将常微分写成偏微分形式，可以表示为

$$\oint_S J \cdot \mathrm{d}S = -\oint_S \frac{\partial D}{\partial t} \cdot \mathrm{d}S \tag{4-12}$$

移项后合并得

$$\oint_S \left(J + \frac{\partial D}{\partial t} \right) \cdot \mathrm{d}S = 0 \tag{4-13}$$

上式括号内的被积函数项具有电流密度的量纲，J 为传导电流密度，$\frac{\partial D}{\partial t}$ 也代表一种电流密度，称为位移电流密度，并用 J_d 表示为

$$J_\mathrm{d} = \frac{\partial D}{\partial t} \quad (\mathrm{A/m^2}) \tag{4-14}$$

从上式可以看出，位移电流的实质是电场随时间变化，它不像传导电流那样，具有电荷的定向移动。麦克斯韦位移电流的假说是对电磁理论发展的一个重大贡献，他的关于电场随时间变化产生磁场这一学说，为今后电磁波理论的研究奠定了基础。

引入位移电流以后，平板电容器遇到的矛盾便得到解决。即在极板上中断的传导电流由位移电流接替下去，传导电流等于位移电流，两者保持着电流的连续性。把传导电流与位移电流之和称为全电流，对恒定磁场的安培环路定律加以修正后得到

$$\oint_C H \cdot \mathrm{d}l = \int_s \left(J + \frac{\partial D}{\partial t} \right) \cdot \mathrm{d}S \tag{4-15}$$

此式即为全电流定律的积分形式。它表明，位移电流与传导电流都是磁场的旋度源，不仅传导电流可以产生磁场，位移电流同样可以产生磁场。

由斯托克斯定理，将上式左边的线积分变为面积分，则全电流定律的积分形式可表示为

$$\oint_s (\nabla \times H) \cdot \mathrm{d}S = \int_s \left(J + \frac{\partial D}{\partial t} \right) \cdot \mathrm{d}S \tag{4-16}$$

式（4-16）中等式两边的积分曲线是任意取的，通常认为是同一曲面，故等式两边的被积函数是相等的，有

$$\nabla \times H = J + \frac{\partial D}{\partial t} \tag{4-17}$$

此即全电流定律的微分形式。它表明，在时变电磁场中，磁场强度是有旋场。空间某点处 H 的旋度等于该点的传导电流密度与位移电流密度之和。不仅传导电流能够激发磁场，位移电流也以同样方式激发磁场。

4.2 麦克斯韦方程组

麦克斯韦在总结前人工作并提出位移电流的基础上，用精确的数学语言对电磁场规律做出了完整的描述，得出了一组反映时变电磁场规律的方程，称为麦克斯韦方程组。

相应的麦克斯韦方程组微分形式为

$$\nabla \times E = -\frac{\partial B}{\partial t} \qquad （电磁感应定律） \tag{4-18a}$$

$$\nabla \times H = J + \frac{\partial D}{\partial t} \qquad （全电流定律） \tag{4-18b}$$

$$\nabla \cdot B = 0 \qquad （磁通连续性原理） \tag{4-18c}$$

$$\nabla \cdot D = \rho \qquad （高斯定理） \tag{4-18d}$$

应指出：①式（4-18a）中的 E 是指时变磁场所激发的感应电场，而式中的 E 也包含由自由电荷产生的库仑电场。这是因为对库仑电场而言，$\nabla \times E = 0$。②对静态场，式（4-18b）中的 $\frac{\partial D}{\partial t} = 0$，故此式变为安培环路定律。③式（4-18c）对静态场和时变场均成立，尽管对时变场而言，位移电流为磁场增加了一个旋涡源，但并不影响磁场的散度，即不影响磁通的连续性。④式（4-18d）中的电通量密度 D 既包含库仑电场，也包含感应

电场。这是因为感应电场是无散场。因此，对静电场和静磁场而言，只要将上述四个方程分别简化为各自对应的两个方程，即得到它们的基本方程（组）。

方程组（4-18）中的四个方程的物理意义依次为：①时变磁场激发时变电场；②传导电流和时变电场均激发时变磁场；③穿过任一封闭面的磁通量恒等于零；④穿过任一封闭面的电通量等于此封闭面所包围的自由电荷量。结合①和②可知，时变电磁场可互相激发，电磁场能量从一种场连续不断地转换成另一种场，使电磁场像波浪一样由场源通过任意媒质向远处传播出去。这种现象为赫兹（H.Hertz）于1880年通过实验所证实，这同样也证明了麦克斯韦的预言，为近代电力工业和现代蓬勃发展的无线电通信奠定了理论基础。

另外，还应指出，麦克斯韦方程组中四个方程并非都是独立的，容易证明只有前两个旋度方程是独立方程。同样，麦克斯韦方程组中两个场源 J 和 ρ 也只有一个是独立的，因为 J 和 ρ 之间满足电流连续性方程。

将两个旋度方程（4-18a）和（4-18b）的两边分别取开曲面积分，并在等号左端应用斯托克斯定理，得其积分形式为

$$\oint_C E \cdot \mathrm{d}l = -\int_s \frac{\partial B}{\partial t} \cdot \mathrm{d}S \tag{4-19a}$$

$$\oint_C H \cdot \mathrm{d}l = \int_s \left(J + \frac{\partial D}{\partial t} \right) \cdot \mathrm{d}S \tag{4-19b}$$

类似地，将两个散度方程（4-18c）和（4-18d）的两边分别取体积分，并在等号左端应用散度定理，有

$$\oint_s B \cdot \mathrm{d}S = 0 \tag{4-19c}$$

$$\oint_s D \cdot \mathrm{d}S = q \tag{4-19d}$$

利用积分形式的麦克斯韦方程组（4-19），可以导出不同媒质分界面处电磁场的边界条件。

类似于静态场中的本构关系，时变场的本构关系同样指场量与场量之间的关系，它也同样决定于电磁场存在媒质的特性。为了由麦克斯韦方程求解媒质中的电磁场，须给出媒质对应的本构关系。正如所知，最简单的媒质是线性、均匀和各向同性的媒质，这种媒质称为简单媒质。线性媒质，是指媒质的参数与场强的大小无关；均匀媒质，是指媒质参数与位置无关；各向同性媒质，是指媒质参数与场强的方向无关。此外，若媒质参数与电磁场的频率无关，则称为非色散媒质；反之，则为色散媒质。对简单媒质，其本构关系为

$$\begin{cases} D = \varepsilon E = \varepsilon_0 \varepsilon_r E \\ B = \mu H = \mu_0 \mu_r H \\ J = \sigma E \end{cases} \tag{4-20}$$

式中：ε 称为介电常数，单位为 F/m；μ 称为磁导率，单位为 H/m；σ 称为电导率，单位为 S/m，它们均为常数。特别地，对真空或自由空间，$\varepsilon = \varepsilon_0$，$\mu = \mu_0$，$\sigma = 0$。$\sigma = 0$ 的媒质称为理想媒质（介质）；$\sigma = \infty$ 的媒质称为理想导体；σ 介于 0 和 ∞ 之间的媒质称为导电媒质，

σ 足够大的导电媒质一般称为良导体。应指出，对非均匀媒质，其 ε、μ 和 σ 均应为标量，即为空间坐标的函数。在本书的以后章节中，为简单起见，一般认为电磁场存在的空间填充简单媒质。

4.3 时变电磁场的边界条件

在两种不同媒质分界上，媒质是不连续的，时变场场量也要发生突变，使麦克斯韦方程组的微分形式在界面上不成立，为了求解包含这个边界面区域中的场，就必须知道分界面两边场量之间的关系，即时变电磁场的边界条件。因为时变电磁场中有四个场变量，即电通量密度 D、电场强度 E、磁感应强度 B 和磁场强度 H，所以边界条件也分别以这四个场量表示，并分为两种不同媒质分界面处的边界条件和理想导体表面的边界条件两种。

4.3.1 两种不同媒质分界面处的边界条件

设两种媒质的电磁参数分别 ε_1、μ_1、σ_1 和 ε_2、μ_2、σ_2，媒质面的法单位量为 n，在媒质分界面两侧分别取一个宽度趋于零的很小的矩形回路和一个高度趋于零的扁圆柱体，如图 4.2、图 4.3 所示，对它们应用麦克斯韦方程的积分形式，即可得到关于四个场量的边界条件，它们分别为

标量形式	矢量形式	
$E_{1t}=E_{2t}$	$n\times(E_1-E_2)=0$	（4-21）
$H_{1t}-H_{2t}=J_S$	$n\times(H_1-H_2)=J_S$	（4-22）
$B_{1n}=B_{2n}$	$n\cdot(B_1-B_2)=0$	（4-23）
$D_{1n}-D_{2n}=\rho_s$	$n\cdot(D_1-D_2)=\rho_s$	（4-24）

式中：ρ_s 为自由电荷面密度；J_S 为电流面密度。式（4-21）和式（4-22）分别说明在分界面处 E_1 和 E_2 的切线分量是相等的，而分界面处任意点 H_1 和 H_2 的切线分量是不连续的，两者之差等于该点的自由电流面密度。式（4-23）和式（4-24）则分别说明在分界面处 B_1 和 B_2 的法线分量是连续的，而 D_1 和 D_2 的法线分量是不连续的，其差值等于该点的自由电荷面密度。

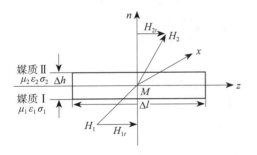

图 4.2　在媒质分界面两侧的矩形回路

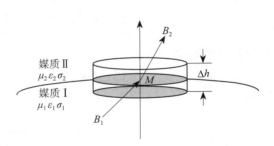

图 4.3　在媒质分界面两侧的扁圆柱体

4.3.2　理想导体表面的边界条件

设媒质 I 为理想导体（$\sigma_1 = \infty$），媒质 II 为理想介质（$\sigma_2 = 0$）。由于理想导体内部不存在电场和磁场，即 $E_1 = 0$、$H_1 = 0$，则边界条件简化为

$$E_{1t} = 0 \quad n \times E_1 = 0 \tag{4-25}$$

$$D_{1n} = \rho_s \quad n \cdot D_1 = \rho_s \tag{4-26}$$

$$B_{1n} = 0 \quad n \cdot B_1 = 0 \tag{4-27}$$

$$H_{1t} = J_S \quad n \times H_1 = J_S \tag{4-28}$$

说明：在理想导体表面不存在电场强度的切线分量，同样也不存在磁感应强度的法线分量。在导体表面空气一侧的电场总是与导体面相垂直，其大小等于导体表面的自由电荷面密度，而在空气一侧磁场总是与导体表面相切的，其大小等于导体表面的自由电流面密度。

4.4　时变电磁场能量坡印廷定理

时变电磁场中的一个重要现象就是电磁能量的流动，因为电场能量密度随电场强度变化，磁场能量密度随磁场强度变化，空间各点能量密度改变引起能量流动，即电磁能流。定义单位时间内穿过与能量流动方向相垂直的单位表面的能量为能流矢量，其意义是电磁场中某点的功率密度，方向为该点能量流动的方向。电磁能量如同其他能量一样，也服从能量守恒定律。坡印廷定理即是反映这种能量关系的基本定理。

4.4.1　坡印廷定理的表达式

用 H 和 E 分别点积麦克斯韦方程的两个旋度方程，然后相减可得

$$H \cdot (\nabla \times E) - E \cdot (\nabla \times H) = -H \cdot \frac{\partial B}{\partial t} - E \cdot J - E \cdot \frac{\partial D}{\partial t} \tag{4-29}$$

媒质的 ε、μ、σ 不随时间变化，则式中

$$H \cdot \frac{\partial B}{\partial t} = H \frac{\partial (\mu H)}{\partial t} = \frac{1}{2} \frac{\partial}{\partial t} (\mu H \cdot H) = \frac{\partial}{\partial t} \frac{1}{2} (\mu H^2)$$

$$E \cdot \frac{\partial D}{\partial t} = E \cdot \frac{\partial (\varepsilon E)}{\partial t} = \frac{1}{2} \frac{\partial}{\partial t} (\varepsilon E \cdot E) = \frac{\partial}{\partial t} \frac{1}{2} (\varepsilon E^2)$$

利用矢量恒等式

$$\nabla \cdot (E \times H) = H \cdot (\nabla \times E) - E \cdot (\nabla \times H)$$

变为

$$\nabla \cdot (E \times H) = -\frac{\partial}{\partial t} \frac{1}{2} (\varepsilon E^2 + \mu H^2) - \sigma E^2 \tag{4-30}$$

上式即为坡印廷定理的微分形式。

对上式取体积分

$$\int_\tau \nabla \cdot (E \times H) \, d\tau = -\int_\tau \frac{\partial}{\partial t} \frac{1}{2} (\varepsilon E^2 + \mu H^2) \, d\tau - \int_\tau \sigma E^2 d\tau$$

应用散度定理将等式左边的体积变为面积分，即得坡印廷定理的积分形式为

$$-\oint_S (E \times H) \cdot dS = \frac{d}{dt} \left[\int_\tau \frac{1}{2} (\varepsilon E^2 + \mu H^2) \, d\tau \right] + \int_\tau \sigma E^2 d\tau$$

$$= \frac{d}{dt} (W_e + W_m) + P_\tau \tag{4-31}$$

对于坡印廷定理左边被积分函数 $E \times H$ 是一个单位表面功率量，定义坡印廷矢量

$$S = E \times H \tag{4-32}$$

也称能流密度矢量或功率流密度矢量，为单位时间内穿过与能量流动方向垂直的单位表面的电磁能量，单位为瓦 / 米 ^{2}（W/m^2）。

4.4.2　坡印廷定理的物理意义

定义单位体积内的电场能量为电场能量密度，即

$$\omega_e = \frac{1}{2} \varepsilon E^2 = \frac{1}{2} D \cdot E \tag{4-33}$$

相应的电场能量为

$$W_e = \int_\tau \frac{1}{2} \varepsilon E^2 d\tau \tag{4-34}$$

同理，磁场能量密度和磁场能量分别为

$$\omega_m = \frac{1}{2} \mu H^2 = \frac{1}{2} B \cdot H \tag{4-35}$$

$$W_m = \int_\tau \frac{1}{2} \mu H^2 d\tau \tag{4-36}$$

单位体积内的售耳热损耗为

$$p_\tau = \sigma E^2 \tag{4-37}$$

则体积 τ 内变为焦耳热的功率为

$$P_\tau = \int_\tau \sigma E^2 d\tau$$

上式左边为单位时间内经体积 τ 的表面 S 流入的总电磁能量，即

$$P_{in} = \oint_S (E \times H) \cdot dS \tag{4-38}$$

坡印廷定理的物理意义表示为：在单位时间内，外界经闭合曲面 S 流入体积 τ 内的电磁能量等于电场能量和磁场能量的增加率与体积 τ 内变为焦耳热的功率之和，坡印廷定理就是电磁场中的能量守恒定律。

4.4.3 平均坡印廷矢量

式（4-12）得出是坡印廷矢量的瞬时值。在时谐场中，计算平均功率流密度矢量更有意义。

将场矢量写成复数形式

$$E(r,t)=\text{Re}\left[E\text{e}^{\text{j}\omega t}\right]=\frac{1}{2}\left[E\text{e}^{\text{j}\omega t}+E^{*}\text{e}^{-\text{j}\omega t}\right]$$

$$H(r,t)=\text{Re}\left[H\text{e}^{\text{j}\omega t}\right]=\frac{1}{2}\left[H\text{e}^{\text{j}\omega t}+H^{*}\text{e}^{-\text{j}\omega t}\right]$$

坡印廷矢量可写为

$$S=\frac{1}{2}\text{Re}\left[E\text{e}^{\text{j}\omega t}+E^{*}\text{e}^{-\text{j}\omega t}\right]\times\frac{1}{2}\left[H\text{e}^{\text{j}\omega t}+H^{*}\text{e}^{-\text{j}\omega t}\right]$$

$$=\frac{1}{4}\left[E\times H^{*}+E^{*}\times H\right]+\frac{1}{4}\left[E\times H\text{e}^{\text{j}2\omega t}+E^{*}\times H\text{e}^{-\text{j}2\omega t}\right]$$

上式右边的方括号中的项分别互为共轭复数，故有

$$S=\frac{1}{2}\text{Re}\left[E\times H^{*}\right]\times\frac{1}{2}\left[E\times H\text{e}^{\text{j}2\omega t}\right]$$

上式右边第一项与时间无关，第二项是时间的周期函数。因此，它在一个周期 $T=\dfrac{2\pi}{\omega}$ 内的平均值为

$$S_{av}=\frac{1}{T}\int_{0}^{T}S\text{d}t=\frac{1}{2}\text{Re}\left[E\times H^{*}\right]\qquad（4-39）$$

称 S_{av} 为平均坡印廷矢量。

4.5 时谐电磁场的复数表示

在实际的工程电磁场计算中遇到的大多数情况都是一种时谐电磁场，也称为正弦电磁场。对于随时间作周期变化的电磁场可以用傅里叶级数展开成时谐场的叠加。对于非周期的电磁场，可用傅里叶积分将其表示成时谐场的叠加。本节主要分析时谐电磁场的情况。

4.5.1 时谐电磁场的复数形式

由矢量分析可知，对于矢量场也可用它沿三个坐标轴的分量来表示而每一个分量场都是标量场。例如在直角坐标系中，时谐场的电场强度可表示为

$$E(r,t)=E_{x}(r,t)e_{x}+E_{y}(r,t)e_{y}+E_{z}(r,t)e_{z}$$

其中

$$\begin{cases} E_x(r,t) = E_{xm}(r)\cos\left[\omega t + \varphi_x(r)\right] \\ E_y(r,t) = E_{ym}(r)\cos\left[\omega t + \varphi_y(r)\right] \\ E_z(r,t) = E_{zm}(r)\cos\left[\omega t + \varphi_z(r)\right] \end{cases} \tag{4-40}$$

式中：$E_{xm}(r)$、$E_{ym}(r)$、$E_{zm}(r)$、$\varphi_x(r)$、$\varphi_y(r)$、$\varphi_z(r)$ 分别表示 E 的各分量的振幅和初相位角频率。利用欧拉公式可以将式（4-40）表示为

$$\begin{cases} E_x(r,t) = \mathrm{Re}\left[E_{xm}\mathrm{e}^{\mathrm{j}(\omega t + \varphi_x)}\right] = \mathrm{Re}\left[\dot{E}_x\mathrm{e}^{\mathrm{j}\omega t}\right] \\ E_y(r,t) = \mathrm{Re}\left[E_{ym}\mathrm{e}^{\mathrm{j}(\omega t + \varphi_y)}\right] = \mathrm{Re}\left[\dot{E}_y\mathrm{e}^{\mathrm{j}\omega t}\right] \\ E_z(r,t) = \mathrm{Re}\left[E_{zm}\mathrm{e}^{\mathrm{j}(\omega t + \varphi_z)}\right] = \mathrm{Re}\left[\dot{E}_z\mathrm{e}^{\mathrm{j}\omega t}\right] \end{cases} \tag{4-41}$$

式中：$\mathrm{Re}[\ ]$ 表示对括号内的函数取实部。对时谐电磁场的电场强度 E 取实部表示为

$$E(r,t) = \mathrm{Re}\left[\left(e_x\dot{E}_x + e_y\dot{E}_y + e_z\dot{E}_z\right)\mathrm{e}^{\mathrm{j}\omega t}\right] \tag{4-42}$$

即

$$E(r,t) = \mathrm{Re}\left[\dot{E}\mathrm{e}^{\mathrm{j}\omega t}\right] \tag{4-43}$$

式中：$\dot{E} = e_x\dot{E}_x + e_y\dot{E}_y + e_z\dot{E}_z$。

为了计算方便，在对时谐电磁场分析时，电磁场场量的瞬时表达式与复数形式根据计算的具体情况需要相互转换。

4.5.2 麦克斯韦方程微分形式的复数表示

以 $\nabla \times H = J + \dfrac{\partial D}{\partial t}$ 为例，将磁场强度 H、电流密度 J、电位移 D 的复数形式代入

$$\nabla \times \left[\mathrm{Re}(H\mathrm{e}^{\mathrm{j}\omega t})\right] = \mathrm{Re}(J\mathrm{e}^{\mathrm{j}\omega t}) + \frac{\partial}{\partial t}\left[\mathrm{Re}(D\mathrm{e}^{\mathrm{j}\omega t})\right] \tag{4-44}$$

"∇" "$\dfrac{\partial}{\partial t}$" 运算符与 Re 运算符可交换运算的次序，对时谐场，微分算子 $\partial / \partial t$ 可用 $\mathrm{j}\omega$ 代替，$\partial^2 / \partial t^2$ 可用 $-\omega^2$ 代替。上式可写成

$$\mathrm{Re}\left[\nabla \times (H\mathrm{e}^{\mathrm{j}\omega t})\right] = \mathrm{Re}(J + \mathrm{j}\omega D)\,\mathrm{e}^{\mathrm{j}\omega t} \tag{4-45}$$

按照复数等式两边相等的原则，上式可变为

$$\nabla \times (H\mathrm{e}^{\mathrm{j}\omega t}) = (J + \mathrm{j}\omega D)\,\mathrm{e}^{\mathrm{j}\omega t} \tag{4-46}$$

对等式两边相同项相消，再约去时间因子 $\mathrm{e}^{\mathrm{j}\omega t}$，并省略复矢量字母上的 "·"，随即得到其复数形式如下

$$\nabla \times H = J + \mathrm{j}\omega D \tag{4-47}$$

依此类推，其他式子不再赘述，可以得到麦克斯韦方程微分形式的复数形式表达式

$$\begin{cases} \nabla \times H = J + \mathrm{j}\omega D \\ \nabla \times E = -\mathrm{j}\omega B \\ \nabla \cdot B = 0 \\ \nabla \cdot D = \rho \end{cases} \tag{4-48}$$

4.6 小结

4.6.1 麦克斯韦的两个假说

（1）麦克斯韦关于感应电场（涡旋电场）的假说。麦克斯韦关于感应电场（涡旋电场）的假说基本思想是：变化的磁场在其周围空间激发涡旋电场，场方程可以写为

$$\oint_c E_i \cdot \mathrm{d}l = \frac{\mathrm{d}\phi}{\mathrm{d}t} = -\int_s \frac{\partial B}{\partial t} \cdot \mathrm{d}S \tag{4-49}$$

变化的磁场 $\frac{\partial B}{\partial t}$ 与涡旋电场 E_i 之间满足左手关系。请注意，涡旋电场的电力线是团合曲线。

（2）麦克斯韦关于位移电流的假说。麦克斯韦关于位移电流假说的基本思想是：变化的电场在其周围空间激发涡旋磁场，这样，变化的电场等效于一种电流，称为位移电流。场方程为

$$\oint_c H \cdot \mathrm{d}l = I_c + I_d = \int_s J \cdot \mathrm{d}S + \int_s \frac{\partial D}{\partial t} \cdot \mathrm{d}S \tag{4-50}$$

变化的电场 $\frac{\partial D}{\partial t}$ 与涡旋磁场 H 之间满足右手关系。其中，I_d 是位移电流。位移电流密度为

$$J_d = \frac{\partial D}{\partial t} \tag{4-51}$$

4.6.2 麦克斯韦方程组

$$\oint_C E \cdot \mathrm{d}l = -\int_s \frac{\partial B}{\partial t} \cdot \mathrm{d}S \tag{4-52}$$

$$\oint_C H \cdot \mathrm{d}l = \int_s \left(J + \frac{\partial D}{\partial t} \right) \cdot \mathrm{d}S \tag{4-53}$$

$$\oint_S B \cdot \mathrm{d}S = 0 \tag{4-54}$$

$$\oint_S D \cdot \mathrm{d}S = q \tag{4-55}$$

相应的微分形式

$$\nabla \times E = -\frac{\partial B}{\partial t} \quad （电磁感应定律） \tag{4-56}$$

$$\nabla \times H = J + \frac{\partial D}{\partial t} \quad （全电流定律） \tag{4-57}$$

$$\nabla \cdot B = 0 \quad （磁通连续性原理） \tag{4-58}$$

$$\nabla \cdot D = \rho \quad （高斯定理） \tag{4-59}$$

对于各向同性线性媒质，描述媒质性能的方程为

$$\begin{cases} D=\varepsilon E=\varepsilon_0\varepsilon_r E \\ B=\mu H=\mu_0\mu_r H \\ J=\sigma E \end{cases} \tag{4-60}$$

根据亥姆霍兹定理，一个矢量场的性质由它的旋度和散度唯一确定，所以麦克斯韦方程组全面地描述了电磁场的基本规律。可以看出，在时变电磁场中，磁场的场源包括传导电流和位移电流，电场的场源包括电荷和变化的磁场。

4.6.3 时变场的边界条件

（1）两种媒质界面上的边界条件

$$E_{1t}=E_{2t} \tag{4-61}$$

$$H_{1t}-H_{2t}=J_S \tag{4-62}$$

界面上没有电流时

$$H_{1t}=H_{2t} \tag{4-63}$$

$$B_{1n}=B_{2n} \tag{4-64}$$

$$D_{1n}-D_{2n}=\rho_s \tag{4-65}$$

界面上没有面电荷时

$$D_{1n}=D_{2n} \tag{4-66}$$

$$\frac{\tan\theta_1}{\tan\theta_2}=\frac{\varepsilon_1}{\varepsilon_2} \tag{4-67}$$

$$\frac{\tan\theta_1}{\tan\theta_2}=\frac{\mu_1}{\mu_2} \tag{4-68}$$

（2）理想导体与媒质界面上的边界条件（设理想导体的下标为 2，媒质的下标为 1）

$$E_{1t}=0 \tag{4-69}$$

$$B_{1n}=0 \tag{4-70}$$

所以，在理想导体的表面，电场切向分量为零，磁场的法线分量为零。

$$D_{1n}=\rho_s \tag{4-71}$$

$$H_{1t}=J_S \tag{4-72}$$

$$\hat{n}\times H_1=J_S \tag{4-73}$$

式（4-73）常被用来计算导体表面的感应电流。

4.6.4 时变电磁场的能量和能流

（1）时变电磁场的能量密度

$$\omega=\frac{1}{2}D\cdot E+\frac{1}{2}H\cdot B \tag{4-74}$$

（2）瞬时坡印廷矢量 S（能流密度矢量）

$$S = E \times H \tag{4-75}$$

（3）坡印廷矢量

$$\frac{\partial W}{\partial t} = -\oint_S (E \times H) \cdot dS - \int_v E \cdot J dV \tag{4-76}$$

坡印廷定理描述电磁场中能量的守恒和转换关系。

习　题

1. 何谓时变电磁场？在时变电磁场中，电流连续性原理应如何表示？此时应包括哪几种电流？各具有什么特点？

2. 试述电磁感应定律的各种形式和它们各自的适用范围，并举例说明。

3. 若位移电流的磁场可忽略，则全电流定律就退化为恒定磁场的安培环路定律，这种看法对吗？

4. 试回答关于麦克斯韦方程组的一些问题：

（1）方程组中某一方程能否由其余三个方程推导而出？

（2）为什么说积分形式和微分形式等效？

（3）为什么要写成两种形式？

（4）麦克斯韦方程组在电磁理论中的地位如何？

5. 变化的电场所产生的磁场，是否也一定随时间而变化？反之，变化的磁场产生的电场是否也一定随时间变化？

6. 当一块金属在均匀磁场中作什么样的运动时，其中才会出现感应电流？

7. 试把感应电场与静电场、恒定电场、恒定磁场分别作一比较。

8. 何谓电磁场的能量守恒定律？叙述坡印廷定理的物理意义，并解释其中各项的含义。

9. 将麦克斯韦方程的微分形式写成八个标量方程：

（1）在直角坐标中；

（2）在圆柱坐标中；

（3）在球坐标中。

10. 在真空中，有一半经为 a 的导体球，带电荷为 Q，求这一孤立导体的电容 C。

第 5 章

平面传输电磁波

5.1 电磁场的波动方程

研究电磁波传播问题时，首先感兴趣的区域是无源区域。在此区域内不存在电荷和电流（即 $\rho = 0$，$J = 0$），且充满均匀、线性和各向同性的非导电媒质，其参数 ε、μ 皆为标常量，且电导率 $\sigma = 0$。此时麦克斯韦方程可以表示为

$$\nabla \times H = \varepsilon \frac{\partial E}{\partial t} \tag{5-1}$$

$$\nabla \times E = -\mu \frac{\partial H}{\partial t} \tag{5-2}$$

$$\nabla \cdot H = 0 \tag{5-3}$$

$$\nabla \cdot E = 0 \tag{5-4}$$

据此可导出 E 和 H 的波动方程。对上式取旋度得

$$\nabla \times \nabla \times E = -\mu \nabla \times \left(\frac{\partial H}{\partial t} \right) \tag{5-5}$$

利用矢量恒等式 $\qquad \nabla \times \nabla \times E = \nabla (\nabla \cdot E) - \nabla^2 E$

得 $\qquad\qquad\qquad\qquad \nabla \times \nabla \times E = -\nabla^2 E \tag{5-6}$

将上式代入式（5-5），并变换对空间变量和时间变量的微分顺序得

$$\nabla^2 E = \mu \frac{\partial}{\partial t} (\nabla \times H) \tag{5-7}$$

即得到场矢量 E 的波动方程

$$\nabla^2 E - \mu\varepsilon \frac{\partial^2 E}{\partial t^2} = 0 \tag{5-8}$$

同样也可导出场矢量 H 的波动方程

$$\nabla^2 H - \mu\varepsilon \frac{\partial^2 H}{\partial t^2} = 0 \qquad (5\text{-}9)$$

上式称为亥姆霍兹（Helmholtz）波动方程。这个矢量波动方程代表了以下 6 个标量方程的集合：

$$\left(\frac{\partial^2}{\partial x^2} + \frac{\partial^2}{\partial y^2} + \frac{\partial^2}{\partial z^2} - \mu\varepsilon \frac{\partial^2}{\partial t^2}\right)\Psi = 0 \qquad (5\text{-}10)$$

式中

$$\Psi = E_x,\ E_y,\ E_z;\ H_x,\ H_y,\ H_z$$

若假定场矢量 E 和 H 的各个分量都位于与波的传播方向（称为纵向）垂直的平面内（即横向平面内），则称这类波为平面波。今取 z 轴方向为平面波的传播方向，则 $E_z = 0$，$H_z = 0$。即不存在电磁场的纵向分量，故也称为横电磁波（TEM 波）。

在平面波中，最简单的一类是均匀平面波。这里的"均匀"是指任意时刻，在横向平面内场量的大小和方向都是不变的。因此，对于沿 z 轴方向传播的均匀平面波，场矢量 E 和 H 都不是 x、y 的函数。有

$$\left(\frac{\partial^2}{\partial z^2} - \mu\varepsilon \frac{\partial^2}{\partial t^2}\right)\Psi = 0 \qquad (5\text{-}11)$$

式中

$$\Psi = E_x,\ E_y,\ H_x,\ H_y$$

这就是沿 z 轴方向传播的均匀平面波的亥姆霍兹标量方程。

对于时谐电磁场，利用复数形式的麦克斯韦方程组可导出复波动方程

$$\nabla^2 \dot{E} + \omega^2 \mu\varepsilon \dot{E} = 0,\quad \nabla^2 \dot{H} + \omega^2 \mu\varepsilon \dot{H} = 0$$

上式对应的复数形式为

$$\left(\frac{\mathrm{d}^2}{\mathrm{d}z^2} + \omega^2 \mu\varepsilon\right)\overset{\gamma}{\Psi} = 0 \qquad (5\text{-}12)$$

式中：$\omega = 2\pi f$，是波的角频率，单位为 rad/s。

时谐电磁场在工程实际中的应用最为广泛，这里只讨论时谐电磁场波动方程的解。

上面几个式子的形式相同，它们的解形式也应该是相同的。一旦得到一个方程的解，就可得到其他方程的解。

5.2　均匀平面波

所谓无界空间，是指所研究的区域充满同一种媒质，不存在两种媒质的分界面。

5.2.1 理想介质中的均匀平面波

这里讨论的无源（$\rho=0$，$J=0$）无耗（$\sigma=0$）理想介质中的正弦均匀平面波，是最简单的自由空间。

为简化讨论，假设均匀平面波沿 $+z$ 轴方向传播，且 $E=e_x E_x$。此时，E_x 满足的复波动方程为

$$\frac{\mathrm{d}^2 E_x(z)}{\mathrm{d}z^2}+\omega^2\mu\varepsilon E_x(z)=0 \tag{5-13}$$

对于均匀媒质中传播的单一频率的波，上式中的 $\omega^2\mu\varepsilon$ 为常数。若定义

$$k=\omega\sqrt{\mu\varepsilon} \tag{5-14}$$

则波动方程写为

$$\frac{\mathrm{d}^2 E_x(z)}{\mathrm{d}z^2}+k^2 E_x(z)=0$$

设方程有指数形式的通解

$$E_x(z)=A_1\mathrm{e}^{-jkx}+A_2\mathrm{e}^{jkx} \tag{5-15}$$

式中：A_1 和 A_2 为待定常数，右端第一项含因子 e^{-jkz}，代表沿 $+z$ 轴方向传播的波，称为正向行波；第二项含因子 e^{jkz}，代表沿 $-z$ 轴方向传播的波，称为反向行波。在无界空间中只存在沿一个方向传播的行波。假定只有正向行波，即取

$$E(z)=e_x E_x(z)=e_x E_{xm}\mathrm{e}^{-jkz} \tag{5-16}$$

将其代入麦克斯韦第二方程：$\nabla\times E=-j\omega\mu H$，得

$$\begin{aligned}
H(z)&=-\frac{1}{j\omega\mu}\nabla\times E(z)=-\frac{1}{j\omega\mu}e_y\frac{\partial E_x}{\partial z}\\
&=e_y\frac{k}{\omega\mu}E_{xm}\mathrm{e}^{-jkz}=e_y\frac{1}{\eta}E_x\\
&=\frac{1}{\eta}e_z\times E(z)
\end{aligned} \tag{5-17}$$

式中

$$\eta=\frac{\omega\mu}{k}=\sqrt{\frac{\mu}{\varepsilon}} \tag{5-18}$$

称为媒质的本征阻抗，也叫波阻抗，由媒质参数确定。

可见，$E_x(z)$ 和 $H_y(z)$ 构成一组沿 $+z$ 方向传播的分量波。同样，$E_y(z)$ 和 $-H_y(z)$ 构成另一组沿 $+z$ 方向传播的分量波，它们是彼此独立的。

为便于讨论波的传播特性，写出电场强度的瞬时值表示式

$$\begin{aligned}
E_x(z,t)&=\mathrm{Re}\left[E_x(z)\mathrm{e}^{j\omega t}\right]=\mathrm{Re}\left[E_{xm}\mathrm{e}^{-jkz}\mathrm{e}^{j\omega t}\right]\\
&=E_{xm}\cos(\omega t-kz)
\end{aligned} \tag{5-19}$$

即电场强度既是时间 t 的周期函数，又是空间坐标 z 的周期函数。

当在固定的空间位置上来观察电场随时间的变化时，取 z 为常数，例如取 $z=0$，此时 $E_x(0,t)=E_{xm}\cos\omega t$。在 $z=0$ 的平面上，E_x 随时间 t 变化，每隔 $\omega t=2n\pi$，波形就重

复一次，这里的 n 为任意整数。因此，将时间周期定义为 T，有

$$T=\frac{2\pi}{\omega}$$ （5-20）

而波形每秒变化的周期数即为频率 f，有

$$f=\frac{1}{T}=\frac{\omega}{2\pi}$$ （5-21）

频率数值由波源确定。

当在确定的时刻观察电场随空间坐标的变化时，取 t 为常数，例如取 $t=0$，此时 $E_x(z,0)=E_{xm}\cos kz$。在 $t=0$ 时，E_x 随空间坐标 z 变化，在空间每隔 $kz=2n\pi$，波形就重复一次，这里的 n 为任意整数。常数 k 描述了波在空间的变化特征——波传播单位距离的相位变化，故称 k 为相位常数。波长 λ 定义为空间中相位相差 2π 的两点间的距离，即满足 $k\lambda=2\pi$。这样就得到

$$\lambda=2\pi/k$$ （5-22）

或 $$k=2\pi/\lambda$$ （5-23）

因为空间相位变化 2π 相当于一个全波，k 的大小也可衡量单位距离内的全波数，故又将 k 称为波数。

电场矢量 $E=e_x E_x$ 随着时间的增加沿 $+z$ 轴方向传播，此即正向行波。令 $\omega t-kz$ 为常数，可求得波传播的相速度为

$$v_p=\frac{\mathrm{d}z}{\mathrm{d}t}=\frac{\omega}{k}=\frac{1}{\sqrt{\mu\varepsilon}}$$ （5-24）

即相速度是媒质参数的函数。在自由空间中

$$\mu=\mu_0=4\pi\times10^{-7}\quad\text{H/m}$$

$$\varepsilon=\varepsilon_0=8.85\times10^{-12}\approx\frac{1}{4\pi\times9\times10^9}\text{（F/m）}$$

故自由空间中波的相速度

$$v_p=\frac{1}{\sqrt{\mu_0\varepsilon_0}}=3\times10^8\text{m/s}=c\text{（光速）}$$

在理想介质中沿 $+z$ 轴方向传播的均匀平面波的平均功率流密度为

$$\begin{aligned}S_{av}&=\frac{1}{2}\mathrm{Re}\left[E(z)\times H^*(z)\right]\\&=\frac{1}{2}\mathrm{Re}\left[E(z)\times\frac{1}{\eta}e_z\times E^*(z)\right]\\&=\frac{1}{2\eta}\mathrm{Re}\left\{\left[E(z)\,E^*(z)\right]e_z-\left[E(z)\cdot e_z\right]E^*(z)\right\}\\&=\frac{1}{2\eta}\mathrm{Re}\left|e_z\left[E(z)\cdot E^*(z)\right]\right|=e_z\frac{E^2}{2\eta}\end{aligned}$$ （5-25）

这里应用了矢量恒等式：$A\times(B\times C)=(A\times C)B-(A\times B)C$，且考虑到 $E(z)\cdot e_z=0$，

以及 $E(z) \cdot E^*(z) = E^2$。

本征阻抗 $\eta = \sqrt{\dfrac{\mu}{\varepsilon}}$，相速度 $v_p = \dfrac{1}{\sqrt{\mu\varepsilon}}$，故

$$S_{av} = \frac{1}{2}\varepsilon E^2 e_z \frac{1}{\sqrt{\mu\varepsilon}} = \frac{1}{2}\varepsilon E^2 v_p \qquad (5-26)$$

上式表明，在无界的理想介质中，式中的 $\dfrac{1}{2}\varepsilon E^2$（或 $\dfrac{1}{2}\mu H^2$）表示理想介质中的总的平均能量密度。平均电能密度为 $\dfrac{1}{4}\varepsilon E^2$，平均磁能密度为 $\dfrac{1}{4}\mu H^2$，二者各占一半。

例 5-1 某理想介质的电参数为 $\varepsilon = \varepsilon_r \varepsilon_0$，$\mu = \mu_0$，$\sigma = 0$，在其中传播的均匀平面波的电场强度为

$$E(z,t) = e_x 10\cos(3\pi \times 10^8 t - 2\pi z) \ (\text{V/m})$$

试求：（1）介质的相对介电常数 ε_r；（2）相速度 v_p 和波长 λ；（3）与 $E(z, t)$ 相伴的磁场强度 $H(z, t)$；（4）平均功率流密度矢量 S_{av}。

解：（1）由已知的电场强度 E 的表示式得：

$$\omega = 3\pi \times 10^8 \ \text{rad/s}, \quad k = 2\pi \ \text{rad/m}$$

而

$$k = \omega\sqrt{\mu\varepsilon} = \omega\sqrt{\mu_0 \varepsilon_r \varepsilon_0}$$

故

$$\sqrt{\varepsilon_r} = \frac{k}{\omega\sqrt{\mu_0\varepsilon_0}} = \frac{10\pi}{3\pi \times 10^8} \times 3 \times 10^8 = 2$$

即

$$\varepsilon_r = 4$$

（2）

$$v_p = \frac{1}{\sqrt{\varepsilon\mu}} = \frac{1}{\sqrt{\mu_0 \varepsilon_r \varepsilon_0}} = \frac{c}{\sqrt{\varepsilon_r}} 2 \times 10^8 \ (\text{m/s})$$

$$\lambda = \frac{2\pi}{k} = \frac{2\pi}{2\pi} = 1 \ (\text{m})$$

（3）理想介质的本征阻抗为

$$\eta = \sqrt{\frac{\mu}{\varepsilon}} = \sqrt{\frac{\mu_0}{\varepsilon_r\varepsilon_0}} = \frac{1}{\sqrt{\varepsilon_r}}\eta_0 = \frac{377}{2} = 188.5 \ (\Omega)$$

由给定的条件可知波的传播方向为 $+z$ 轴方向，故可得所求的磁场强度

$$\begin{aligned}
H(z,t) &= \frac{1}{\eta} e_z \times E(z,t) \\
&= \frac{1}{188.5} e_z \times e_x 10\cos(3\pi \times 10^8 t - 2\pi z) \\
&= e_y 5.3 \times 10^{-2} \cos(3\pi \times 10^8 t - 2\pi z) \ (\text{A/m})
\end{aligned}$$

（4）电场强度和磁场强度的复数表示式分别为

$$E(z) = e_x 10e^{-j2\pi z} \quad (V/m), \quad H(z) = e_y 5.3 \times 10^{-2} e^{-j2\pi z} \quad (A/m)$$

故

$$\begin{aligned} S_{av} &= Re\frac{1}{2}\left[E(z) \times H^*(z)\right] \\ &= \frac{1}{2}Re\left[e_x 10^{-j2\pi z} \times e_y 5.3 \times 10^{-2} e^{j2\pi z}\right] \\ &= e_z 2.5 \times 10^{-1} (W/m^2) \end{aligned}$$

例 5-2 频率 $f = 50$ kHz 的均平面波在理想介质中传播，已知电场强度的复矢量为

$$E = e_x 4 - e_y + e_z 2 \quad (kV/m)$$

磁场强度的复矢量为

$$H = e_x 6 + e_y 18 - e_z 3 \quad (A/m)$$

试求：（1）波的传播方向；（2）波的平均功率流密度矢量；（3）若 $\mu_r = 1$，求 ε_r。

解：（1）设波的传播方向单位矢量为 e_n，则得

$$E(r) = (e_x 4 - e_y + e_z 2) e^{-jke_n \cdot r} \quad (kV/m)$$

$$H(r) = (e_x 6 + e_y 18 - e_z 3) e^{-jke_n \cdot r} \quad (A/m)$$

故平均坡印廷矢量为

$$\begin{aligned} S_{av} &= Re\frac{1}{2}\left[E(r) \times H^*(r)\right] \\ &= \frac{1}{2}Re\left[(e_x 4 - e_y + e_z 2) e^{-jke_n \cdot r} \times (e_x 6 + e_y 18 - e_z 3) e^{-jke_n \cdot r}\right] \\ &= -e_x \frac{33}{2} + e_y 12 + e_z 39 \quad (kW/m^2) \end{aligned}$$

$$|S_{av}| = \sqrt{\left(\frac{33}{2}\right)^2 + 12^2 + 39^2} = 44.01 \quad (kW/m^2)$$

则

$$e_n = \frac{S_{av}}{|S_{av}|} = -e_x 0.375 + e_y 0.273 + e_x 0.886$$

（2）平均功率流密度矢量为

$$S_{av} = -e_x \frac{33}{2} + e_y 12 + e_x 39 = e_n 44.01 \quad (kW/m^2)$$

（3）理想介质的本征阻抗为

$$\eta = \frac{|E|}{|H|} = \frac{\sqrt{(4^2 + 1^2 + 2^2) \times 10^6}}{\sqrt{6^2 + 18^2 + 3^2}} = 238.6 \quad (\Omega)$$

而

$$\eta = \sqrt{\frac{\mu}{\varepsilon}} = \sqrt{\frac{\mu_0}{\varepsilon_r \varepsilon_0}} = \frac{1}{\sqrt{\varepsilon_r}} 377$$

故 $\qquad\qquad\qquad\qquad\qquad\qquad \varepsilon_r = 2.5$

5.2.2 导电介质中的均匀平面波

导电介质的典型特征是电导率 $\sigma \neq 0$，其特性可由欧姆定律 $J = \sigma E$ 来描述。

在导电介质中的无源区域，复数形式的麦克斯韦第一方程为

$$\nabla \times H = \sigma E + \mathrm{j}\omega\varepsilon E = \mathrm{j}\omega\left(\varepsilon - \mathrm{j}\frac{\sigma}{\omega}\right)E$$

若令 $$\varepsilon_c = \varepsilon - \mathrm{j}\frac{\sigma}{\omega} = \varepsilon' - \mathrm{j}\varepsilon'' \qquad\qquad (5-27)$$

称为导电介质的等效介电常数或复介电常数。这里的 $\varepsilon' = \varepsilon = \varepsilon_r\varepsilon_0$ 是介电常数；$\varepsilon'' = \sigma/\omega$ 是损耗因子，与电导率 σ 和角频率 ω 有关。则得

$$\nabla \times H = \mathrm{j}\omega\varepsilon_c E \qquad\qquad (5-28)$$

引入等效介电常数后的波动方程为

$$\begin{cases} \nabla^2 E + k_c^2 E = 0 \\ \nabla^2 H + k_c^2 H = 0 \end{cases} \qquad\qquad (5-29)$$

式中 $$k_c = \omega\sqrt{\mu\varepsilon_c} = \omega\sqrt{\mu\left(\varepsilon - \mathrm{j}\frac{\sigma}{\omega}\right)} = \omega\sqrt{\mu\varepsilon}\left(1 - \mathrm{j}\frac{\sigma}{\omega\varepsilon}\right)^{1/2}$$

若仍假定波沿 $+z$ 轴方向传播，且

$$E = e_x E_x, \quad \frac{\partial E_x}{\partial x} = 0, \quad \frac{\partial E_x}{\partial y} = 0$$

则解为 $$E(z) = e_x E_{xm}\mathrm{e}^{-\mathrm{j}k_c z} = e_x E_{xm}\mathrm{e}^{-k'' z}\mathrm{e}^{-\mathrm{j}k' z} \qquad\qquad (5-30)$$

式中 $$k_c = k' - jk'' \qquad\qquad (5-31)$$

可得

$$k' = \omega\sqrt{\frac{\mu\varepsilon}{2}\left[\sqrt{1 + \left(\frac{\sigma}{\omega\varepsilon}\right)^2} + 1\right]} \qquad\qquad (5-32)$$

$$k'' = \omega\sqrt{\frac{\mu\varepsilon}{2}\left[\sqrt{1 + \left(\frac{\sigma}{\omega\varepsilon}\right)^2} - 1\right]} \qquad\qquad (5-33)$$

式（5-30）右端的因子 $\mathrm{e}^{-k'' z}$ 称为衰减因子，它随传播距离 z 的增加而按指数规律减小，表征波的振幅衰减特性；k'' 称为衰减常数。在国际单位制中，k'' 的单位是 Np/m（奈培 / 米）。若 $k'' = 1\,\mathrm{Np/m}$，则表明波传播 1 m 后，波的单位振幅衰减至 $1/\mathrm{e} = 0.386$。式（5-30）右端的第二个因子 $\mathrm{e}^{-\mathrm{j}k' z}$ 表征传播单位距离的相位变化，k' 称为相位常数，其单位是 rad/m（弧度 / 米），k_c 称为传播常数。

与电场 E 相伴的磁场 H 可由 $\nabla \times E = -\mathrm{j}\omega\mu H$ 方程求得，即

$$H(z) = e_y \frac{1}{\eta_c} E_{xm} \mathrm{e}^{-k''z} \mathrm{e}^{-jk'z} = \frac{1}{\eta_c} e_z \times E(z)$$

$$= e_y \frac{1}{|\eta_c|} E_{xm} \mathrm{e}^{-k''z} \mathrm{e}^{-jk'z} \mathrm{e}^{-j\phi} \qquad (5\text{-}34)$$

式中

$$\eta_c = \sqrt{\frac{\mu}{\varepsilon}} = \sqrt{\frac{\mu}{\varepsilon - j\frac{\sigma}{\omega}}} = |\eta_c| \mathrm{e}^{j\phi}$$

称为导电介质的本征阻抗,是一个复数,与介质参数及频率有关。

可写出瞬时值形式的电场强度和磁场强度

$$E(z,t) = \mathrm{Re}\left[E(z)\,\mathrm{e}^{j\omega t}\right] \qquad (5\text{-}35)$$

$$= e_x E_{xm} \mathrm{e}^{-k''z} \cos(\omega t - k'z)$$

$$H(z,t) = \mathrm{Re}\left[H(z)\,\mathrm{e}^{j\omega t}\right]$$

$$= e_y \frac{E_{xm}}{|\eta_c|} \mathrm{e}^{-k''z} \cos(\omega t - k'z - \phi) \qquad (5\text{-}36)$$

可看出 $H(z,t)$ 和 $E(z,t)$ 存在一个相位差。从 E_x 的波形,可以看出其振幅随传播距离 z 的增大而按指数规律衰减。

导电介质中,波的相速度为

$$v_p = \frac{\omega}{k'} = -\frac{1}{\sqrt{\dfrac{\mu\varepsilon}{2}\left[\sqrt{1 + \left(\dfrac{\sigma}{\omega\varepsilon}\right)^2} + 1\right]}} \qquad (5\text{-}37)$$

可见,相速度不仅与媒质参数有关,还与频率有关。导电介质是色散媒质。

导电介质中的平均功率流密度矢量为

$$S_{av} = \frac{1}{2}\mathrm{Re}\left[E(z) \times H^*(z)\right]$$

$$= \frac{1}{2}\mathrm{Re}\left[e_x E_{xm} \mathrm{e}^{-k''z} \mathrm{e}^{-jk'z} + e_y \frac{E_{xm}}{|\eta_c|} \mathrm{e}^{-k''z} \mathrm{e}^{jk'z} \mathrm{e}^{j\phi}\right] \qquad (5\text{-}38)$$

$$= e_z \frac{1}{2}\frac{E_{xm}^2}{|\eta_c|} \mathrm{e}^{-2k''z} \cos\phi$$

可见,这是沿 $+z$ 轴方向传播的衰减波,平均功率流密度的减小速率为 $2k''$。

为了描述导电介质中波的衰减程度,定义穿透深度

$$d_p = \frac{1}{k''} \qquad (5\text{-}39)$$

1. 良导体

符合条件 $\dfrac{\sigma}{\omega\varepsilon} \gg 1$ 的媒质称为良导体,此时

$$k_c = \omega\sqrt{\mu\varepsilon}\left(1-j\frac{\sigma}{\omega\varepsilon}\right)^{1/2} \approx \sqrt{\frac{\omega\mu\sigma}{2}}(1-j) \tag{5-40}$$

即

$$k' = k'' = \sqrt{\frac{\omega\mu\sigma}{2}} = \sqrt{\pi f\mu\sigma} \tag{5-41}$$

因此得到良导体中的以下波参数：

本征阻抗

$$\eta_c = \sqrt{\frac{\mu}{\varepsilon_c}} \approx (1+j)\sqrt{\frac{\pi f\mu}{\sigma}} \tag{5-42}$$

相速

$$v_p = \frac{\omega}{k'} = \frac{\omega}{\sqrt{\pi f\mu\sigma}} = \sqrt{\frac{2\omega}{\mu\sigma}} \tag{5-43}$$

穿透深度

$$d_p = \frac{1}{k''} = \frac{1}{\sqrt{\pi f\mu\sigma}} = \delta \tag{5-44}$$

这里的 δ 表示穿透深度 d_p 很小，说明良导体中的电磁场实际只能存在于表面薄层内。这种现象称为趋肤效应，又将 δ 称为趋肤深度。

2. 低损耗介质

符合条件 $\frac{\sigma}{\omega\varepsilon} \ll 1$ 的媒质称为低损耗介质，此时

$$k_c = \omega\sqrt{\mu\varepsilon}\left(1-j\frac{\sigma}{\omega\varepsilon}\right)^{1/2}$$
$$\approx \omega\sqrt{\mu\varepsilon}\left(1-j\frac{\sigma}{2\omega\varepsilon}\right) \tag{5-45}$$

即

$$k' \approx \omega\sqrt{\mu\varepsilon} \tag{5-46}$$

$$k' \approx \frac{\sigma}{2}\sqrt{\frac{\mu}{\varepsilon}} \tag{5-47}$$

因此得到低损耗介质中的以下波参数：

本征阻抗

$$\eta_c = \sqrt{\frac{\mu}{\varepsilon}}\left(1+j\frac{\sigma}{\omega\varepsilon}\right)^{-1/2}$$
$$\approx \sqrt{\frac{\mu}{\varepsilon}}\left(1+j\frac{\sigma}{2\omega\varepsilon}\right) \tag{5-48}$$

相速

$$v_p = \frac{\omega}{k'} = \frac{\omega}{\sqrt{\pi f\mu\sigma}}$$
$$\approx \sqrt{\frac{1}{\mu\varepsilon}} \tag{5-49}$$

穿透深度

$$d_p = \frac{1}{k''} = \frac{2}{\sigma}\sqrt{\frac{\varepsilon}{\mu}} \tag{5-50}$$

例 5-3 为了使室内的电子设备不受外界电磁场的干扰，可采用金属铜板（或钢板）构建屏蔽室。若要求屏蔽的电磁干扰频率范围是 $10\,\text{kHz} \sim 100\,\text{MHz}$，试计算需要多厚的铜板才能符合要求。

解： 铜的电参数是 $\mu = \mu_0$，$\varepsilon = \varepsilon_0 = 5.8 \times 10^7 \text{S/m}$。对于频率范围的低端 $f_1 = 10\,\text{kHz}$，有

$$\frac{\sigma}{\omega_1 \varepsilon} = \frac{5.8 \times 10^7}{2\pi \times 10 \times 10^3 \times 8.85 \times 10^{-12}} = 1.04 \times 10^{14}$$

对于频率范围的高端 $f_2 = 100\,\text{MHz}$，有

$$\frac{\sigma}{\omega_2 \varepsilon} = \frac{5.8 \times 10^7}{2\pi \times 10 \times 10^6 \times 8.85 \times 10^{-12}} = 1.04 \times 10^{10}$$

可见，在要求的频率范围内可将铜视为良导体。此时

$$\delta_1 = 1\sqrt{\pi f_1 \mu \sigma} = \frac{1}{\sqrt{\pi \times 10 \times 10^3 \times 4\pi \times 10^{-7} \times 5.8 \times 10^7}} = 0.66\,(\text{mm})$$

$$\delta_2 = 1\sqrt{\pi f_2 \mu \sigma} = \frac{1}{\sqrt{\pi \times 10 \times 10^6 \times 4\pi \times 10^{-7} \times 5.8 \times 10^7}} = 6.6\,(\text{mm})$$

通常取铜板厚度 $d = 5\delta$ 就能满足要求，故

$$d = 5\delta = 5\delta_1 = 5 \times 0.66 = 3.3(\text{mm})$$

5.3 均匀平面波极化

平面波的表达方式为

$$E(z,t) = e_x E_{xm} \cos(\omega t + \phi_x) + e_y E_{ym} \cos(\omega t + \phi_y) \tag{5-51}$$

当 $z = 0$ 时，考虑以下几种情况。

1. 线极化波

若 $$\phi_x - \phi_y = 2n\pi \quad n = 0, 1, 2, \cdots$$

即 E_x 与 E_y 同相，例如取 $\phi_x = \phi_y = 0$，则有

$$E(t) = e_x E_{xm} \cos\omega t + e_y E_{ym} \cos\omega t$$

矢量 $E(t)$ 的端点在如图 5-1（a）所示的一条直线上运动，是线极化波。

若 $$\phi_x - \phi_y = (2n+1)\pi \quad n = 0, 1, 2, \cdots$$

即 E_x 与 E_y 反相，例如取 $\phi_x = \pi$，$\phi_y = 0$，则有

$$E(t) = -e_x E_{xm} \cos\omega t + e_y E_{ym} \cos\omega t \tag{5-52}$$

矢量 $E(t)$ 的端点在如图 5.1（b）所示的一条直线上运动，也是线极化波。

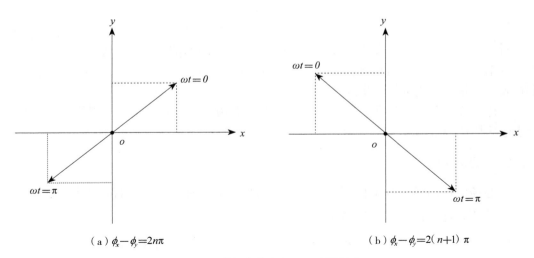

（a）$\phi_x - \phi_y = 2n\pi$　　　　　　　　（b）$\phi_x - \phi_y = 2(n+1)\pi$

图 5.1　线极化波（在 $z=0$ 平面上）

结论：若两个频率相同、传播方向也相同的电场分量同相或反相，则合成电场描述一个线极化波。

2. 圆极化波

若 $\phi_x - \phi_y = \pi/2$，且 $E_{xm} = E_{ym} = E_0$，即 E_x 分量的相位超前于 E_y 分量的相位，且振幅相等。例如取 $\phi_x = \pi/2$，$\phi_y = 0$，则有

$$E(t) = -e_x E_0 \cos\omega t + e_y E_0 \cos\omega t \tag{5-53}$$

不难看出，E_y 分量取最大值时，E_x 分量为零。随着时间的增大，E_x 分量逐渐增大，E_y 分量则逐渐减小。$E(t)$ 的端点将由 e_y 方向朝 e_x 的负方向旋转，如图 5.2（a）所示。而由上式得到，这是一个半径为 E_0 的圆方程。因此，上式表示的是一个右旋圆极化波。

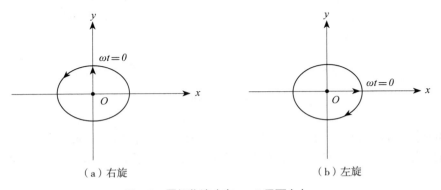

（a）右旋　　　　　　　　　　　（b）左旋

图 5.2　圆极化波（在 $z=0$ 平面上）

若 $\phi_x - \phi_y = -\pi/2$，且 $E_{xm} = E_{ym} = E_0$，即 E_x 分量的相位落后于 E_y 分量的相位，且振幅相等。例如取 $\phi_x = 0$，$\phi_y = \pi/2$，则有

$$E(t) = e_x E_0 \cos\omega - e_y E_0 \cos\omega t \qquad (5-54)$$

不难看出，E_x 分量取最大值时，E_y 分量为零。随着时间的增大，E_x 分量逐渐减小，E_y 分量则逐渐增大。$E(t)$ 的端点将由 e_x 方向朝 e_y 的负方向旋转，如图 5.2（b）所示。因此上式表示的是一个左旋圆极化波。

结论：若两个频率相同、传播方向也相同的电场分量的振幅相等，相位差为 $\pi/2$，则合成电场描述一个圆极化波。

3. 椭圆极化波

若电场矢量的两个分量振幅和相位是任意的，则描述的是一个椭圆极化波。为简化分析，但又不失一般性，取 $E_{xm} > E_{ym}$，$\phi_x - \phi_y = \pm\pi/2$，则

$$E(t) = e_x E_{xm} \cos(\omega t + \phi_x) \pm e_y E_{ym} \sin(\omega t + \phi_x) \qquad (5-55)$$

在上式中消去时间变量 t，得

$$\left(\frac{E_x}{E_{xm}}\right)^2 + \left(\frac{E_y}{E_{ym}}\right)^2 = 1$$

这是一个椭圆方程。

当 $\phi_x - \phi_y = \pi/2$ 时，上式表示一个右旋圆极化波，如图 5.3（a）所示。

当 $\phi_x - \phi_y = -\pi/2$ 时，上式表示一个左旋圆极化波，如图 5.3（b）所示。

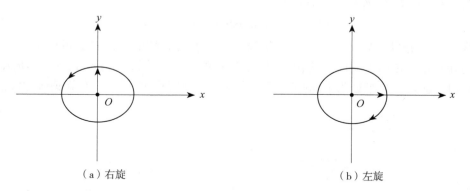

（a）右旋 （b）左旋

图 5.3 椭圆极化波

从上面的讨论可以看出，两个线极化波可以合成其他极化形式的波，如圆极化波、椭圆极化波或新的线极化波；任意一个椭圆极化波或圆极化波可以分解为两个线极化波。

5.4 平面波垂直入射

5.4.1 对理想介质分界面的垂直入射

正弦均匀平面电磁波从均匀理想介质入射到理想导体边界面上，建立的坐标系如图 5.4 所示。

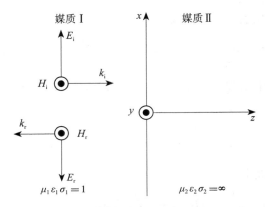

图 5.4 正弦均匀平面电磁波垂直入射到理想导体平面

若媒质 II 区域中 $z > 0$ 为理想导体，由于电磁场在理想导体（$\gamma = \infty$）内不能存在，所以在理想导体表面会发生全反射。入射波、反射波和透射波的电场表达式为

$$\begin{cases} E_i(z) = e_x E_0 \exp(-jk_1 z) \\ E_r(z) = e_x \varGamma E_0 \exp(+jk_1 z) \\ E_t(z) = e_x T E_0 \exp(-jk_2 z) \end{cases} \tag{5-56}$$

式中：T 为透射系数，$\varGamma$ 为反射系数，$T = 1 + \varGamma$。电场的切向分量在分界面 $z = 0$ 的两侧应保持连续，即

$$\begin{cases} e_x \left[E_i(0^-) + E_r(0^-) \right] = e_x E_t(0^+) \\ e_y \left[E_i(0^-) + E_r(0^-) \right] = e_y E_t(0^+) \end{cases} \tag{5-57}$$

由于媒质 II 是理想导体，所以电磁波是无法在理想导体中传播的，故透射系数 $T = 0$，反射系数 $\varGamma = -1$。

由于反射波与入射波保持相同的极化，又同时存在于媒质 I 中，而且入射波与反射波振幅相同并存在 $180°$ 相位差。根据电磁波的干涉原理，媒质 I 中的合成电场强度为

$$E(z) = E_i + E_r = e_x E_0 \left[\exp(-jk_1 z) - \exp(+jk_1 z) \right] \tag{5-58}$$

利用欧拉定理得到

$$E(z) = -2jE_0 e_x \sin(k_1 z)$$

对应合成电场的瞬时表达式

$$E(z,t) = \text{Re}\left[E(z)\,\text{e}^{j\omega t}\right] = \text{Re}\left[-2jE_0 e_x \sin(k_1 z)\,\text{e}^{j\omega t}\right] = 2E_0 \sin(k_1 z)\sin(\omega t) \quad (5\text{-}59)$$

当 $\sin(k_1 z) = 0$，即 $kz = n\pi$ 或 $z = \dfrac{n}{2}\lambda$（$n=0,1,2,\cdots$）时，电场皆为零值，称为电场的波节点。

当 $\sin(k_1 z) = \pm1$，即 $kz = (2n-1)\dfrac{\pi}{2}$ 或 $z = -(2n+1)\dfrac{\lambda}{4}$（$n=0,1,2,\cdots$）时，电场皆为最大值，称为电场的波腹点。

媒质 I 中入射波与反射波磁场强度表达式为

$$H(z) = \frac{1}{\eta} e_z \times E_i(z), \quad H_r(z) = \frac{1}{\eta}(-e_z) \times E_r(z) \quad (5\text{-}60)$$

式中：$\eta = \sqrt{\mu_1/\varepsilon_1}$，$-e_z$ 中出现负号是因为反射波沿 $-z$ 方向传播。上述两式相加得到合成波磁场强度表达式

$$H(z) = H_i + H_r = \frac{1}{\eta} e_z \times (E_i - E_r) \quad (5\text{-}61)$$

利用反射系数 $\Gamma = -1$，得到

$$H(z) = e_z \frac{2E_0}{\eta}\cos(k_1 z) \quad (5\text{-}62)$$

合成磁场对应的瞬时表达式

$$H(z,t) = \text{Re}\left[H(z)\,\text{e}^{j\omega t}\right] = \text{Re}\left[e_z \frac{2E_0}{\eta}\cos(k_1 z)\,\text{e}^{j\omega t}\right] = \frac{2E_0}{\eta}\cos(k_1 z)\cos(\omega t) \quad (5\text{-}63)$$

当 $\cos(k_1 z) = 0$，即 $k_1 z = n\pi$ 或 $z = \dfrac{n}{2}\lambda$（$n=0,1,2,\cdots$）时，磁场为最大值，称为磁场的波腹点。

当 $\cos(k_1 z) = \pm1$，即 $k_1 z = (2n+1)\dfrac{\pi}{2}$ 或 $z = (2n+1)\dfrac{\lambda}{4}$（$n=0,1,2,\cdots$）时，磁场为零值，称为磁场的波节点。

5.4.2 对理想介质表面的垂直入射

正弦均匀平面电磁波垂直入射到两种理想媒质分界面上，在分界面上建立坐标系如图 5.5 所示，设分界面左边为 I 区，媒质参数为 ε_1、μ_1；分界面右边为 II 区，媒质参数为 ε_2、μ_2。当正弦均匀平面电磁波从 I 区垂直入射到分界面时，一部分入射电磁波被反射，另一部分电磁波则透过分界面进入 II 区继续传播。

入射波、反射波和透射波的电场表达式为

$$\begin{cases} E_i(z) = e_x E_0 \exp(-jk_1 z) \\ E_r(z) = e_x \Gamma E_0 \exp(+jk_1 z) \\ E_t(z) = e_x T E_0 \exp(-jk_2 z) \end{cases} \quad (5\text{-}64)$$

得到的反射系数和透射系数为

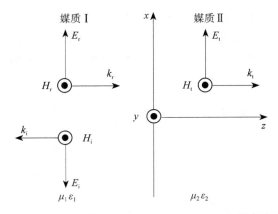

图 5.5　正弦均匀平面电磁波垂直入射到两种理想媒质分界面

$$\begin{cases} \varGamma = \dfrac{\eta_2 - \eta_1}{\eta_2 + \eta_1} \\[3mm] T = \dfrac{2\eta_2}{\eta_2 + \eta_1} \end{cases} \tag{5-65}$$

反射系数和透射系数之间满足 $T = 1 + \varGamma$。

　　在Ⅰ区有入射波和反射波两种波存在，故合成的电场和磁场场量为二者场量的叠加，即

$$\begin{cases} E_1(z) = E_i + E_r = e_x E_0 \left(\mathrm{e}^{-jk_1 z} + \varGamma \mathrm{e}^{-jk_1 z} \right) \\[3mm] H_1(z) = H_i + H_r = e_y \dfrac{E_0}{\eta_1} \left(\mathrm{e}^{-jk_1 z} + \varGamma \mathrm{e}^{-jk_1 z} \right) \end{cases} \tag{5-66}$$

这种情况通常为行驻波状态。

　　在Ⅱ区只存在透射波，其场量为

$$\begin{cases} E_2(z) = E_t = e_x T E_0 \exp(-jk_2 z) \\[3mm] H_2(z) = H_t = e_y \dfrac{T E_0}{\eta_2} \exp(-jk_2 z) \end{cases} \tag{5-67}$$

5.5　平面波斜入射

5.5.1　对理想介质分界面的斜入射

　　本节讨论正弦均匀平面电磁波对理想介质分界面的斜入射。在分界面处建立坐标系，如图 5.6 所示，媒质Ⅰ参数为 ε_1、μ_1，媒质Ⅱ参数为 ε_2、μ_2。正弦均平面电磁波由Ⅰ区斜入射至分界面时，一部分被反射，另一部分透射到区。正弦均匀平面电磁波斜入射可分为两种情况：一种是正弦均匀平面电磁波的电场矢量垂直于入射面，称为垂直极化波，如

图 5.6（a）所示；另一种是正弦均匀平面电磁波的电场矢量平行于入射平面，称为平行极化波，如图 5.6（b）所示。入射波、反射波和透射波的传播方向分别为 k_i、k_r、k_t、k_i、k_r 和 k_t 与分界面法线所夹的锐角分别为 θ_i（入射角）、θ_r（反射角）和 θ_t（透射角），$\theta_i = \theta_r$。

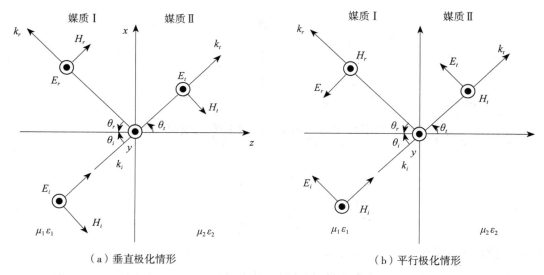

（a）垂直极化情形　　　　　　　　　　（b）平行极化情形

图 5.6　正弦均匀平面电磁波的斜入射

5.5.2　平行极化波的斜入射

如图 5.6（b）所示，H_i、H_r、H_t 均沿 e_y 方向。入射波、反射波和透射波的波矢量 k_i、k_r、k_t 可表示为

$$\begin{cases} k_i = k_1(e_x \sin\theta_i + e_z \cos\theta_i) \\ k_r = k_1(e_x \sin\theta_r - e_z \cos\theta_r) \\ k_t = k_2(e_x \sin\theta_t + e_z \cos\theta_t) \end{cases} \quad (5\text{-}68)$$

根据右手螺旋定则，入射、反射和透射的电场沿分界面的电场 E 切分量可表示为

$$\begin{cases} E_{ix} = \cos\theta_i \exp\left[-jk_1(x\sin\theta_i + z\cos\theta_i) \right] \\ E_{rx} = -\Gamma \cos\theta_r \cdot \exp\left[-jk_1(x\sin\theta_r - z\cos\theta_r) \right] \\ E_{tx} = T\cos\theta_t T \cdot \exp\left[-jk_2(x\sin\theta_t + z\cos\theta_t) \right] \end{cases} \quad (5\text{-}69)$$

在分界面 $z = 0$ 两侧，根据磁场的边界关系，有 $E_{ix} + E_{rx} = E_{tx}$ 得到

$$\cos\theta_i - \Gamma\cos\theta_r = T\cos\theta_t \quad (5\text{-}70)$$

对应的磁场入射、反射和透射的 H 在 x 方向的切向分量表示为

$$\begin{cases} H_{ix}=\dfrac{1}{\eta_1}\exp\left[-\mathrm{j}k_1(x\sin\theta_i+z\cos\theta_i)\right] \\[2mm] H_{rx}=\dfrac{\Gamma}{\eta_1}\exp\left[-\mathrm{j}k_1(x\sin\theta_r-z\cos\theta_r)\right] \\[2mm] H_{tx}=\dfrac{T}{\eta_2}\exp\left[-\mathrm{j}k_2(x\sin\theta_t+z\cos\theta_t)\right] \end{cases} \quad (5-71)$$

在分界面 $z=0$ 两侧，根据磁场的边界关系，有 $H_{ix}+H_{rx}=H_{tx}$ 得到

$$\frac{1+\Gamma}{\eta_1}=\frac{T}{\eta_2} \quad (5-72)$$

根据 $\theta_r=\theta_i$，可以推导出

$$\cos\theta_i-\Gamma\cos\theta_i=\frac{\eta_2}{\eta_1}(1+\Gamma)\cos\theta_t \quad (5-73)$$

化简得到平行极化波情况下反射系数和透射系数的关系式：

$$\begin{cases} \Gamma_{//}=\dfrac{\eta_1\cos\theta_i-\eta_2\cos\theta_t}{\eta_1\cos\theta_i+\eta_2\cos\theta_t} \\[3mm] \Gamma_{//}=\dfrac{2\eta_1\cos\theta_i}{\eta_1\cos\theta_i+\eta_2\cos\theta_t} \end{cases} \quad (5-74)$$

5.5.3 垂直极化波的斜入射

由于正弦均匀平面波是垂直极化的斜入射，入射波、反射波和折射波的电场只有 y 方向分量，则其表达式为

$$\begin{cases} E_{iy}=\exp\left[-\mathrm{j}k_1(x\sin\theta_i+z\cos\theta_i)\right] \\[2mm] E_{ry}=\Gamma\exp\left[-\mathrm{j}k_1(x\sin\theta_r-z\cos\theta_r)\right] \\[2mm] E_{ty}=T\exp\left[-\mathrm{j}k_2(x\sin\theta_t+z\cos\theta_t)\right] \end{cases} \quad (5-75)$$

在分界面 $z=0$ 两侧，根据电场的边界条件，有 $E_{iy}+E_{ry}=E_{ty}$，得到

$$1+\Gamma=T \quad (5-76)$$

根据 E、H 和 k 三者相互垂直的右手定则，磁场沿分界面在沿 x 方向切向分量，其表达式为

$$\begin{cases} H_{ix}=\dfrac{-\cos\theta_i}{\eta_1}\exp\left[-\mathrm{j}k_1(x\sin\theta_i+z\cos\theta_i)\right] \\[2mm] H_{rx}=\dfrac{+\cos\theta_r}{\eta_1}\Gamma\exp\left[-\mathrm{j}k_1(x\sin\theta_r-z\cos\theta_r)\right] \\[2mm] H_{tx}=\dfrac{-\cos\theta_t}{\eta_2}T\exp\left[-\mathrm{j}k_2(x\sin\theta_t+z\cos\theta_t)\right] \end{cases} \quad (5-77)$$

在分界面 $z=0$ 两侧，根据磁场的边界条件，有 $H_{ix}+H_{rx}=H_{tx}$，得到

$$\frac{-\cos\theta_i}{\eta_1}+\frac{+\cos\theta_r}{\eta_1}\Gamma=\frac{-\cos\theta_t}{\eta_2}T \tag{5-78}$$

根据反射角等于入射角（$\theta_r=\theta_i$），得到

$$(-1+\Gamma)\,\eta_2\cos\theta_i=-\eta_1(1+\Gamma)\cos\theta_t$$

简化得到垂直极化条件下，反射系数和透射系数的表达式为

$$\begin{cases}\Gamma_\perp=\dfrac{\eta_2\cos\theta_i-\eta_1\cos\theta_t}{\eta_2\cos\theta_i+\eta_1\cos\theta_t}\\[4mm]T_\perp=\dfrac{2\eta_2\cos\theta_i}{\eta_2\cos\theta_i+\eta_1\cos\theta_t}\end{cases} \tag{5-79}$$

5.6 电磁波的传输定律

1. 反射与折射定律

（1）反射定律。利用边界条件，在 $z=0$ 的面上 $E_{1t}=E_{2t}$，得

$$E_{01}^+\cos\theta_i\mathrm{e}^{-\mathrm{j}k_1x\sin\theta_i}-E_{01}^-\cos\theta_r\mathrm{e}^{-\mathrm{j}k_1x\sin\theta_r}=E_{02}\cos\theta_t\mathrm{e}^{-\mathrm{j}k_2x\sin\theta_t} \tag{5-80}$$

要使上式成立，必须满足

$$k_1x\sin\theta_i=k_1x\sin\theta_r \tag{5-81}$$

$$k_1x\sin\theta_i=k_2x\sin\theta_t \tag{5-82}$$

由此得到

$$\theta_r=\theta_i \tag{5-83}$$

即反射角等于入射角。

（2）折射定律

$$\frac{\sin\theta_t}{\sin\theta_i}=\frac{n_1}{n_2}=\frac{\sqrt{\mu_1\varepsilon_1}}{\sqrt{\mu_2\varepsilon_2}} \tag{5-84}$$

式中：n_1、n_2 为两种介质的折射率。

2. 全反射

当折射角 $\theta_t=\dfrac{\pi}{2}$ 时，入射角 $\theta_i=\theta_c$（θ_c 称为临界角）

$$\theta_c=\arcsin\left(\frac{k_2}{k_1}\right)=\arcsin\left(\frac{\sqrt{\mu_2\varepsilon_2}}{\sqrt{\mu_1\varepsilon_1}}\right) \tag{5-85}$$

3. 全透射

若反射系数 $\Gamma_{//}=0$，则入射波功率全部透过分界面进入另一个媒质，称为全透射。此时 $\eta_1\cos\theta_i=\eta_2\cos\theta_t$ 。

对于非磁性材料，如果平行极化中磁波的斜入射到介质，存在 $\theta_i=\theta_B$，θ_B 称为布儒斯特角，其表达式为

$$\theta_B=\arcsin\sqrt{\frac{\varepsilon_2}{\varepsilon_1+\varepsilon_2}}=\arctan\sqrt{\frac{\varepsilon_2}{\varepsilon_1}} \tag{5-86}$$

5.7 导体的趋肤深度

电磁波在良导体 $\left(\dfrac{\sigma}{\omega\varepsilon}\geqslant100\right)$ 中衰减很快，以致电磁波几乎只存在于导体表面，这一现象称为趋肤效应。趋肤深度等于透射波场量的振幅衰减到表面值的 $1/e=0.368$ 所经过的距离，用 $\delta=\dfrac{1}{\sqrt{\pi f\mu_0\sigma}}$ 表示。

例 5-4 铜的电导率 $\sigma=6\times10^7\,\mathrm{S/m}$，其介电常数 $\varepsilon=\varepsilon_0$，磁导率 $\mu=\mu_0$。试求当频率 $f=1\,\mathrm{kHz}$、$1\,\mathrm{MHz}$、$1\,\mathrm{GHz}$ 情况下，电磁波在铜中的穿透深度。

解： 由良导体的条件 $\dfrac{\sigma}{\omega\varepsilon}\geqslant100$ 推知，铜作为良导体的频率范围是

$$f\leqslant\frac{\sigma}{200\pi\varepsilon_0}\approx10^{16}\,\mathrm{Hz}$$

可见，对任何波段的无线电波，铜都是良导体。3 种频率下的穿透深度分别为

当 $f=1\,\mathrm{kHz}$ 时

$$\delta_1=\frac{1}{\sqrt{\pi f\mu_0\sigma}}\approx\frac{0.066\,1}{\sqrt{1\times10^3}}=0.002\,09\,\mathrm{m}$$

当 $f=1\,\mathrm{MHz}$ 时

$$\delta_2=\frac{1}{\sqrt{\pi f\mu_0\sigma}}\approx\frac{0.066\,1}{\sqrt{10^6}}=0.000\,066\,1\,\mathrm{m}=66.1\,\mathrm{\mu m}$$

当 $f=1\,\mathrm{GHz}$ 时

$$\delta_3=\frac{1}{\sqrt{\pi f\mu_0\sigma}}\approx\frac{0.066\,1}{\sqrt{10^{12}}}=0.661\times10^6\,\mathrm{m}=0.661\,\mathrm{\mu m}$$

习　题

1. 在 $\mu_r = 1$、$\varepsilon_r = 4$、$\sigma = 0$ 的媒质中，有一个均匀平面波，电场强度是

$$E(z,t) = E_m \sin\left(\omega t - kz + \frac{\pi}{3}\right)$$

若已知 $f = 150\,\mathrm{MHz}$，波在任意点的平均功率流密度为 $0.265\,\mathrm{\mu W/m^2}$，试求：

（1）该电磁波的波数 k、相速 v_p、波长 λ、波阻抗 η 分别是多少？

（2）$t = 0$，$z = 0$ 的电场 $E(0,0)$ 为多少？

（3）时间经过 $0.1\,\mathrm{\mu s}$，之后电场 $E(0,0)$ 值在什么地方？

（4）时间在 $t = 0$ 时刻之前 $0.1\,\mathrm{\mu s}$，电场 $E(0,0)$ 值在什么地方？

2. 一个在自由空间传播的均匀平面波，电场强度的复振幅是

$$E = 10^{-4}\mathrm{e}^{-\mathrm{j}20\pi z}e_x + 10^{-4}\mathrm{e}^{\mathrm{j}\left(\frac{\pi}{2} - 20\pi z\right)}e_y \quad (\mathrm{V/m})$$

试求：

（1）电磁波的传播方向。

（2）电磁波的相速 v_p、波长 λ、频率 f。

（3）磁场强度 H。

（4）沿传播方向单位面积流过的平均功率。

3. 已知海水的 $\sigma = 4\,\mathrm{S/m}$，$\varepsilon_r = 81$，$\mu_r = 1$ 在其中分别传播 $f = 100\,\mathrm{MHz}$ 或 $f = 10\,\mathrm{kHz}$ 的平面电磁波时，试求：α、β、v_p、λ。

4. 频率为 $3\,\mathrm{GHz}$ 的平面电磁波，在理想介质（$\varepsilon_r = 2.1$，$\mu_r = 1$）中传播。计算该平面波的相位常数、相速度、相波长和波阻抗。若 $E_{x0} = 0.1\,\mathrm{V/m}$，计算磁场强度及能流密度矢量。

5. $z < 0$ 的区域的介质参数为 $\varepsilon_1 = \varepsilon_0$、$\mu_1 = \mu_0$、$\sigma_1 = 0$，$z > 0$ 的区域的介质参数为 $\varepsilon_2 = 5\varepsilon_0$、$\mu_2 = 20\mu_0$、$\sigma_2 = 0$。若介质 1 中的电场强度为

$$E_1(z,t) = e_x\left[60\cos(15\times10^8 t) + 20\cos(15\times10^8 t)\right]\ (\mathrm{V/m})$$

介质 2 中的电场强度为

$$E_2(z,t) = e_x A\cos(15\times10^8 t)\ (\mathrm{V/m})$$

（1）试确定常数 A 的值。

（2）求磁场强度 $H_1(z,t)$ 和 $H_2(z,t)$。

（3）验证 $H_1(z,t)$ 和 $H_2(z,t)$ 满足边界条件。

6. 在无界理想介质中，均匀平面波的电场强度为

$$E = E_0\cos(2\pi\times10^8 t - 2\pi z)\,e_x\ (\mathrm{V/m})$$

已知介质的 $\mu_r = 1$，求其 ε_r，并写出 H 的表达式。

7. 均匀平面波从空气中垂直入射到理想电介质（$\varepsilon = \varepsilon_r\varepsilon_0$、$\mu_r = 1$、$\sigma = 0$）表面上。测得空气中驻波比为 2，电场振幅最大值相距 $1.0\,\mathrm{m}$，且第一个最大值距离介质表面 $0.5\,\mathrm{m}$。试确定电介质的介电常数 ε_r。

8. 在两块导电平板 $z=0$ 和 $z=d$ 之间的空气中传播的电磁波的电场强度为 $E=E_0\sin\dfrac{\pi}{d}z\cos(\omega t-\beta x)e_y$，其中 β 为常数。试求：

（1）磁场强度 H。

（2）两块导电板表面上的电流线密度 J_s 和面电荷密度 ρ_s。

9. 在无源（$\rho=0$，$J=0$）的自由空间中，已知电磁场的电场强度复矢量

$$\dot E(z)=E_0\mathrm{e}^{-\mathrm{j}kz}e_y$$

式中 k、E_0 为常数。求：

（1）磁场强度矢量 $\dot H(z)$。

（2）玻印廷矢量的瞬时值 S。

（3）平均玻印廷矢量 S_{av}。

10. 在微波炉外面附近的自由空间某点测得泄漏电场有效值为 1V/m，试问：该点的平均电磁功率密度是多少。该电磁辐射对于一个站在此处的人的健康有危险吗？（根据美国国家标准，人暴露在微波下的限制量为 10^{-2} W/m 不超过 6 min，我国的暂行标准规定每 8 h 连续照射不超过 3.8×10^{-2} W/m^2）

11. 在自由空间中，有一波长为 12 cm 的均匀平面波。当该波进入到某无损耗媒质时，其波长变为 8 cm，且此时 $|E|=31.41$ V/m，$|H|=0.125$ A/m。求平面波的频率，以及无损耗媒质的 ε_r 和 μ_r。

12. 有两个频率相同传播方向也相同的圆极化波，试问：

（1）如果旋转方向相同振幅也相同，但初相位不同，其合成波是什么极化？

（2）如果上述三个条件中只是旋转方向相反其他条件都相同，其合成波是什么极化？

（3）如果上述三个条件中只是振幅不相等，其合成波是什么极化波？

13. 为了得到有效的电磁屏蔽，屏蔽层的厚度通常取所用屏蔽材料中电磁波的一个波长，即

$$d=2\pi\delta$$

式中：δ 是穿透深度。试计算：

（1）收音机内中频变压器的铝屏蔽罩的厚度。

（2）电源变压器铁屏蔽罩的厚度。

（3）若中频变压器用铁而电源变压器用铝作屏蔽罩是否可以？

（铝：$\sigma=3.72\times10^7$ S/m，$\varepsilon_r=1$，$\mu_r=1$；铁：$\sigma=10^7$ S/m，$\varepsilon_r=1$，$\mu_r=10^4$，$f=465$ kHz）

14. 当均匀平面波由空气向理想介质（$\mu_r=1$，$\sigma=0$）垂直入射时，有 84% 的入射功率输入此介质。试求介质的相对介电常数 ε_r。

15. 微波炉利用磁控管输出的 2.45 GHz 频率的微波加热食品，在该频率上，牛排的等效复介电常数 $\tilde\varepsilon_r=40(1-0.3\mathrm{j})$。求：

（1）微波传入牛排的穿透深度，在牛排内 8 mm 处的微波场强是表面处的百分之几？

（2）微波炉中盛牛排的盘子是发泡聚苯乙烯制成的，其等效复介电常数 $\tilde\varepsilon_r=1.03(1-\mathrm{j}0.3\times10^{-4})$。说明为何用微波加热时，牛排被烧熟而盘子并没有被毁。

传输线传输电磁波

传输线理论又称为长线理论，是在高频以上的频率中用来研究长线传输线和网络的理论基础。传输线理论是分布参数电路理论，本章主要从路的观点出发，以平行双导线为例阐述传输线的传输特性。这种方法研究的结果与用电磁场理论得出的结果完全一样，然而这种方法比场的方法要简便得多，在工程上得到了广泛采用。从分析的结果可以看出，传输线理论将基本电路理论与电磁场理论相结合，传输线上电磁波的传输现象，可以认为是电路理论的扩展，也可以认为是波动方程的解，从而引出传输线上电磁波传播与空间平面波传播现象的一致性。

传输线是用以将高频或微波能量从一处传输至另一处的装置，并要求其传输效率高，损耗尽可能小，工作频带宽，尺寸小。传输线一般由两个（或两个以上）导体组成，用来传输 TEM 波（横电磁波）。常用的传输线有平行双导线、同轴线、带状线和微带线（传输准 TEM 波）。

6.1 传输线方程和传输线的场分析方法

6.1.1 长线及分布参数等效电路

当传输线的几何长度比其上所传输的电磁波的波长 λ 还长或者可以相比拟时，传输线可称为长线；反之可称为短线。长线和短线是相对的概念，在微波技术中，传输线的长度有时只有几厘米或几米，但因为这个长度已经大于工作波长或与工作波长差不多，仍称它为长线；相反地，输送市电的电力线（频率为 50 Hz）即使长度为几千米，但与市电的工作波长（6 000 km）相比还是小许多，所以只能看作是短线。

传输线的几何长度与其上所传输电磁波的工作波长 λ 的比值称为传输线的电长度。

　　电路理论与传输线理论的区别，主要在于电气尺寸与波长的关系。电路分析中，网络与线路的尺寸比工作波长小很多，因此可以不考虑各点电压、电流的幅度和相位的变化，沿线电压和电流只与时间因子有关，而与空间位置无关。传输线属长线，沿线各点的电压、电流（或电场、磁场）既随时间变化，又随位置变化，是时间和空间的函数，传输线上电压、电流呈现出波动性。

　　传输线上各点的电压、电流（或电场、磁场）不相同，可以从传输线的等效电路得到解释，就是传输线的分布参数概念。

　　分布参数是相对于集总参数而言的。在低频电路中，电场能量集中在电容器中，磁场能量集中在电感器中，电磁能的消耗全部集中在电阻元件上，连接元件的导线是既无电感、电容，又无电阻、电导的理想导线，这就是集总参数的概念。随着频率的增高，连接元件的导线由于集肤效应的出现，导线的有效横截面积减小，导线上的电阻增加，且分布在导线上，可称为分布电阻。导线上有高频电流流过，导线周围就必然有高频磁场存在，沿线就存在电感，这就是分布电感。又因两线间有电压，故两线间存在高频电场，沿线就分布着分布电容。随着频率的增高，这些分布参数引起的阻抗效应不能再忽略。例如，某一平行双导线的分布电感 $L = 0.999\ \text{nH/mm}$，分布电容 $C = 0.011\ 1\ \text{pF/mm}$。当频率 $f = 50\ \text{Hz}$ 时，平行双导线的串联电抗 $X_L = \omega L = 3.14 \times 10^{-7}\ \Omega/\text{mm}$，并联电纳 $B_c = \omega C = 3.49 \times 10^{-12}\ \text{S/mm}$。由此可见，微波传输线中，分布参数已经不可以忽略，说明分布参数是高频条件下的必然结果，必须加以考虑。

　　根据传输线上的分布参数是否均匀分布，传输线可分为均匀传输线和不均匀传输线。本章主要讨论均匀传输线。所谓均匀传输线，是指传输线的几何尺寸、相对位置、导体材料及周围媒质特性沿电磁波的传输方向不发生改变的传输线，即沿线的参数是均匀分布的。一般情况下，均匀传输线单位长度上有 4 个分布参数——分布电阻 R、分布电导 G、分布电感 L 和分布电容 C，它们的数值均与传输线的种类、形状、尺寸及导体材料和周围媒质特性有关。它们的分布参数定义如下：

　　· 分布电阻 R：定义为传输线单位长度上的总电阻值，单位为 Ω/m。

　　· 分布电导 G：定义为传输线单位长度上的总电导值，单位为 S/m。

　　· 分布电感 L：定义为传输线单位长度上的总电感值，单位为 H/m。

　　· 分布电容 C：定义为传输线单位长度上的总电容值，单位为 F/m。

　　有了分布参数的概念，就可以将均匀传输线分割成许多微分段 $\text{d}z$（$\text{d}z \ll \lambda$），这样每个微分段可看作集总参数电路，其参数分别为 $R\text{d}z$、$G\text{d}z$、$L\text{d}z$、$C\text{d}z$，并用一个如图 6.1（a）所示的 Γ 形网络等效。整个传输线的等效电路是许许

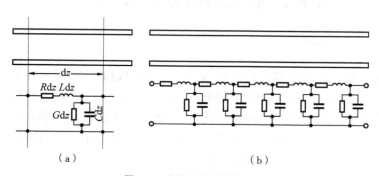

（a）　　　　　　　　　　（b）

图 6.1　传输线的等效电路

多多的 Γ 形网络的级联，如图 6.1（b）所示。

6.1.2 传输线方程及其解

通常，传输线始端接角频率为 ω 的正弦信号源，也称为电压和电流随时间作时谐变化，此时传输线上电压和电流的瞬时值为 $u(z,t)$ 和 $i(z,t)$，则有

$$\left.\begin{array}{l} u(z,t)=\mathrm{Re}\left[U(z)\,\mathrm{e}^{\mathrm{j}\omega t}\right]\\ i(z,t)=\mathrm{Re}\left[I(z)\,\mathrm{e}^{\mathrm{j}\omega t}\right]\end{array}\right\} \tag{6-1}$$

式中：$U(z)$ 和 $I(z)$ 分别为传输线上 z 处电压和电流的复有效值，它们是距离 z 的函数。

（1）均匀传输线方程。传输线方程是研究传输线上电压、电流的变化规律，以及它们之间相互关系的方程。对于均匀传输线，由于参数是沿线均匀分布的，所以只需考虑线元 $\mathrm{d}z$ 的情况。设传输线上 z 处的电压和电流分别为 $u(z,t)$ 和 $i(z,t)$，$z+\mathrm{d}z$ 处的电压和电流分别为 $u(z+\mathrm{d}z,t)$ 和 $i(z+\mathrm{d}z,t)$，线元 $\mathrm{d}z$ 可以看成集总参数电路，如图 6.2 所示。

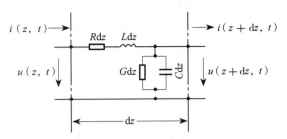

图 6.2　传输线上电压和电流的定义及其等效电路

根据克希荷夫定律，有

$$\left.\begin{array}{l} u(z+\mathrm{d}t,t)-u(z,t)=-\mathrm{d}u(z,t)=-\dfrac{\partial u(z,t)}{\partial z}\mathrm{d}z=\left[Ri(z,t)+L\dfrac{\partial i(z,t)}{\partial t}\right]\\ i(z+\mathrm{d}t,t)-i(z,t)=-\mathrm{d}i(z,t)=-\dfrac{\partial i(z,t)}{\partial z}\mathrm{d}z=\left[Gu(z,t)+C\dfrac{\partial u(z,t)}{\partial t}\right]\end{array}\right.$$

也即

$$\left.\begin{array}{l} -\dfrac{\partial u(z,t)}{\partial z}=Ri(z,t)+L\dfrac{\partial i(z,t)}{\partial t}\\ -\dfrac{\partial i(z,t)}{\partial z}=Gu(z,t)+C\dfrac{\partial u(z,t)}{\partial t}\end{array}\right\} \tag{6-2}$$

既称为均匀传输线方程，又称为电报方程。

将上式相互代入，并将 $U(z)$ 写为 U，$I(z)$ 写为 I，得到如下传输线方程

$$\left.\begin{array}{l} -\dfrac{\mathrm{d}U}{\mathrm{d}z}=(R+\mathrm{j}\omega L)\,I\\ -\dfrac{\mathrm{d}I}{\mathrm{d}z}=(G+\mathrm{j}\omega C)\,U\end{array}\right\} \tag{6-3}$$

式中：$R+\mathrm{j}\omega L=Z$ 为传输线单位长度的串联阻抗；$G+\mathrm{j}\omega C=Y$ 为传输线单位长度的并联导纳。上式是一阶常微分方程，描述了均匀传输线每个微分段上电压和电流的变化规律，由此方程可以解出线上任意点的电压和电流，以及它们之间的关系。

（2）均匀传输线方程的解。求解式（6-3）方程组式，等式两边对 z 再微分一次，可以得到

$$\left.\begin{array}{l} \dfrac{\mathrm{d}^2 U}{\mathrm{d}z^2} - \gamma^2 U = 0 \\[2mm] \dfrac{\mathrm{d}^2 I}{\mathrm{d}z^2} - \gamma^2 I = 0 \end{array}\right\} \tag{6-4}$$

式中

$$\gamma = \sqrt{(R+\mathrm{j}\omega L)(G+\mathrm{j}\omega C)} = \alpha + \mathrm{j}\beta \tag{6-5}$$

上式是二阶常微分方程，称为均匀传输线的波动方程。γ 为传输线上波的传播常数，一般情况下为复数，其实部 α 称为衰减常数，虚部 β 称为相移常数。

上式求解得到

$$\left.\begin{array}{l} U(z) = A_1 \mathrm{e}^{-\gamma z} + A_2 \mathrm{e}^{\gamma z} \\[2mm] I(z) = \dfrac{1}{Z_0}(A_1 \mathrm{e}^{-\gamma z} - A_2 \mathrm{e}^{\gamma z}) \end{array}\right\} \tag{6-6}$$

式中

$$Z_0 = \sqrt{\dfrac{R+\mathrm{j}\omega L}{G+\mathrm{j}\omega C}} \tag{6-7}$$

$\mathrm{e}^{-\gamma z}$ 表示波沿 $+z$ 方向传播，$\mathrm{e}^{\gamma z}$ 表示波沿 $-z$ 方向传播，传输线上电压和电流的解呈现出波动性；A_1 和 A_2 为积分常数，由传输线的边界条件确定。

通常给定传输线的边界条件有 3 种（图 6.3）：①已知终端的电压 U_2 和电流 I_2；②已知始端的电压 U_1 和电流 I_1；③已知电源电动势 E_g、内阻 Z_g 及负载阻抗 Z_l。下面分别加以讨论。

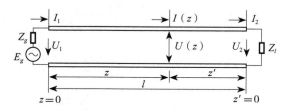

图 6.3　传输线的边界条件

①已知终端电压 U_2 和电流 I_2 时的解。

这是最常用的情况。将 $z=l$、$U(l)=U_2$、$I(l)=I_2$ 代入式（6-6）可求得

$$\left.\begin{array}{l} A_1 = \dfrac{U_2 + I_2 Z_0}{2} \mathrm{e}^{\gamma l} \\[2mm] A_2 = \dfrac{U_2 - I_2 Z_0}{2} \mathrm{e}^{-\gamma l} \end{array}\right\} \tag{6-8}$$

将上式代入式（6-6）并整理，得到

$$U(z') = \frac{U_2 + I_2 Z_0}{2} e^{\gamma z'} + \frac{U_2 - I_2 Z_0}{2} e^{-\gamma z'} \left.\right\}$$

$$I(z') = \frac{U_2 + I_2 Z_0}{2 Z_0} e^{\gamma z'} - \frac{U_2 - I_2 Z_0}{2 Z_0} e^{-\gamma z'} \qquad (6\text{-}9)$$

上式中，$z' = l - z$ 是从终端算起的坐标。

上式可变换成双曲函数形式，为

$$U(z') = U_2 \cosh \gamma z' + I_2 Z_0 \sinh \gamma z' \left.\right\}$$

$$I(z') = \frac{U_2}{Z_0} \sinh \gamma z' + I_2 \cosh \gamma z' \qquad (6\text{-}10)$$

② 已知始端电压 U_1 和电流 I_1 时的解。

此时，$U(0) = U_1$、$I(0) = I_1$，代入式（6-6），可求得

$$A_1 = \frac{U_1 + I_1 Z_0}{2} \left.\right\}$$

$$A_2 = \frac{U_1 - I_1 Z_0}{2} \qquad (6\text{-}11)$$

将上式代入式（6-6），可得

$$U(z) = \frac{U_1 + I_1 Z_0}{2} e^{-\gamma z} + \frac{U_1 - I_1 Z_0}{2} e^{\gamma z} \left.\right\}$$

$$I(z) = \frac{U_1 + I_1 Z_0}{2 Z_0} e^{-\gamma z} - \frac{U_1 - I_1 Z_0}{2 Z_0} e^{\gamma z} \qquad (6\text{-}12)$$

③ 已知电源电动势 E_g、内阻 Z_g 及负载阻抗 Z_l 时的解。

在 $z = 0$ 处，$I(0) = I_1$，$U(0) = E_g - I_1 Z_g$；在 $z = l$ 处，$I(l) = I_2$，$U(l) = I_2 Z_l$。将这些条件代入式（6-6）可得

$$E_g - I_1 Z_g = A_1 + A_2 \left.\right\}$$

$$I_1 = \frac{1}{Z_0}(A_1 - A_2)$$

$$I_2 Z_l = A_1 e^{-\gamma l} + A_2 e^{\gamma l} \left.\right\}$$

$$I_2 = \frac{1}{Z_0}(A_1 e^{-\gamma l} - A_2 e^{\gamma l})$$

分别消去 I_1 和 I_2，解得

$$A_1 = \frac{E_g Z_0}{(Z_g + Z_0)(1 - \Gamma_1 \Gamma_2 e^{-2\gamma l})} \left.\right\}$$

$$A_2 = \frac{E_g Z_0 \Gamma_2 e^{-2\gamma l}}{(Z_g + Z_0)(1 - \Gamma_1 \Gamma_2 e^{-2\gamma l})} \qquad (6\text{-}13)$$

将上式代入式（6-6），即得

$$U(z) = \frac{E_g Z_0}{(Z_g + Z_0)} \cdot \frac{\mathrm{e}^{-\gamma z} + \Gamma_2 \mathrm{e}^{-2\gamma l} \mathrm{e}^{\gamma z}}{(1 - \Gamma_1 \Gamma_2 \mathrm{e}^{-2\gamma l})} \left.\begin{matrix} \\ \\ \\ \\ \\ \end{matrix}\right\}$$

$$I(z) = \frac{E_g}{(Z_g + Z_0)} \cdot \frac{\mathrm{e}^{-\gamma z} - \Gamma_2 \mathrm{e}^{-2\gamma l} \mathrm{e}^{\gamma z}}{(1 - \Gamma_1 \Gamma_2 \mathrm{e}^{-2\gamma l})}$$

（6-14）

上式中，$\Gamma_1 = \dfrac{Z_g - Z_0}{Z_g + Z_0}$，$\Gamma_2 = \dfrac{Z_l - Z_0}{Z_l + Z_0}$。

6.1.3　用场的概念分析传输线

前面用路的概念分析传输线，由传输线方程得到了传输线上电压和电流的解。下面用场的概念分析传输线，并由此看出，电路的理论是建立在场的理论基础上的。用场的概念分析传输线，就是要用平面电磁波的特性获得一般传输线的基本理论。

假定传输线周围的媒质是无耗、均匀、各向同性的，其媒质参数为 ε、μ。传输线上传播的是 TEM 波，令波沿 z 向（纵向）传播，电磁场只有横向分量，用 E_t 和 H_t 表示。对于时谐变化的场，麦克斯韦方程组可写为

$$\left.\begin{aligned} \nabla \times E_t &= -\mathrm{j}\omega\mu H_t \\ \nabla \times H_t &= -\mathrm{j}\omega\varepsilon E_t \\ \nabla \cdot E_t &= 0 \\ \nabla \cdot H_t &= 0 \end{aligned}\right\}$$

（6-15）

其中，算符

$$\nabla = \nabla_t + \nabla_z = \nabla_t + e_z \frac{\partial}{\partial z}$$

由矢量分析可知，$\nabla_t \times E_t$ 和 $\nabla_t \times H_t$ 为纵向分量，在 TEM 波中不存在。于是，上式中两旋度方程可写为

$$e_z \times \frac{\partial E_t}{\partial z} = -\mathrm{j}\omega\mu H_t \tag{6-16}$$

$$e_z \times \frac{\partial H_t}{\partial z} = \mathrm{j}\omega\varepsilon E_t \tag{6-17}$$

$$\nabla = E_t = 0 \tag{6-18}$$

$$\nabla \times H_t = 0 \tag{6-19}$$

由矢量分析的知识可知，标量函数梯度的旋度等于 0，由上两式得到

$$\left.\begin{aligned} E_t &= U(z) \nabla_t \phi(x, y) \\ H_t &= I(z) \nabla_t \psi(x, y) \end{aligned}\right\} \tag{6-20}$$

上式中，$U(z)$、$I(z)$、$\phi(x,y)$ 和 $\psi(x,y)$ 都是待求的标量函数。将上式代入式（6-15）中的两个散度方程，得到

$$\left.\begin{aligned}\nabla_t^2\phi(x,y)&=0\\\nabla_t^2\psi(x,y)&=0\end{aligned}\right\} \qquad (6\text{-}21)$$

这表明，ϕ 和 ψ 都满足二维拉普拉斯方程，与静态场的位函数所满足的方程相同。由上面的分析可以看出，不管传输线的横向结构多么复杂，解决传输线上 TEM 波的传播问题所涉及的横向问题就是解二维的静电场问题。

上面分析了 TEM 波在横截面内的场结构问题，下面分析 TEM 波在 z 方向（纵向）的变化规律。TEM 波在 z 方向具有波的性质，即沿 z 方向传播。

解由式（6-16）和式（6-17）组成的方程组，可以得到

$$e_z\times e_z\times\frac{\partial^2 E_t}{\partial z^2}-\omega^2\mu\varepsilon E_t=0$$

$$e_z\left(e_z\cdot\frac{\partial^2 E_t}{\partial z^2}\right)-(e_z\cdot e_z)\frac{\partial^2 E_t}{\partial z^2}-\omega^2\mu\varepsilon E_t=0$$

于是得到

$$\frac{\partial^2 E_t}{\partial z^2}+\beta^2 E_t=0 \qquad (6\text{-}22)$$

上式中，$\beta^2=\omega^2\mu\varepsilon$。

同样可以得到

$$\frac{\partial^2 H_t}{\partial z^2}+\beta^2 H_t=0 \qquad (6\text{-}23)$$

将式（6-20）代入上两式，得到

$$\left.\begin{aligned}\frac{\mathrm{d}^2 U}{\mathrm{d}z^2}+\beta^2 U&=0\\\frac{\mathrm{d}^2 I}{\mathrm{d}z^2}+\beta^2 I&=0\end{aligned}\right\} \qquad (6\text{-}24)$$

式（6-4）中，当媒质无耗时，$\alpha=0$，此时 $\gamma=\alpha+\mathrm{j}\beta=\mathrm{j}\beta$、$\gamma^2=-\beta^2$，则式（6-4）与上式完全一样。

以上结果说明，用电路理论得出的传输线上电压和电流的方程式（6-4）与用电磁场理论得出的传输线上电压和电流的方程式是一样的，从电路理论和电磁场理论出发分析所得到的结论是统一的。但是，电路理论的分析计算方法比场的方法要简便得多，因此，在许多实际问题中，总是尽可能把"场的问题"转化为一定前提下"路的问题"来处理。

6.2　传输线的基本特性参数

在 6.1 节中得到了传输线上任一点电压和电流的通解式（6-6），此式至关重要，传输线的基本特性就从此式分析得到。

式（6-6）中，任一点的电压 $U(z)$ 为 $A_1\mathrm{e}^{-\gamma z}$ 与 $A_2\mathrm{e}^{\gamma z}$ 之和，其中，$A_1\mathrm{e}^{-\gamma z}$ 表示沿

$+z$ 方向传播的电磁波，称为入射电压；$A_2\mathrm{e}^{\gamma z}$ 表示沿 $-z$ 方向传播的电磁波，称为反射电压。入射电压与反射电压均为行波。任一点的电流 $I(z)$ 为 $\dfrac{A_1\mathrm{e}^{-\gamma z}}{Z_0}$ 与 $-\dfrac{A_2\mathrm{e}^{\gamma z}}{Z_0}$ 之和，其中，$\dfrac{A_1\mathrm{e}^{-\gamma z}}{Z_0}$ 表示沿 $+z$ 方向传播的电磁波，称为入射电流；$-\dfrac{A_2\mathrm{e}^{\gamma z}}{Z_0}$ 表示沿 $-z$ 方向传播的电磁波，称为反射电流。入射电流与反射电流均为行波。传输线上入射电压与入射电流之比称为传输线的特性阻抗，传输线上反射电压与入射电压之比称为传输线的反射系数，传输线上总电压 $U(z)$ 与总电流 $I(z)$ 之比称为传输线的输入阻抗，$A_1\mathrm{e}^{-\gamma z}$ 或 $A_2\mathrm{e}^{\gamma z}$ 中的参数 γ 称为传播常数。

6.2.1　特性阻抗

传输线上入射电压与入射电流之比（也称为行波电压与行波电流之比）称为传输线的特性阻抗。对工作于高频的低耗传输线而言，总有 $R\ll\omega L$、$G\ll\omega C$。例如，工作于 1 000 MHz 的铜制同轴线，其内导体半径为 0.8 cm，外导体内半径为 2 cm，内外导体之间所填充的介质的 $\varepsilon_r=2.5$，$\sigma_1=10^{-8}$ S/m，$\sigma_2=5.8\times10^7$ S/m，同轴线的分布参数为

$$R=2.29\times10^{-1}\ \Omega/\mathrm{m}$$
$$G=6.8\times10^{-8}\ \mathrm{S/m}$$
$$\omega L=1.15\times10^3\ \Omega/\mathrm{m}$$
$$\omega C=0.94\ \mathrm{S/m}$$

显然，$R\ll\omega L$，$G\ll\omega C$。对高频或微波传输线

$$Z_0\approx\sqrt{\frac{L}{C}} \tag{6-25}$$

可见，在无耗或微波情况下，传输线的特性阻抗为纯电阻。

将分布电感 L 和分布电容 C 的公式代入上式，可以求得平行双导线的特性阻抗

$$Z_0=120\ln\left[\frac{D}{d}+\sqrt{\left(\frac{D}{d}\right)^2-1}\right]$$
$$\approx120\ln\frac{2D}{d}\ \Omega=276\lg\frac{2D}{d}\ \Omega \tag{6-26}$$

平行双导线的特性阻抗值一般为 250~700 Ω，常用的是 250 Ω、400 Ω 和 600 Ω。

同理得同轴线的特性阻抗公式为

$$Z_0=\frac{60}{\sqrt{\varepsilon_r}}\ln\frac{b}{a}\ \Omega=\frac{138}{\sqrt{\varepsilon_r}}\lg\frac{b}{a}\ \Omega \tag{6-27}$$

同轴线的特性阻抗值一般为 40~100 Ω，常用的有 50 Ω 和 75 Ω。

6.2.2 传播常数

传播常数 γ 是描述传输线上入射波和反射波的衰减和相位变化的参数。

γ 一般是频率的复杂函数，应用很不方便。对于无耗和微波低耗情况，其表示式可大为简化。

对于无耗线

$$\alpha = 0, \quad \beta = \omega\sqrt{LC}$$

对于微波低耗传输线

$$\alpha = \frac{R}{2Z_0} + \frac{GZ_0}{2}, \quad \beta = \omega\sqrt{LC} \tag{6-28}$$

传输线上行波的波长和相速度都与 β 有关。

行波（入射波或反射波）的相位取决于 $\omega t - \beta z$，在 $t = t_1$ 时刻，其相位是 $\omega t_2 - \beta z_2$；在 $t = t_2$ 时刻，其相位是 $\omega t_2 - \beta z_2$。行波是等相位点在移动，于是有

$$(\omega t_1 - \beta z_1) = (\omega t_2 - \beta z_2)$$

进而得到

$$v_p = \frac{z_2 - z_1}{t_2 - t_1} = \frac{\omega}{\beta} \tag{6-29}$$

式中：v_p 为行波的相速度，$\omega = 2\pi f$。相速度是指高频波等相位点移动的速度。

对于无耗传输线，$v_p = 1/\sqrt{LC}$，将同轴线和双导线的 L 和 C 公式代入上式，可得

$$v_p = \frac{c}{\sqrt{\varepsilon_r}} \tag{6-30}$$

式中：c 为光速，表明传输线上波速度与自由空间中波速度相同。

同一瞬时相位相差 2π 两点之间的距离为波长，以 λ 表示，于是有

$$\omega t_1 - \beta(z_1 + \lambda) = \omega t_1 - \beta z_1 - 2\pi$$

由此可得

$$\lambda = \frac{2\pi}{\beta} \tag{6-31}$$

又由式（6-29），可得

$$v_p = f\lambda \tag{6-32}$$

下面介绍一下衰减常数 α 的两个单位：分贝（dB）和奈培（NP）。

系统中，通常将两个功率电平 P_1 和 P_2 的比值用分贝（dB）表示。

$$10\lg(P_1/P_2) = 20\lg(U_1/U_2) \text{ dB} \tag{6-33}$$

微波系统中，常用到两倍功率之比，即 3 dB。

传输线的衰减也常用 NP 表示。

$$\frac{1}{2}\ln\frac{P_1}{P_2} = \ln\frac{U_1}{U_2} \text{ NP} \tag{6-34}$$

$$1\,\text{NP} = 8.686\,\text{dB}$$
$$1\,\text{dB} = 0.115\,\text{NP}$$

由上面公式计算出的分贝数和奈培数，只能表示传输线上两点之间的相对电平。由分贝引申出来的如下两个基本单位，可用于确定传输电路中某点的绝对电平。

（1）dBmW（分贝毫瓦）。dBmW 的定义是功率电平对 1 mW 的比值，即

$$功率\ \text{dBmW} = 10\lg\frac{P(z)}{1\,\text{mW}} \tag{6-35}$$

显然，0 dBmW = 1 mW。

（2）dBW（分贝瓦）。dBW 的定义是功率电平对 1 W 的比值，即

$$功率\ \text{dBW} = 10\log\frac{P(z)}{1\,\text{W}} \tag{6-36}$$
$$30\,\text{dBm} = 0\,\text{dBW}$$

6.2.3　输入阻抗

传输线上任一点的电压 $U(z)$ 与电流 $I(z)$ 之比称为传输线的输入阻抗，即

$$Z_{\text{in}}(z) = \frac{U(z)}{I(z)} \tag{6-37}$$

将式（6-10）代入上式，得到

$$Z_{\text{in}}(z') = Z_0\frac{Z_l\cosh\gamma z' + Z_0\sinh\gamma z'}{Z_0\cosh\gamma z' + Z_l\sinh\gamma z'}$$

对于无耗传输线，$\gamma = j\beta$，则得到

$$Z_{\text{in}}(z') = Z_0\frac{Z_l + jZ_0\tan\beta z'}{Z_0 + jZ_l\tan\beta z'} \tag{6-38}$$

式中：Z_l 为传输线的负载阻抗。

传输线的负载阻抗 Z_l 是指传输线负载端的阻抗，即负载端的总电压与总电流之比。传输线上任一点的阻抗就是由该点向负载看进去的输入阻抗 $Z_{\text{in}}(z')$，如图 6.4 所示。

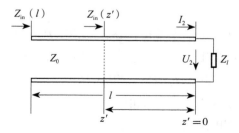

图 6.4　传输线上的输入阻抗

6.2.4 反射系数

传输线上的波一般为入射波与反射波的叠加。波的反射现象是传输线上最基本的物理现象，传输线的工作状态也主要取决于反射的情况。为了表示传输线的反射特性，引入反射系数 Γ。

（1）反射系数 Γ 的定义及表示式。反射系数是指传输线上某点的反射电压（或反射电流）与入射电压（或入射电流）之比，即

$$\Gamma(z') = \frac{U^-(z')}{U^+(z')} = -\frac{I^-(z')}{I^+(z')} \tag{6-39}$$

式中：$U^+(z')$ 和 $U^-(z')$ 为 z' 处的入射电压和反射电压；$I^+(z')$ 和 $I^-(z')$ 为 z' 处的入射电流和反射电流。

由式（6-9），令 $U_2^+ = \dfrac{U_2 + I_2 Z_0}{2}$ 和 $U_2^- = \dfrac{U_2 - I_2 Z_0}{2}$ 分别表示终端的入射波电压和反射波电压，$I_2^+ = \dfrac{U_2 + I_2 Z_0}{2Z_0}$ 和 $I_2^- = -\dfrac{U_2 - I_2 Z_0}{2Z_0}$ 分别表示终端的入射波电流和反射波电流，则式（6-9）可以简化为

$$\left.\begin{array}{l} U(z') = U_2^+ \mathrm{e}^{\gamma z'} + U_2^- \mathrm{e}^{-\gamma z'} = U^+(z') + U^-(z') \\ I(z') = I_2^+ \mathrm{e}^{\gamma z'} + I_2^- \mathrm{e}^{-\gamma z'} = I^+(z') + I^-(z') \end{array}\right\} \tag{6-40}$$

将上式代入式（6-39），可以得到

$$\Gamma(z') = \frac{U_2^-}{U_2^+} \mathrm{e}^{-2\gamma z'} = \Gamma_2 \mathrm{e}^{-2\gamma z'} = \Gamma_2 \mathrm{e}^{-2\alpha z'} \mathrm{e}^{-\mathrm{j}2\beta z'} \tag{6-41}$$

上式中

$$\Gamma_2 = \frac{U_2 - I_2 Z_0}{U_2 + I_2 Z_0} = \frac{Z_l - Z_0}{Z_l + Z_0} = |\Gamma_2| \mathrm{e}^{\mathrm{j}\phi_2} \tag{6-42}$$

为终端反射系数。由式（6-41）可以看出，反射系数为一复数，且随位置变化。反射系数不仅反映出反射波与入射波之间有大小差异，而且反映出它们之间有相位差，如图 6.5 所示。

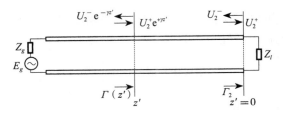

图 6.5　传输线上的入射波电压和反射波电压

当传输线无耗时，式（6-41）为

$$\Gamma(z') = \Gamma_2 e^{-j2\beta z'} = |\Gamma_2| e^{j(\phi_2 - 2\beta z')} \tag{6-43}$$

上式说明，无耗传输线上任一点反射系数的模值 $|\Gamma(z')|$ 是相同的。这一结论非常重要，说明无耗传输线上任一点反射波与入射波虽然相位有差异，但振幅之比为常数。

（2）输入阻抗与反射系数的关系。式（6-40）可改写成

$$\left.\begin{array}{l} U(z') = U^+(z') + U^-(z') = U^+(z')\left[1 + \Gamma(z')\right] \\ I(z') = I^+(z') + I^-(z') = I^+(z')\left[1 - \Gamma(z')\right] \end{array}\right\} \tag{6-44}$$

由上式可得

$$Z_{in}(z') = Z_0 \frac{1 + \Gamma(z')}{1 - \Gamma(z')} \tag{6-45}$$

在终端，上式为

$$Z_l = Z_0 \frac{1 + \Gamma_2}{1 - \Gamma_2} \tag{6-46}$$

或

$$\Gamma_2 = \frac{Z_l - Z_0}{Z_l + Z_0} \tag{6-47}$$

由上式可以看出，无耗传输线终端负载 Z_l 决定终端反射系数 Γ_2。由于无耗传输线上任意点的反射系数模值是相同的，所以终端负载 Z_l 决定无耗传输线上反射波的振幅。按照终端负载 Z_l 的性质，传输线上将有 3 种不同的工作状态。

① 当 $Z_l = Z_0$ 时，$\Gamma_2 = 0$，传输线上无反射波，只有入射行波，称为行波状态。

② 当 $Z_l = 0$（终端短路）时，$\Gamma_2 = -1$；当 $Z_l = \infty$（终端开路）时，$\Gamma_2 = 1$；当 $Z_l = \pm jX_l$（终端接纯电抗负载）时，$|\Gamma_2| = 1$。这 3 种情况下，反射波的振幅与入射波的振幅相等，只是相位有差异，入射波的能量被全部反射，负载没有任何吸收。这 3 种情况称为全反射工作状态，即驻波状态。

③ 当 $Z_l = R_l \pm X_l$ 时，$0 < |\Gamma_l| < 1$，入射波能量部分被负载吸收，部分被反射，称为部分反射工作状态，即行驻波状态。

（3）驻波系数和行波系数。上述反射系数是复数，且不便于测量。工程上为测量方便，引入驻波系数的概念。驻波系数也称为电压驻波比（voltage standing wave ratio，VSWR），用 ρ 表示。

定义传输线上相邻的波腹点与波谷点的电压振幅之比为电压驻波比，用 VSWR 或 ρ 表示，简称驻波比，也称电压驻波系数。

$$\text{VSWR（或} \rho\text{）} = \frac{|U_{min}|}{|U_{max}|} \tag{6-48}$$

其倒数为行波系数，用 K 表示，即有

$$K = \frac{1}{\rho} = \frac{|U_{max}|}{|U_{min}|} \tag{6-49}$$

由式（6-40），有

$$
\left.\begin{aligned}
U(z') &= U_2^+ \mathrm{e}^{\gamma z'} + U_2^- \mathrm{e}^{\gamma z'} = U_2^+ \mathrm{e}^{\gamma z'}(1 + \Gamma_2 \mathrm{e}^{-2\gamma z'}) \\
I(z') &= I_2^+ \mathrm{e}^{\gamma z'} + I_2^- \mathrm{e}^{\gamma z'} = I_2^+ \mathrm{e}^{\gamma z'}(1 - \Gamma_2 \mathrm{e}^{-2\gamma z'})
\end{aligned}\right\}
$$

对于无耗传输线，则为

$$
\left.\begin{aligned}
U(z') &= U_2^+ \mathrm{e}^{\mathrm{i}\beta z'}(1 + \Gamma_2 \mathrm{e}^{-\mathrm{i}2\beta z'}) \\
I(z') &= I_2^+ \mathrm{e}^{\mathrm{i}\beta z'}(1 - \Gamma_2 \mathrm{e}^{-\mathrm{j}2\beta z'})
\end{aligned}\right\} \tag{6-50}
$$

由上式可以看出，无耗传输线上不同点的电压和电流振幅是不同的，以线长的 $\lambda/2$ 周期变化。在一个周期内，电压和电流的振幅有最大值和最小值，分别为

$$
|U_{\max}| = |U_2^+|(1 + |\Gamma_2|)
$$

$$
|U_{\min}| = |U_2^+|(1 - |\Gamma_2|)
$$

于是得到

$$
\rho = \frac{1 + |\Gamma_2|}{1 - |\Gamma_2|} \tag{6-51}
$$

或

$$
K = \frac{1 - |\Gamma_2|}{1 + |\Gamma_2|} \tag{6-52}
$$

由上两式可以看出：

① 当 $|\Gamma_2| = 0$，即行波状态时，驻波比 $\rho = 1$，行波系数 $K = 1$。

② 当 $|\Gamma_2| = 1$，即驻波状态时，驻波比 $\rho = \infty$，行波系数 $K = 0$。

③ 当 $0 < |\Gamma_2| < 1$，即行驻波状态时，驻波比 $1 < \rho < \infty$，行波系数 $0 < K < 1$。

6.2.5 传输功率

传输线主要用来传输功率。

由式（6-44）可知，无耗传输线上任意一点的电压和电流为

$$
U(z') = U^+(z')\left[1 + \Gamma(z')\right]
$$

$$
I(z') = I^+(z')\left[1 - \Gamma(z')\right]
$$

因此传输功率为

$$
\begin{aligned}
P(z') &= \frac{1}{2}\mathrm{Re}\left[U(z')\,I^*(z')\right] \\
&= \frac{1}{2}\mathrm{Re}\left\{\frac{|U^+(z')|^2}{Z_0}\left[1 - |\Gamma(z')|^2 + \Gamma(z') - \Gamma^*(z')\right]\right\}
\end{aligned}
$$

式中，$\Gamma(z') - \Gamma^*(z')$ 为虚数，因此可以写成

$$
P(z') = \frac{|U^+(z')|^2}{2Z_0}\left[1 - |\Gamma(z')|^2\right] = P^+(z') - P^-(z') \tag{6-53}
$$

式中：$P^+(z')$ 和 $P^-(z')$ 分别表示通过点 z' 处的入射波功率和反射波功率。

式（6-53）表明，无耗传输线上通过任意点的传输功率等于该点的入射波功率与反射波功率之差。对于无耗传输线，通过线上任意点的传输功率都是相同的。为简便起见，在电压波腹点（也即电流波谷点）处计算传输功率，即

$$P(z') = \frac{1}{2}|U|_{\max}|I|_{\min} = \frac{1}{2}\frac{|U|_{\max}^2}{Z_0}K \qquad (6-54)$$

式中，$|U|_{\max}$ 取决于传输线间的击穿电压 U_{br}，在不发生击穿的前提下，传输线允许传输的最大功率为传输线的功率容量，其值为

$$P_{br} = \frac{1}{2}\frac{|U_{br}|^2}{Z_0}K \qquad (6-55)$$

可见，传输线的功率容量与行波系数有关，K 越大，功率容量就越大。

6.3 均匀无耗传输线工作状态分析

传输线的工作状态是指沿线电压、电流和阻抗的分布规律。传输线的工作状态有 3 种，即行波状态、驻波状态和行驻波状态，它主要取决于终端所接负载阻抗的大小和性质。由于讨论限于高频或微波波段，而且传输线一般不长，所以可以把传输线当作无耗传输线来处理。

对于无耗传输线，有

$$\alpha = 0, \quad \beta = \omega\sqrt{LC}, \quad \gamma = \mathrm{j}\beta, \quad Z_0 = \sqrt{L/C}$$

6.3.1 行波工作状态

由式（6-9）可以看出，当 $\dfrac{U_2 - I_2 Z_0}{2}\mathrm{e}^{-\gamma z'}$ 和 $\dfrac{U_2 - I_2 Z_0}{2Z_0}\mathrm{e}^{-\gamma z'}$ 都等于 0 时，就可以得到无反射情况。为此，有两种情况：① $\mathrm{e}^{-\gamma z'} = 0$，也即 $z' \to \infty$，这便是无限长传输线的情况。② $U_2 - I_2 Z_0 = 0$，此时 $Z_l = U_2/I_2 = Z_0$，这便是负载匹配的情况。即当传输线无限长或终端负载匹配时，传输线上只有入射波，没有反射波，处于行波工作状态。此时，由式（6-12）可得沿线电压和电流的表示式为

$$\left.\begin{array}{l} U(z) = \dfrac{U_1 + I_1 Z_0}{2}\mathrm{e}^{-\mathrm{j}\beta z} = U_1^+ \mathrm{e}^{-\mathrm{j}\beta z} = |U_1^+|\mathrm{e}^{\mathrm{j}z(\varphi_0 - \beta z)} \\[3mm] I(z) = \dfrac{U_1 + I_1 Z_0}{2Z_0}\mathrm{e}^{-\mathrm{j}\beta z} = I_1^+ \mathrm{e}^{-\mathrm{j}\beta z} = |I_1^+|\mathrm{e}^{\mathrm{j}z(\varphi_0 - \beta z)} \end{array}\right\} \qquad (6-56)$$

式中：$U_1^+ = |U_1^+|\mathrm{e}^{\mathrm{j}\varphi_0}$，$I_1^+ = |I_1^+|\mathrm{e}^{\mathrm{j}\varphi_0}$。可见，在行波状态下，沿线各点电压和电流的振幅不变。

电压和电流的瞬时值为

$$u(z,t)=\left|U_1^+\right|\cos\left(\omega t-\beta z+\varphi_0\right)$$
$$i(z,t)=\left|I_1^+\right|\cos\left(\omega t-\beta z+\varphi_0\right)$$

（6-57）

由上式可以看出，当 t 一定时，沿线电压和电流的瞬时值呈余弦分布。在同一时刻，电压和电流的相位随 z 的增加连续滞后。此时，线上电压和电流同相，同时达到最大值，同时达到最小值。这是行波前进的必然结果。

由式（6-56）可得沿线任一点的输入阻抗为

$$Z_{\text{in}}(z)=\frac{U(z)}{I(z)}=Z_0$$

（6-58）

沿线任一点的输入阻抗均为特性阻抗 Z_0，为一常数。

上面分析了无耗传输线上波的行波状态，行波有 3 个特点：①沿线各点电压和电流的振幅不变。②电压和电流的相位随 z 的增加连续滞后。③沿线各点的输入阻抗均等于特性阻抗。

6.3.2　驻波工作状态

由 6.2 节分析得到，当传输线终端短路、开路或接纯电抗负载时，将产生全反射，传输线工作于驻波状态。下面分析这 3 种情况下的驻波特性。

（1）终端短路。当终端短路时，$Z_l=0$，由式（6-47）可得终端反射系数 $\Gamma_2=-1$。由式（6-50）可得沿线电压和电流为

$$U(z')=\text{j}2U_2^+\sin\beta z'$$
$$I(z')=\frac{2U_2^+}{Z_0}\cos\beta z'$$

（6-59）

令

$$U_2^+=\left|U_2^+\right|\text{e}^{\text{j}\varphi_2},\ \ I_2^+=\left|I_2^+\right|\text{e}^{\text{j}\varphi_2}$$

可得沿线电压和电流的瞬时值为

$$u(z',t)=2\left|U_2^+\right|\sin\left(\beta z'\right)\cos\left(\omega t+\varphi_2+\frac{\pi}{2}\right)$$
$$i(z',t)=\frac{2\left|U_2^+\right|}{Z_0}\cos\left(\beta z'\right)\cos\left(\omega t+\varphi_2\right)$$

（6-60）

沿线电压和电流的振幅值为

$$\left|U(z')\right|=2\left|U_2^+\right|\left|\sin\left(\beta z'\right)\right|$$
$$\left|I(z')\right|=\frac{2\left|U_2^+\right|}{Z_0}\left|\cos\left(\beta z'\right)\right|$$

（6-61）

（2）终端开路。当终端开路时，$Z_l=\infty$，由式（6-47）可得终端反射系数 $\Gamma_2=1$。由式（6-50）可得沿线电压和电流为

$$U(z') = 2U_2^+ \cos \beta z'$$
$$I(z') = \mathrm{j} \frac{2U_2^+}{Z_0} \sin \beta z'$$

（6-62）

由上式可以得到终端开路线的输入阻抗为

$$Z_{in}(z') = -\mathrm{j} Z_0 \cot \beta z'$$

（6-63）

（3）终端接纯电抗负载。当终端接纯电抗负载时，因为 $Z_l = \pm \mathrm{j} X_l$，所以 $|-\Gamma_2| = 1$。在这种情况下，也要产生全反射而形成驻波。与短路线和开路线不同的是，这时 Γ_2 为一复数，终端不再是电压波腹点或电压波谷点，而是有一段相移。由上面的分析可以知道，短路线和开路线的输入阻抗都是纯电抗，因而任何电抗都可以用一段适当长度的短路线或开路线来等效，这样就可以用延长一段长度的短路线或开路线分析终端接纯电抗负载的传输线。这个方法叫作延长线段法。

如果负载为纯感抗，即 $Z_l = \mathrm{j} X_l$，则可用一段小于 $\lambda/4$ 的短路线等效此感抗，其长度为

$$l_{e0} = \frac{\lambda}{2\pi} \arctan \frac{X_l}{Z_0}$$

（6-64）

如果负载为纯容抗，即 $Z_l = -\mathrm{j} X_l$，则可用一段小于 $\lambda/4$ 的开路线等效此容抗，其长度为

$$l_{e\infty} = \frac{\lambda}{2\pi} \operatorname{arccot} \frac{X_l}{Z_0}$$

（6-65）

6.3.3 行驻波工作状态

当均匀无耗传输线的终端负载为上面以外的情况时，信号源给出的能量一部分被负载吸收，另一部分被负载反射，从而产生部分反射而形成行驻波。

当负载为 $Z_l = R_l \pm \mathrm{j} X_l$ 时，终端反射系数为

$$\Gamma_2 = \frac{Z_l - Z_0}{Z_l + Z_0} = \frac{R_l \pm \mathrm{j} X_l - Z_0}{R_l \pm \mathrm{j} X_l + Z_0} = |\Gamma_2| \mathrm{e}^{\pm \mathrm{j} \varphi_2}$$

其中

$$|\Gamma_2| = \sqrt{\frac{(R_l - Z_0)^2 + X_l^2}{(R_l + Z_0)^2 + X_l^2}} < 1$$

$$\varphi_2 = \arctan \frac{2 X_l Z_0}{R_l^2 + X_l^2 - Z_0^2}$$

沿线的电压和电流为

$$U(z') = U_2^+ \mathrm{e}^{\mathrm{j}\beta z'} \left[1 + |\Gamma_2| \mathrm{e}^{\mathrm{j}(\varphi_2 - 2\beta z')} \right]$$
$$I(z') = I_2^+ \mathrm{e}^{\mathrm{j}\beta z'} \left[1 - |\Gamma_2| \mathrm{e}^{\mathrm{j}(\varphi_2 - 2\beta z')} \right]$$

（6-66）

6.4 有耗传输线

前面讨论的传输线忽略了传输线的损耗，实际使用的传输线都具有一定的损耗，称为有耗传输线。

传输线的损耗包括导体损耗、介质损耗和辐射损耗。对于有耗传输线，因为传输线上的损耗较大，即使观察一个波长的电压、电流和阻抗分布，也不能忽略损耗的影响。

有耗传输线和无耗传输线一样，传输线上也有入射波和反射波，不同之处在于，由于传输线有损耗，入射波和反射波的振幅将沿各自的传播方向按指数规律衰减，其衰减的快慢取决于衰减常数 α。

6.4.1 有耗传输线的参数，以及电压、电流和阻抗的分布

（1）有耗传输线的参数。由式（6-5）可得传播常数的一般表达式为

$$\left.\begin{aligned}
\gamma &= \sqrt{(R+\mathrm{j}\omega L)(G+\mathrm{j}\omega C)} = \alpha+\mathrm{j}\beta \\
\alpha &= \sqrt{\frac{1}{2}\left[(RG-\omega^2 LC)+\sqrt{(R^2+\omega^2 L^2)(G^2+\omega^2 C^2)}\right]} \\
\beta &= \sqrt{\frac{1}{2}\left[(\omega^2 LC-RG)+\sqrt{(R^2+\omega^2 L^2)(G^2+\omega^2 C^2)}\right]}
\end{aligned}\right\} \tag{6-67}$$

上式中，衰减常数 α 是频率的函数，这是因为集肤效应使频率升高时分布电阻加大。同时，相位常数 β 也是频率的函数，又因相速度 $v_p = \omega/\beta$，所以在有耗传输线中，相速度也是频率的函数。这一点与均匀无耗传输线是不同的，均匀无耗传输线的相速度 v_p 只与介质的 ε 和 μ 有关。相速度 v_p 是频率的函数，说明有耗传输线是有色散特性的。

由式（6-7）可得有耗传输线特性阻抗的一般公式为

$$Z_0 = \sqrt{\frac{R+\mathrm{j}\omega L}{G+\mathrm{j}\omega C}} = \sqrt{\frac{L}{C}}\left(1-\mathrm{j}\frac{R}{\omega L}\right)^{1/2}\left(1-\mathrm{j}\frac{G}{\omega C}\right)^{1/2} \tag{6-68}$$

（2）有耗传输线的电压、电流和阻抗分布。由式（6-40）可得有耗传输线上的电压和电流为

$$\left.\begin{aligned}
U(z') &= U_2^+ \mathrm{e}^{\gamma z'}\left[1+\Gamma_2 \mathrm{e}^{2\gamma z'}\right] \\
I(z') &= I_2^+ \mathrm{e}^{\gamma z'}\left[1-\Gamma_2 \mathrm{e}^{2\gamma z'}\right]
\end{aligned}\right\} \tag{6-69}$$

由此可得沿线电压和电流的行驻波最大值和最小值为

$$\left.\begin{aligned}
\left|U(z')\right|_{\max} &= \left|U_2^+\right|\mathrm{e}^{\alpha z'}(1+\left|\Gamma_2\right|\mathrm{e}^{-2\alpha z'}) \\
\left|U(z')\right|_{\min} &= \left|U_2^+\right|\mathrm{e}^{\alpha z'}(1-\left|\Gamma_2\right|\mathrm{e}^{-2\alpha z'}) \\
\left|I(z')\right|_{\max} &= \left|I_2^+\right|\mathrm{e}^{\alpha z'}(1+\left|\Gamma_2\right|\mathrm{e}^{-2\alpha z'}) \\
\left|I(z')\right|_{\min} &= \left|I_2^+\right|\mathrm{e}^{\alpha z'}(1-\left|\Gamma_2\right|\mathrm{e}^{-2\alpha z'})
\end{aligned}\right\} \tag{6-70}$$

由上式可见，有耗传输线上电压和电流的行驻波的最大值和最小值是位置的函数。这与无耗传输线的情况不同。

由式（6-10）可得有耗传输线上任一点的输入阻抗为

$$Z_{in}(z') = Z_0 \frac{Z_l + Z_0 \tanh\gamma d}{Z_0 + Z_l \tanh\gamma d} \tag{6-71}$$

① 当终端开路时，有

$$\left.\begin{array}{l} U(z') = 2U_2^+ \cosh\gamma z' \\ I(z') = 2I_2^+ \sinh\gamma z' \\ Z_{in}(z') = Z_0 \coth\gamma z' \end{array}\right\} \tag{6-72}$$

② 当终端短路时，有

$$\left.\begin{array}{l} U(z') = 2U_2^+ \sinh\gamma z' \\ I(z') = 2I_2^+ \cosh\gamma z' \\ Z_{in}(z') = Z_0 \tanh\gamma z' \end{array}\right\} \tag{6-73}$$

由上两式可以看出，短路有耗传输线上的电压和电流分布曲线与开路有耗传输线上的电流和电压分布曲线是一样的。

6.4.2 传输功率和效率

（1）传输功率。假定信号源匹配，则信号源传输给负载的功率有 3 种情况。

① 负载匹配情况。此时负载无反射功率，由式（6-53）可得，信号源传输给负载的功率为

$$P(z') = \frac{1}{2} \frac{\left|U_2^+\right|^2}{Z_0} \tag{6-74}$$

② 负载失配无耗传输线情况。此时负载有反射功率，由式（6-53）可得，信号源传输给负载的功率为

$$P(z') = \frac{1}{2} \frac{\left|U_2^+\right|^2}{Z_0}\left[1 - \left|\Gamma(z')\right|^2\right] = P^+(z') - P^-(z')$$

表明此时负载吸收的功率等于入射功率减去反射功率。

失配无耗传输线的传输功率还可以用行波系数来表示。由式（6-54）可以得到信号源传输给负载的功率为

$$P(z') = \frac{1}{2} \frac{\left|U_{max}\right|^2}{Z_0} K$$

③ 负载失配有耗传输线情况。此时负载有反射功率，信号源传输给负载的功率为

$$P(z') = \operatorname{Re}\frac{1}{2}\left[U(z') I^*(z')\right] = \frac{1}{2} \frac{\left|U_2^+\right|^2}{Z_0}\left(e^{2az'} - \left|\Gamma_2\right|^2 e^{-2az'}\right) \tag{6-75}$$

（2）回波损耗。回波损耗又称为反射波损耗，用 L_r 表示，其定义为

$$L_r = 10 \log \frac{P^+}{P^-} \text{dB} = 10 \log \frac{1}{|\Gamma_2|^2} \text{dB} = -20 \log |\Gamma_2| \text{dB} \tag{6-76}$$

由上式得到，负载匹配（$\Gamma = 0$）时，回波损耗为 ∞ dB，表示无反射波功率；全反射（$|\Gamma|$ $=1$）时，回波损耗为 0 dB，表示全部入射功率被反射。

回波损耗概念仅用于信号源匹配时。

（3）传输效率。传输效率 η 定义为负载吸收功率与传输线输入功率之比。

负载吸收的功率为

$$P_l = \frac{\left|U_2^+\right|^2}{2Z_0}(1-|\Gamma_2|^2) \tag{6-77}$$

由上两式可以得到

$$\eta = \frac{1-|\Gamma_2|^2}{e^{2\alpha l}-|\Gamma_2|^2 e^{-2\alpha l}} \tag{6-78}$$

式中：l 为传输线长。

习　题

1. 长线和短线的区别在于：前者为_____参数电路，后者为_____参数电路。

2. 均匀无耗传输线工作状态分三种：（1）_____（2）_____（3）_____。

3. 和微波传输系统的阻抗匹配分为两种：_____和_____。阻抗匹配的方法中最基本的是采用和_____作为匹配网络。

4. 表征微波网络的参量有：_____、_____、_____、_____。

5. 传输线的工作状态是指沿线电压、电流及阻抗的分布规律。对于均匀无耗传输线，根据终端所接负载阻抗的大小和性质的不同，其工作状态分为三种：_____、_____、_____状态。

6. 均匀无耗传输线的特性阻抗为_____，终端负载获得最大功率时，负载阻抗_____。

7. 已知一传输 TEM 模的均匀无耗传输线的 $Z_0 = 50\ \Omega$，终端负载 $Z_L = (30+40\text{j})$，求：

（1）沿线驻波比 ρ；

（2）沿线电压反射系数 $\Gamma(z)$；

（3）求距终端 $l = \frac{3}{8}\lambda$ 的输入阻抗 $Z_{\text{in}}(l)$ 及反射系数 $\Gamma(l)$。

8. 一空气介质无耗传输线上传输频率为 3 GHz 的信号，已知其特性阻抗 $Z_0 = 75\ \Omega$，终端接有 $Z_L = 75\ \Omega$ 的负载。求：

（1）线上驻波比 ρ；

（2）沿线电压反射系数 $\Gamma(z)$；

（3）距离终端 $l = 12.5\,\mathrm{cm}$ 处的输入阻抗 $Z_{\mathrm{in}}(l)$ 和电压反射系数 $\Gamma(l)$。

9. 一传输 TEM 的均无传输的性为 $300\,\Omega$，接知负测得 $U_{\max} = 75\,\mathrm{mV}$，$U_{\min} = 25\,\mathrm{mV}$，离负载 0.25λ 处为第一个电压波节点。求：

（1）负载的电压反射系数 Γ_2；

（2）负载的阻抗 Z_L。

10. 如下图所示，无耗传输线电路中 $E_{\mathrm{m}} = 200\,\mathrm{V}$，工作波长 $\lambda = 100\,\mathrm{m}$，特性阻抗 $Z_0 = 100\,\Omega$，负载 $Z_1 = 50\,\Omega$，$Z_2 = 0.5 + \mathrm{j}0.52\,\Omega$。

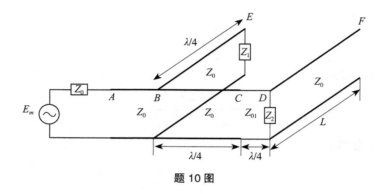

题 10 图

（1）试确定开路线（DF 段）长度 L 和 $\dfrac{\lambda}{4}$ 阻抗变换器（CD 段）的性抗 Z_{01}，使源达到匹配；

（2）求出 BE 段的电驻波比以及电和电源振幅的极值，并画出其分布图；

（3）求负载 Z_2 的吸收率。

11. 求下图所示电路的输入阻抗。

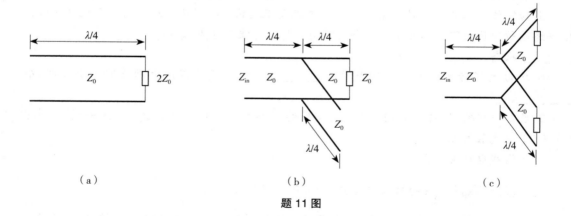

（a） （b） （c）

题 11 图

第 7 章

阻抗匹配与 Smith 圆图

7.1　传输线的阻抗匹配

　　阻抗匹配是微波电路中一个非常重要的概念，是微波系统设计和维护的基本内容之一。一个匹配好的微波系统，能使传输线的工作状态接近于行波状态，系统内部器件间的反射很小，因此提高了传输的效率，保证了功率容量，保证了微波系统工作的稳定性。阻抗匹配通常包含两方面的意义：一是信号源与传输线之间的匹配，要解决的问题是如何从信号源获取最大的功率；二是负载与传输线的匹配，解决的问题是如何消除负载的反射，为此需要利用匹配器。阻抗匹配的重要性主要表现在：①传输相同功率时，线上电压和电流驻波比最小时，功率承受能力最大。②阻抗失配时，信号源工作不稳定，甚至不能正常工作。

　　在选择匹配网络时，考虑的主要因素：①希望选择满足性能指标的最简单设计。较简单的匹配结构价格便宜、可靠、损耗小。②希望在较大的带宽内匹配。③可实现性。④可调整性。

　　传输线的匹配包括两个方面：一是信号源与传输线之间的匹配；二是传输线与负载之间的匹配。

7.1.1　信号源与传输线的匹配

　　（1）共轭匹配。共轭匹配又称功率匹配，当传输线的输入阻抗和信号源的内阻互为共轭值时称为共轭匹配。这是指在传输线某一参考面上向负载方向看，输入阻抗 Z_i 与电源内阻抗 Z_g 互为共轭关系（图 7.1），即

$$Z_i = Z_g^* \tag{7-1}$$

式中：$Z_i = R_i + jX_i$，为传输线的输入阻抗；$Z_g = R_g + jX_g$，为信号源的内阻。当两者共轭匹

配时，满足

$$R_i = R_g, \quad X_i = -X_g \qquad (7-2)$$

在满足上式的共轭匹配条件以后，可以证明信号源输出功率达最大，且在其他参考面也能满足共轭匹配条件。

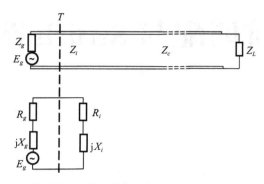

图 7.1　信号源与传输线的共轭匹配和 T 参考面的等效电路

（2）匹配信号源。如果信号源的内阻抗与传输线之间的特性阻抗相等，满足

$$Z_g = Z_c \qquad (7-3)$$

这种与传输线相匹配的信号源被称为"匹配信号源"。此时，传输线的始端对信号源的输出不产生反射，由于无耗传输线的特性阻抗为实数，若负载阻抗与传输线也匹配（$Z_L = Z_c$），在这种特殊的情况下，考虑到传输线各处的输入阻抗均等于特性阻抗 $Z_i(z) = Z_c$，可得

$$Z_i(z) = Z_g^* = Z_c \qquad (7-4)$$

由此可得到一个重要结论：匹配源在负载匹配时输出的最大功率将全部被负载所吸收。一般情况下，实际微波系统达不到此理想匹配情况。为不影响输出功率，需要在微波源后面加接一个隔离器（又称单向器）或去耦衰减器，构成一个等效匹配源，这样可基本上消除源的二次反射。

7.1.2　负载与传输线的匹配

正如前述，当 $Z_L = Z_c$ 时，传输线工作于行波状态，即人们常说的"匹配状态"。此时，负载吸收全部的入射功率。反之 $Z_L \neq Z_c$，时，传输线上存在驻波，有反射现象，而处于"失配状态"。这会影响传输的效率，严重时还会造成微波系统工作不稳定。因此，解决负载与传输线的阻抗匹配问题非常重要。通常在传输线和负载之间加入一个调配器（即匹配网络），使其产生一个新的反射波，以抵消负载的反射。如果调配器前端平面上负载的归化输入阻抗 $Z_i = 1$（或 $Y_i = 1$），则可认为阻抗已匹配好了。例如单并联可变电纳调配器就是个典型例子。除此之外，本节还将介绍另外几种形式的调配器，如 λ/4 阻抗变换器。

λ/4 阻抗变换器是调配器中较为简单而又常用的一种，它利用了传输线理论中一段 λ/4 线段具有阻抗变换的原理。若负载阻抗为纯电阻 R_L，传输线的特性阻抗为 Z_c 且 $R_L \neq Z_c$。则可在传输线和负载之间插入一段长为 λ/4 特性阻抗为 Z_c'（通常是待求的）的传输线段，使得在参考面 T 的输入阻抗与主传输线的特性阻抗相等（图7.2），即 $Z_T = Z_c$，然后利用 λ/4 传输线阻抗变换特性，可得

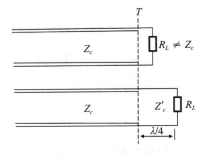

图 7.2　λ/4 阻抗变换器示意图

$$Z_T = \frac{Z_c'^2}{R_L} = Z_c$$

由此可得

$$Z_c' = \sqrt{R_L Z_c} \tag{7-5}$$

当选取合适的 Z_c' 的值，使其满足式（7-5），就可在主传输线上实现匹配。

下面对 λ/4 阻抗变换器作进一步研究。

（1）λ/4 阻抗变换器。上述的阻抗变换器虽然是在负载为纯电阻性条件下推出的，但是也适用于负载为复阻抗时的情况。这时只需将 λ/4 阻抗变换器接入在输入阻抗为实数的参考面上，而不接在终端为复阻抗负载的 Z_L 上即可，而这些实数参考面就是前面介绍过的电压驻波波腹和波节点的位置。因在这些位置上输入阻抗为纯电阻，它们分别为 $R_{\max} = \rho Z_c$，$R_{\min} = \dfrac{Z_c}{\rho} = K Z_c$。可将 λ/4 阻抗变换器接入离负载最近的驻波波节（即驻波相位 $l_{\min, 0}$ 处），该处的纯电阻输入阻抗值可作为等效的负载阻抗来处理。余下的调配过程就和前述的一样。

（2）多级 λ/4 阻抗变换器。对上述 λ/4 阻抗变换器，显然其工作频带很窄，因为它只能在某一特定的频率（即对应某一确定的波长）下才能实现真正意义上的阻抗匹配。为展宽频带可用多个 λ/4 阻抗变换器级联形成多级 λ/4 阻抗变换器。采用多级阶梯式的 1/4 波长变换器进行调配，每一级的长度都等于 1/4 中心工作波长，而各级的特性阻抗是渐变的。由于变换级数的增多，随之阻抗突变的数目增加，参与抵消作用的反射波数目也相应增多，就意味着有可能在许多个频率点上使总反射系数为零，结果拓宽了工作频带。级数愈多，效果愈明显。

7.1.3　传输线的特性参量

（1）特性阻抗。特性阻抗定义：传输线上入射波电压与入射波电流之比。特征阻抗的表达式为

$$Z_0 = \frac{U^+(z)}{I^+(z)} \tag{7-6}$$

计算式为

$$Z_0 = \sqrt{\frac{L_1}{C_1}} \qquad (7-7)$$

（2）相波长和相移常数。相波长定义：传输线上的单向波在同一瞬时相位相差为 2π 的两点间的距离。

$$(\omega t + \beta z_1 + \varphi_A) - (\omega t + \beta z_2 + \varphi_A) = \beta(z_1 - z_2) = 2\pi \qquad (7-8)$$

$$\lambda_p = z_1 - z_2 \qquad (7-9)$$

相移常数定义：每单位长度传输线上单向波相位变化值。表达式为

$$\beta = 2\pi / \lambda_p \qquad (7-10)$$

$$\beta = \omega \sqrt{L_1 C_1} \qquad (7-11)$$

（3）相速度。相速度定义：传输线上单向波等相位面行进的速度。

$$\varphi^+(z,t) = \omega t + \beta z + \varphi_A = \text{Const.} \qquad (7-12)$$

$$d\varphi(z,t) = \omega dt + \beta dz = 0 \qquad (7-13)$$

$$v_p = -\frac{dz}{dt} = \frac{\omega}{\beta} \qquad (7-14)$$

$$v_p = \lambda_p f \qquad (7-15)$$

$$v_p = \frac{1}{\sqrt{L_1 C_1}} \qquad (7-16)$$

$$v_p = \frac{1}{\sqrt{\varepsilon\mu}} = \frac{1}{\sqrt{\varepsilon_0 \varepsilon_r \mu_0 \mu_r}} = \frac{c}{\sqrt{\varepsilon_r \mu_r}} \qquad (7-17)$$

（4）输入阻抗和输入导纳。

输入阻抗定义式为

$$Z_{\text{in}}(z) = U(z) / I(z) \qquad (7-18)$$

计算式为

$$Z_{\text{in}}(z) = Z_0 \frac{Z_L + jZ_0 \tan \beta z}{Z_0 + jZ_L \tan \beta z} \qquad (7-19)$$

输入阻抗物理意义：①输入阻抗是长度为 z 的传输线段和终端负载组成的传输线电路的等效阻抗。②长度为 z 的传输线段起到将 Z_l 变换成 $Z_{\text{in}}(z)$ 作用。

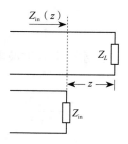

图 7.3　输入阻抗物理意义

输入阻抗具有周期性和倒置性。

$$Z_{\text{in}}\left(z=\frac{\lambda}{2}\right)=Z_L \tag{7-20}$$

$$Z_{\text{in}}\left(z=\frac{\lambda}{4}\right)=\frac{Z_0^2}{Z_L} \tag{7-21}$$

输入导纳定义式为

$$Y_{\text{in}}(z)=1/Z_{\text{in}}=I(z)/U(z) \tag{7-22}$$

计算式为

$$Y_{\text{in}}(z)=Y_0\frac{Y_L+jY_0\tan\beta z}{Y_0+jY_L\tan\beta z} \tag{7-23}$$

（5）反射系数。反射系数定义：均匀无耗传输线上，距负载 z 处的反射波电压与入射波电压之比。反射系数定义式为

$$\Gamma(z)=U^-(z)/U^+(z) \tag{7-24}$$

计算式为

$$\Gamma(z)=\frac{Z_L-Z_0}{Z_L+Z_0}\text{e}^{-j2\beta z}=|\Gamma(z)|\text{e}^{j\varphi_\Gamma(z)} \tag{7-25}$$

$$|\Gamma(z)|=|\Gamma_L|,\ \ \varphi_\Gamma(z)=\varphi_0-2\beta z \tag{7-26}$$

$$\Gamma_L=\Gamma(0)=\frac{Z_L-Z_0}{Z_L+Z_0}=|\Gamma_L|\text{e}^{j\varphi_0} \tag{7-27}$$

（6）驻波比和行波系数。驻波比定义：沿线合成波电压的最大模值与最小模值之比。驻波比定义式为

$$\rho=|U|_{\max}/|U|_{\min} \tag{7-28}$$

计算式为

$$\rho=\frac{1+|\Gamma|}{1-|\Gamma|}\qquad\qquad |\Gamma|=\frac{\rho-1}{\rho+1} \tag{7-29}$$

行波系数定义：驻波比的倒数。行波系数定义式为

$$K=|U|_{\min}|U|_{\max}=1/\rho \tag{7-30}$$

表 7.1　传输线的工作状态与工作参数的关系

工作状态	Z_L	$|\Gamma_L|$	ρ	K	反射情况
行波状态	$Z_L=Z_0$	0		1	无反射
驻波状态	$Z_L=0$、∞ 或 jX_L	1		0	全反射
行驻波状态	$Z_L\neq Z_0$、0、∞、jX_L	$0<|\Gamma_L|<1$	$1<\rho<\infty$	$0<K<1$	部分反射

例 7-1 传输线电路如图 7.4 所示，试求：（1）AA' 点的输入阻抗；（2）B、C、D、E 各点的反射系数；（3）AB、BC、CD、BE 各段的驻波比。

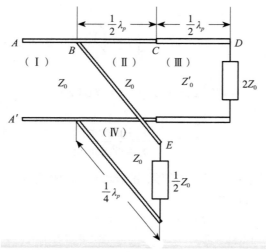

图 7.4 传输线电路图

求解方法：先支路后干线，从负载端向信号源端的次序解题。题中，AB、BC、CD、BE 段都是无耗均匀传输线，通常称 AB 段为主线。

（1）AA' 点的输入阻抗

$$Z_C=2Z_0, \; Z_{BC}=2Z_0, \; Z_{BE}=Z_0^2/(Z_0/2)=2Z_0$$

$$Z_B=Z_{BC}//Z_{BE}=\frac{Z_{BC}Z_{BE}}{Z_{BC}+Z_{BE}}=Z_0, \; Z_A=Z_0$$

（2）B、C、D、E 各点的反射系数

$$\Gamma_D=\frac{Z_D-Z_0'}{Z_D+Z_0'}=\frac{2Z_0-Z_0'}{2Z_0+Z_0'}, \; \Gamma_E=\frac{Z_E-Z_0}{Z_E+Z_0}=\left(\frac{Z_0}{2}-Z_0\right)\bigg/\left(\frac{Z_0}{2}+Z_0\right)=-\frac{1}{3}$$

$$\Gamma_C=\frac{Z_C-Z_0}{Z_C+Z_0}=\frac{2Z_0-Z_0}{2Z_0+Z_0}=\frac{1}{3}, \; \Gamma_B=0$$

（3）AB、BC、CD、BE 各段的驻波比

$$\rho_{AB}=1, \; \rho_{BC}=Z_C/Z_0=2Z_0/Z_0=2$$

$$\rho_{BE}=Z_0/Z_E=Z_0/(Z_0/2)=2$$

$$\rho_{CD}=\begin{cases}Z_D/Z_0'=2Z_0/Z_0', & \text{当 } 2Z_0>Z_0' \\ Z_0'/Z_D=Z_0'/2Z_0, & \text{当 } 2Z_0<Z_0'\end{cases}$$

7.2 有损耗的传输线

前面着重研究的是无损耗的均匀传输线，认为这些传输线是由理想导体和理想介质组成的，电磁波沿线传输时，其幅度保持不变，仅有相位的变化。但实际的传输线中的导体和介质都存在着一定的损耗，其 $G_1 \neq 0$，$R_1 \neq 0$。另外，若传输线上有反射时，还存在反射损耗，传输的效率会降低。电磁波在这种有耗线上传输时，振幅沿传播方向按指数规律衰减。换言之，有耗线上电磁波的传播常数 γ 为复数，即 $\gamma = \alpha + j\beta$。本节主要介绍有损耗线上传输的功率、效率，以及损耗的计算。

7.2.1 有损耗线上传输的功率和效率

对于无损耗传输线有 $R_1 = G_1 = 0$，则 $\gamma = j\omega\sqrt{L_1 C_1} = j\beta(\beta = \omega\sqrt{L_1 C_1})$，此时 $\alpha = 0$。由 $\gamma = \sqrt{Z_1 Y_1} = \sqrt{(R_1 + j\omega L_1)(G_1 + j\omega C_1)} = \alpha + j\beta$，比较此式两边复数的实部和虚部相等，可得

$$\alpha = \sqrt{\frac{1}{2}\left[(R_1 G_1 - \omega^2 L_1 C_1) + \sqrt{(R_1^2 + \omega^2 L_1^2)(G_1^2 + \omega^2 C_1^2)}\right]} \tag{7-31a}$$

$$\beta = \sqrt{\frac{1}{2}\left[(\omega^2 L_1 C_1 - R_1 G_1) + \sqrt{(R_1^2 + \omega^2 L_1^2)(G_1^2 + \omega^2 C_1^2)}\right]} \tag{7-31b}$$

在微波情况下，$R_1 \ll \omega L_1$，$G_1 \ll \omega C_1$，式（7-31）可进一步简化为

$$\gamma = j\omega\sqrt{L_1 C_1}\left[1 - j\frac{R_1}{\omega L_1}\right]^{1/2}\left[1 - j\frac{G_1}{\omega C_1}\right]^{1/2} \approx j\omega\sqrt{L_1 C_1} + \left(\frac{R_1}{2}\sqrt{\frac{C_1}{L_1}} + \frac{G_1}{2}\sqrt{\frac{L_1}{C_1}}\right)$$

由上式可得

$$\alpha = \frac{R_1}{2}\sqrt{\frac{C_1}{L_1}} + \frac{G_1}{2}\sqrt{\frac{L_1}{C_1}} = \frac{R_1}{2Z_c} + \frac{G_1 Z_c}{2} = \alpha_c + \alpha_d \tag{7-32a}$$

$$\beta = \omega\sqrt{L_1 C_1} \tag{7-32b}$$

式中：Z_c 为传输线的特性阻抗，$Z_c = \sqrt{\dfrac{L_1}{C_1}}$。

上式说明有耗传输线的衰减常数有两项：第一项 α_c 与导体电阻损耗有关，可看成由于不是理想导体产生的损耗；第二项 α_d 与线间介质损耗有关。相位仍然与无损耗传输线相同。

在有耗传输线上沿线传输的电压和电流分布为

$$V(z) = Ae^{\gamma z} + Be^{-\gamma z} = Ae^{(a+j\theta)z} + Be^{-(a+j\theta)z} = Ae^{az}e^{j\beta z}(1 + \Gamma_L e^{-2xz}e^{-j2\beta z}) \tag{7-33a}$$

$$I(z) = \frac{A}{Z_c}e^{az}e^{j\beta z}(1 - \Gamma_L e^{-2az}e^{-2j\beta z}) \tag{7-33b}$$

由式（7-33）可求得传输功率为

$$P(z) = \frac{1}{2}\text{Re}\left[VI^*\right] = \frac{1}{2}\frac{|A|^2}{Z_c}e^{2az}(1-|\Gamma_i|^2 e^{-4az}) \tag{7-34}$$

设传输线长度为 l，则有耗长线始端的入射功率为

$$P(l) = \frac{1}{2}\frac{|A|^2}{Z_c}e^{2al}(1-|\Gamma_L|^2 e^{-4al}) \tag{7-35}$$

将 $z=0$ 代入式（7-34），得到负载吸收功率为

$$P(0) = \frac{1}{2}\frac{|A|^2}{Z_e}(1-|\Gamma_L|^2) \tag{7-36}$$

因此，有耗长线传输效率为

$$\eta = \frac{P(0)}{P(l)} = \frac{1-|\Gamma_L|^2}{e^{2al}(1-|\Gamma_L|)^2 e^{-4al}} \tag{7-37}$$

若负载与传输线相匹配，则 $|\Gamma_L|=0$，传输效率为最大，即

$$\eta_{\max} = e^{-2al} \tag{7-38}$$

由此可知，传输线越长，衰减系数越大，传输效率则越低。

7.2.2 传输线损耗

传输线损耗包含有两个方面：一是传输线自身的导体损耗和介质损耗；二是因传输线上存在反射而引起的反射损耗。

（1）导体损耗。导体损耗是由于导体的电导率 σ 为有限值时，在高频电场的作用下产生的电流在导体上流动时所引起的电阻损耗，一般情况下转化为热损耗形式。下面导出由于导体损耗而产生的衰减常数 α_c 计算方法。

当有损耗时，传播常数 $\gamma = \alpha + j\beta$，设波沿 $+z$ 方向传输，其场的振幅按 $e^{-\alpha z}$ 规律衰减，所以传输功率按 $e^{-2\alpha z}$ 规律衰减，即

$$P(z) = P_0 e^{-2\alpha z} \tag{7-39}$$

式中：P_0 为 $z=0$ 始端处的功率，α 是待定的衰减常数。若定义沿线单位长度上的功率损耗为 P_L，则

$$P_L = -\frac{dP}{dz} = 2\alpha P_0 e^{-2\alpha z} = 2\alpha P(z)$$

$$\alpha = \alpha_c = \frac{P_L}{2P(z)} \tag{7-40}$$

由电磁场理论可知

$$P_L = \frac{1}{2}R_s \oint_C |J_s|^2 \cdot dl = \frac{1}{2}R_s \oint_C |H_t|^2 dl \tag{7-41}$$

式中：$R_s = \sqrt{\dfrac{\pi f \mu}{\rho}}$，为导体的表面电阻；$J_s$ 为流过导体表面的面电流密度；H_t 为导体表面

磁场的切向分量；积分 C 为传输线横截面的周界。余下的问题是对通过微波传输线的功率 $P(z)$ 进行计算。这里仍用理想情况下传输的功率来代替，由电磁场理论可知

$$P=\frac{1}{2}\mathrm{Re}\int_S (E_T \times H_T^*)\cdot \mathrm{d}S \qquad (7\text{-}42)$$

式中：E_T、H_T 分别电场和磁场的横向分量（即垂直于传输方向横截面上的电场和磁场），积分对横截面 S 进行。这样对具体的微波传输线而言，在已知场解以后，便可求得导体损耗引起的衰减常数 α_c 值。

（2）介质损耗。介质损耗指在导体周围所填充的介质对电磁波的能量吸收而造成的损耗。介质损耗也包含两个方面：一是在高频场的作用下介质被极化而产生的阻尼作用，具体表现为其介电常数不再是实数而为复数，即 $\varepsilon = \varepsilon' - \mathrm{j}\varepsilon''$；二是由于介质不是理想介质，其电导率不为零而引起的。就宏观而言，不管由哪种因素造成的损耗，都可以用介质的损耗角这一物理量来表描。损耗角 $\tan\delta$ 与电导 G 有如下关系

$$\tan\delta = \frac{G_1}{\omega C_1} \qquad (7\text{-}43)$$

由式（7-43），有

$$\alpha_d = \frac{G_1 Z_c}{2} = \frac{1}{2}G_1\sqrt{\frac{L_1}{C_1}} = \frac{1}{2}\frac{G_1}{\omega C_1}\omega\sqrt{L_1 C_1} = \frac{1}{2}\beta\tan\delta = \frac{1}{2}\left(\frac{2\pi}{\lambda'}\right)\tan\delta \qquad (7\text{-}44)$$
$$= \pi\left(\sqrt{\varepsilon_r}/\lambda\right)\tan\delta\,(\mathrm{Np/m})$$

式中：ε_r 为介质的相对介电常数；$\lambda' = \dfrac{\lambda}{\sqrt{\varepsilon_r}}$，为电磁波在介质中的工作波长。

（3）传输线的功率损耗。传输线的功率损耗定义为始端入射功率与负载吸收的功率之比，即

$$L = 10\log\frac{P(l)}{P(0)} = 10\log\frac{1}{\eta} = 10\log\frac{e^{2al} - |\Gamma_L|^2\,e^{-2al}}{1 - |\Gamma_L|^2}\,(\mathrm{dB}) \qquad (7\text{-}45)$$

上式表明，反射系数和衰减常数都会引起传输功率下降。在行波状态下，式（7-45）为

$$L = 10\lg e^{2al} = 8.686\alpha l$$

因此，行波状态下功率损耗仅与传输距离和衰减常数有关。

7.3　史密斯圆图

史密斯圆图（Smith Chart）是一种辅助图形，用于求解传输线问题，1939 年由 P. Smith 发明。史密斯圆图是用图解的方式计算传输线状态参量（输入阻抗、反射系数、驻波系数和驻波相位）的一种简洁而直观的方法，同时又是微波工程中实现阻抗匹配的有效工具。人们在进行微波测量时，在计算机上用圆图快速地显示出阻抗随频率变化的轨迹，调配设计微波器件方便直观，免除了大量的复数运算。因此，掌握圆图的使用要点尤为重要。本节先介绍史密斯圆图的建立，然后介绍史密斯圆图的特点和应用。

7.3.1　史密斯圆图的组成

在史密斯圆图中，反射系数和阻抗一一对应。史密斯圆图包含两部分，一部分是阻抗史密斯圆图，它由等反射系数圆和阻抗圆图构成；另外一部分是导纳史密斯圆图，它由等反射系数圆和导纳圆图构成。它们共同构成阻抗与导纳圆图。阻抗圆图由电阻和电抗两部分构成，导纳圆图由电导和电纳构成。

（1）等反射系数圆。

在如图 7.5 所示的带负载的传输线电路图中，由长线理论的知识可以得到负载处的反射系数 Γ_0 为：

$$\Gamma_0=\frac{Z_L-Z_0}{Z_L+Z_0}=\Gamma_{0u}+j\Gamma_{0v}=|\Gamma_0|e^{j\theta_L} \tag{7-46}$$

其中 $\theta_L=\arctan(\Gamma_{0v}/\Gamma_{0u})$。

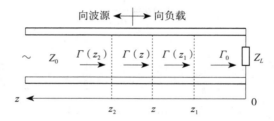

图 7.5　带负载的传输线电路

在离负载距离为 z 处的反射系数 Γ 为：

$$\Gamma=\frac{Z_{in}-Z_0}{Z_{in}+Z_0}=\Gamma_u+j\Gamma_v=|\Gamma_0|e^{j\theta_L}e^{-j2\beta z} \tag{7-47}$$

其中 $|\Gamma_0|=\sqrt{\Gamma_u^2+\Gamma_v^2}$，$\theta_L=\arctan(\Gamma_v/\Gamma_u)$。据此使用极坐标。

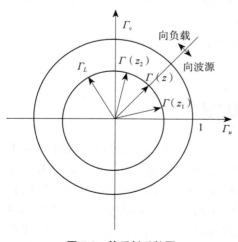

图 7.6　等反射系数圆

当负载和传输线的特征阻抗确定下来之后，传输线上不同位置处的反射系数（$|\Gamma|\leqslant 1$）将不再改变，而变得只是反射系数的辐角；辐角的变化为 $-2\beta\triangle z$，传输线上的位置向负载方向移动时，辐角逆时针转动，向波源方向移动时，辐角向顺时针方向转动，如图 7.6 所示。

传输线上不同位置处的反射系数的辐角变化为 $-2\beta z$，其中传波常数 $\beta=2\pi/\lambda_P$，所以 Γ 是一个周期为 $0.5\lambda_P$ 的周期性函数。

（2）阻抗圆图。

根据传输线理论可以得到如下公式，把阻抗写成反射系数的函数：

$$\tilde{Z}_{in}(z)=\tilde{R}+j\tilde{X}=\frac{1+\Gamma}{1-\Gamma}=\frac{1+\Gamma_u+j\Gamma_v}{1-\Gamma_u-j\Gamma_v} \tag{7-48}$$

将上式写成实部和虚部分开的形式得到

$$\tilde{Z}_{in}(z)=\tilde{R}+j\tilde{X}=\frac{1-\Gamma_u^2-\Gamma_v^2}{(1-\Gamma_u)^2+\Gamma_v^2}+j\frac{2\Gamma_v}{(1-\Gamma_u)^2+\Gamma_v^2} \tag{7-49}$$

实部相等得到

$$\tilde{R}=\frac{1-\Gamma_u^2-\Gamma_v^2}{(1-\Gamma_u)^2+\Gamma_v^2} \tag{7-50}$$

可以进一步化为

$$\left(\Gamma_u-\frac{\tilde{R}}{1+\tilde{R}}\right)^2+\Gamma_v^2=\left(\frac{1}{1+\tilde{R}}\right)^2 \tag{7-51}$$

可见，它是标准圆方程。
同样，虚部相等得到

$$\tilde{X}=\frac{2\Gamma_v}{(1-\Gamma_u)^2+\Gamma_v^2} \tag{7-52}$$

可以进一步转化为标准圆方程形式

$$(\Gamma_u-1)^2+\left(\Gamma_v-\frac{1}{\tilde{X}}\right)^2=\left(\frac{1}{\tilde{X}}\right)^2 \tag{7-53}$$

最后得到了输入阻抗与反射系数一一对应关系。

① 等电阻圆图。将电阻与反射系数的关系在直角坐标系中画出来，便得到了等电阻圆图，如图 7.7 所示。

根据下式

$$\left(\Gamma_u-\frac{\tilde{R}}{1+\tilde{R}}\right)^2+\Gamma_v^2=\left(\frac{1}{1+\tilde{R}}\right)^2 \tag{7-54}$$

取几个 $\tilde{R}$ 值，阻抗圆图中电阻对应的圆心坐标与半径关系如表 7.2 所示。画出它与等反射系数的关系，如图 7.7 所示。

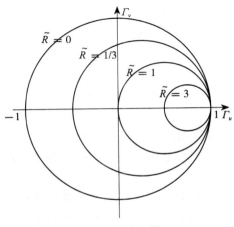

图 7.7 等电阻圆

表 7.2   阻抗圆图中电阻对应的圆心坐标与半径

$\tilde{R}$	0	1/3	1	3	∞
圆心坐标	（0，0）	（1/4，0）	（1/2，0）	（3/4，0）	（1，0）
半径	1	3/4	1/2	1/4	0

②等电抗圆图。将电抗与反射系数的关系在直角坐标系中画出来，便得到了等电阻圆图，如图 7.8 所示。

根据关系式

$$（\Gamma_u-1）^2+\left(\Gamma_v-\frac{1}{\tilde{X}}\right)^2=\left(\frac{1}{\tilde{X}}\right)^2 \tag{7-55}$$

取几个 $\tilde{X}$ 值，得到电抗圆图中电抗对应的圆心坐标与半径如表 7.3 所示。画出它与等反射系数的关系，如图 7.8 所示。

表 7.3   电抗圆图中电抗对应的圆心坐标与半径

$\tilde{X}$	0	1/3	1	3	∞
圆心坐标	（1，∞）	（1，3）	（1，1）	（1，1/3）	（1，0）
半径	∞	3	1	1/3	0

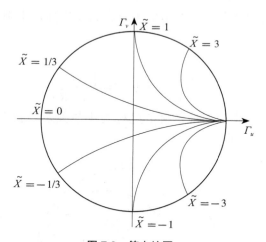

图 7.8   等电抗圆

因为 $|\Gamma| \le 1$，等电抗圆图应该不超出 $|\Gamma|=1$ 范围。

（3）阻抗圆图。将电抗圆图和电阻圆图画在同一个坐标图中就构成了阻抗圆图，如图 7.9 所示。

图中阻抗和反射系数一一对应。阻抗圆图为串联电路提供了较大的便利。为了使并联电路也能够同样方便利用史密斯圆图，下边引出导纳圆图。

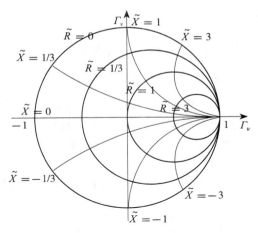

图 7.9　阻抗圆

（4）导纳圆图。根据导纳定义，可以得到以下关系式

$$\tilde{Y}_{\text{in}}(z)=\tilde{G}+\text{j}\tilde{B}=\frac{1}{\tilde{Z}_{\text{in}}(z)}=\frac{1-\Gamma}{1+\Gamma}=\frac{1+\text{e}^{-\text{j}\pi}\Gamma}{1-\text{e}^{-\text{j}\pi}\Gamma} \tag{7-56}$$

将其和输入阻抗与反射系数的式子作对比

$$\tilde{Y}_{\text{in}}(z)=\tilde{G}+\text{j}\tilde{B}=\frac{1+\text{e}^{-\text{j}\pi}\Gamma}{1-\text{e}^{-\text{j}\pi}\Gamma} \tag{7-57}$$

$$\tilde{Z}_{\text{in}}(z)=\tilde{R}+\text{j}\tilde{X}=\frac{1+\Gamma}{1-\Gamma} \tag{7-58}$$

从中可以看出，导纳和反射系数的关系式与阻抗和反射系数的关系式具有相同的形式，不同的仅仅是 $\tilde{Y}_{\text{in}}(z)$ 的反射系数比 $\tilde{Z}_{\text{in}}(z)$ 的反射系数多了一个 $\text{e}^{-\text{j}\pi}$。也就是说，只要将阻抗圆图的复平面逆时针旋转 180° 既得到了导纳圆图，如图 7.10 所示。

（5）阻抗与导纳圆图。图 7.10 表示将阻抗圆图和导纳圆图画在同一个坐标系中就构成了阻抗与导纳圆图。它不仅为串联电路提供了极大的方便，同时也为并联电路提供了便利。

7.3.2　阻抗圆图的特点

（1）所有等电阻圆的圆心都位于实轴 Γ_u 上，且圆心的横坐标与半径之和恒等于 1，等电阻圆簇相切于（1，0）处。$\bar{R}$ 值愈大，则圆愈小；当 $\bar{R}\rightarrow\infty$ 时，对应的圆缩成实轴上的右端点（1，0）。反之，$\bar{R}$ 值

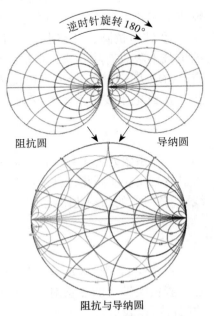

图 7.10　阻抗与导纳圆构成

愈小，则圆愈大；当 $\bar{R}=0$ 时，对应的圆为单位圆。

（2）所有等电抗圆的圆心横坐标均为1，其纵坐标与半径 $\dfrac{1}{|\bar{X}|}$ 相等，电抗圆簇亦相切于实轴上的（1，0）处。$\bar{X}$ 值愈大，则圆愈小；当 $\bar{X}\to\infty$ 时，对应的圆缩成实轴上的右端点（1，0）；反之，$\bar{X}$ 值愈小，则圆愈大；当 $\bar{X}=0$ 时，对应圆半径为 ∞，单位圆的实轴即为无穷大等电抗圆上的一段弧。$\bar{X}=\pm1$ 等电抗圆分别与虚轴 Γ'' 相交于（0，1）点和（0，－1）点。$\bar{X}>0$ 的等电抗圆位于上半平面第一、第二象限；$\bar{X}<0$ 的等电抗圆均位于下半平面第三、第四象限。

（3）阻抗圆图上的一些特殊点、线、面的物理意义如图7.11所示。以下进行简要说明。

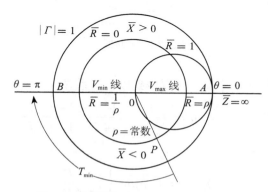

图7.11　阻抗圆图上一些特殊点、线、面

① 匹配点，即阻抗圆图的中心点。中心点 $\Gamma=0$，$\bar{Z}=1$（即 $Z=Z_c$），$\rho=1$，对应传输线工作处于行波状态，因此代表"匹配状态"。

② 纯电抗圆、开路点和短路点。$|\Gamma|=1$ 的单位圆为纯电抗圆，此时 $\rho\to\infty$，此时的负载不吸收有功功率，传输线处于纯驻波状态。其中纯电抗圆与正实轴的交点为开路点，对应 $\Gamma=1$，$\bar{Z}=\infty$；纯电抗圆与负实轴的交点为短路点，对应 $\Gamma=-1$，$\bar{Z}=0$。

③ 纯电阻线是 $\bar{X}=0$，$\bar{Z}=\bar{R}$，即对应单位圆上的实轴。

$$\Gamma'=\frac{\bar{R}-1}{\bar{R}+1}, \quad \Gamma''=0 \tag{7-59}$$

通常反射系数 Γ 为实数。若 $\bar{R}>1$，则 $\Gamma=|\Gamma|=\Gamma'>0$，也就是 Γ 位于正实轴上。此时，入射波与反射波同相，意味着正实轴上的点均对应于电压最大值，称为"最大电压（V_{max}）线"，其对应的归一化阻抗可以表示为

$$\bar{Z}=\bar{R}=\frac{1+|\Gamma|}{1-|\Gamma|}=\rho>1 \tag{7-60}$$

若 $\bar{R}<1$，则 $\Gamma=\Gamma'=-|\Gamma|<0$，也就是 Γ 位于负实轴上，说明入射波与反射波反相，意味着负实轴上的点均对应于电压最小值，称为"最小电压（V_{min}）线"，其对应的归一化阻抗可以表示为

$$\bar{Z}=\bar{R}=\frac{1-|\varGamma|}{1+|\varGamma|}=\frac{1}{\rho}=K<1 \qquad (7-61)$$

由式（7-31）可知，正实轴（即 V_{max} 线）上的归一化电阻值 $\bar{R}$ 在数值上等于相应的驻波系数 ρ，而负实轴（即 V_{min} 线）上的归一化电阻值 $\bar{R}$ 在数值上等于相应驻波系数的倒数 $1/\rho$（或等于相应的行波系数 K）。另外，由于负实轴上的点对应于电压最小值，因此可把 V_{min} 线作为圆图上计算驻波相位 $\bar{l}_{\text{min}}$ 的基准。圆图上任意点所对应的驻波相位应该是通过该点的矢径顺时针方向（即向能源方向）转到与 V_{min} 线重合时所需要转过的电长度。在传输线上参考面若朝负载方向移动，则圆图的转向为逆时针；反之，向信号源方向移动，圆图的转向应为顺时针。

④ 感性与容性半圆。阻抗圆图的上半圆 $X>0$，对应于感抗，称为"感性半圆"；下半圆 $X<0$，为容抗，称为"容性半圆"。两半圆的分界线为实轴即为纯电阻线。

7.3.3 史密斯圆图的应用

史密斯圆图一个最大的特点是 $\tilde{Z}_{\text{in}}(z)$ 与 $\varGamma$ 一一对应，所以它最大一的个应用就是通过 $\tilde{Z}_{\text{in}}(z)(\tilde{Y}_{\text{in}}(z))$ 求 $\varGamma$，或是通过 $\varGamma$ 求 $\tilde{Z}_{\text{in}}(z)$，其中 $\varGamma$ 包含辐值与辐角两部分，$\tilde{Z}_{\text{in}}(z)(\tilde{Y}_{\text{in}}(z))$ 包含电阻与电抗（电导 $\tilde{G}$ 与电纳 $\tilde{B}$）两部分。它在用于求解电路时，又分为两部分，一部分是串联电路，主要用 Z-Smith 圆图求解；另一部分是并联电路，主要用 Y-Smith 圆图求解。下边就从这几个方面举例说明圆图的用法。

例 7-2 已知长线的特性阻抗 $Z_0=50\ \Omega$，终端接负载阻抗 $Z_L=16.7+150\text{j}\ \Omega$，求终端电压反射系数。

① 计算归一化负载阻抗值。

$$\tilde{Z}_L=\frac{Z_L}{Z_0}=\frac{16.7+150\text{j}}{50}=0.33+3\text{j}$$

在阻抗图上找到 $\tilde{R}=0.33$ 和 $\tilde{X}=3$ 两圆的交点 A，A 点即为 $\tilde{z}_L$，在圆图中位置，如图 7.12 所示。

② 确定终端反射系数的模 $|\varGamma_L|$。通过 A 点的反射系数圆与右半段纯电阻线交于 B 点。B 点归一化阻抗 $\tilde{R}=0.72$ 即为驻波比 ρ 值，因此 $|\varGamma_L|$，等于

$$|\varGamma_L|=\frac{\rho-1}{\rho+1}=\frac{36-1}{36+1}=0.94$$

③ 确定终端反射系数的相角 θ。延长射线 OA，即可读得向波源方向的波长数为 0.20，则 θ_L 对应的波长数变化量为

$$\Delta\frac{z}{\lambda}=\left(\frac{z}{\lambda}\right)_B-\left(\frac{z}{\lambda}\right)_A=0.25-0.20=0.05$$

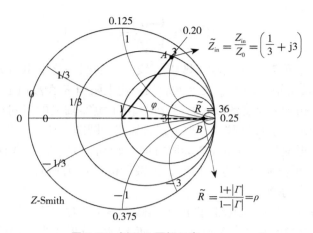

图 7.12 例 7-2 题解示意

对应 θ_L 度数为

$$\theta_L = 360° \times \frac{0.05}{0.50} = 36°$$

故终端电压反射系数为

$$\Gamma_L = 0.94 e^{j36°}$$

例 7-3 电路如图 7.13 所示，终端负载 $Z_L = 10 + j25 \ \Omega$，传输线的特征阻抗 $Z_0 = 50 \ \Omega$，其他参数如电路图中所示。求波源输入端的输入阻抗 Z_{in} 和电压反射系数 Γ_{in}。

下边用 Z-Smith 来解这个问题。

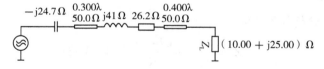

图 7.13 例 7-3 电路

① 为了避免计算归一化阻抗的麻烦，一开始可以设传输线特征阻抗，设为 $Z_0 = 50 \ \Omega$。

② 在 Z-Smith 中找到 $Z_L = 10 + j25 \ \Omega$，如图 7.14 所示点 1 位置。

③ 对于接入的长度为 0.400λ，阻抗为 $Z_0 = 50 \ \Omega$ 的传输线，将点 1 在极坐标中顺时针方向转 $360° \times \dfrac{0.400\lambda}{0.5\lambda} = 288°$，到达点 2，如图 7.14 所示。

④ 对应接入的纯电阻 26.2 Ω，将点 2 在等电抗的圆弧上向电阻增大方向移动，移动增量为 26.2 Ω，到达点 3 位置。

⑤ 对于接入的纯电感 j41 Ω，将点 3 在等电阻的圆弧上向电抗增大的方向移动，移动增量为 41 Ω，至点 4 位置。

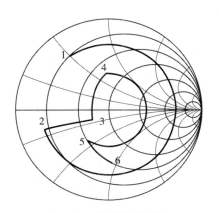

图 7.14　串联电路计算

⑥ 对接入的长度为 0.300λ，阻抗为 $Z_0 = 50\ \Omega$ 的传输线，将点 4 在极坐标中顺时针方向转 $360° \times \dfrac{0.300\lambda}{0.5\lambda} = 216°$，至点 5 位置。

⑦ 对接入的纯电容 $-\mathrm{j}27.4\ \Omega$，将点 5 在等电阻的圆弧上向电抗减小的方向移动，移动增量为 27.4 Ω，至点 6 位置。

⑧ 根据点 6 所在位置就可以读出，输入阻抗 $Z_{\mathrm{in}} = 25.9 - \mathrm{j}46.0\ \Omega$，电压反射系数 $\varGamma_{\mathrm{in}} = 0.58\mathrm{e}^{-\mathrm{j}86.5°}$。

例 7-4　如图 7.15 所示电路，终端负载 $Y_L = 0.004 - \mathrm{j}0.010\ \mathrm{S}$，传输线的特征阻抗 $Z_0 = 50\ \Omega$（$Y_0 = 0.02\ \mathrm{S}$），其他参数如电路图中所示，求波源输入端的输入导纳 Y_{in}（输入阻抗 Z_{in}）和电压反射系数 $\varGamma_{\mathrm{in}}$。

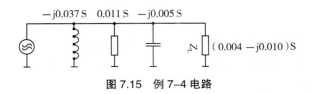

图 7.15　例 7-4 电路

用 Y-Smith 圆图对其进行求解：

① 在图中找到点 $Y_L = 0.004 - \mathrm{j}0.010\ \mathrm{S}$，如图 7.16 中点 1 位置所示。

② 对接入并联电容 $-\mathrm{j}0.005\ \mathrm{S}$，将点 1 在等电导圆的圆弧上向电纳减小的方向移动，移动的增量为 0.005 S，至点 2 位置。

③ 对接入并联电导 0.011 S，将点 2 在等电纳圆的圆弧上向电阻增大的方向移动，移动增量为 0.011 S，至点 3 位置。

④ 对接入并联电感 $-\mathrm{j}0.037\ \mathrm{S}$，将点 3 在等电导圆的圆弧上向电纳减小的方向移动，移动增量为 0.037 S，至点 4 位置。

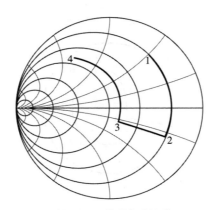

图 7.16　并联电路计算

⑤ 根据点 4 所在位置就可以读出输入导纳为 $Y_{in} = 0.015 - j0.032\,S$（$Z_{in} = 12.3 - j25.2\,\Omega$），电压反射系数 $\Gamma_{in} = 0.67e^{-j124.1°}$。

例 7-5　如图 7.17 所示电路，终端为短路传输线，传输线的特征阻抗 $Z_0 = 50\,\Omega$，其他参数如图所示，求波源输入端的输入阻抗 Z_{in} 和电压反射系数 Γ_{in}。

用 YZ-Smith 圆图对其进行求解：

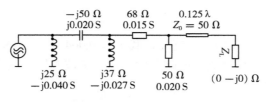

图 7.17　例 7-5 电路

① 在史密斯图中找到点短路点，如图 7.18 中点 1 位置所示。

② 对接入的长为 0.125λ，阻抗为 $Z_0 = 50\,\Omega$ 的传输线，可以将点 1 在极坐标中顺时针方向转 $360° \times \dfrac{0.125\lambda}{0.5\lambda} = 90°$，至点 2 位置。

③ 对接入的并联电导 $0.020\,S$，将点 2 在等电纳圆的圆弧上向电阻增大的方向移动，移动增量为 $0.020\,S$，至点 3 位置。

④ 对接入的串联电阻 $68\,\Omega$，将点 3 在等电抗的圆弧上向电阻增大的方向移动，移动增量为 $68\,\Omega$，至点 4 位置。

⑤ 对接入的并联电感 $-j0.027\,S$，将点 4 在等电导圆的圆弧上向电纳减小的方向移动，移动增量为 $0.027\,S$，至点 5 位置。

⑥ 对接入的串联电容 $-j50\,\Omega$，将点 5 在等电阻的圆弧上向电抗减小的方向移动，移动增量为 $50\,\Omega$，至点 6 位置。

⑦ 对接入的并联电感 $-j0.040\,S$，将点 6 在等电导圆的圆弧上向电纳减小的方向移动，

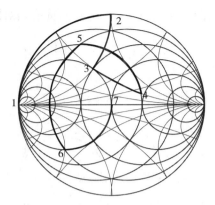

图 7.18 串联和并联电路

移动增量为 0.040 S，至点 7 位置。

⑧ 根据点 7 所在的位置就可以读出输入导纳为 $Y_{in} = 0.020\,S$（$Z_{in} = 50\,\Omega$），电压反射系数 $\Gamma_{in} = 0$。

例 7-6 已知无耗同轴线特性阻抗 $Z_c = 50\,\Omega$，工作波长 $\lambda = 10\,cm$，终端负载电压反射系数 $\Gamma_L = 0.2e^{j50°}$。求：

（1）同轴线中的驻波系数；

（2）电压波腹和波节处的阻抗；

（3）终端负载阻抗 Z_L；

（4）靠近负载第一个电压波腹及波节点离负载的距离。

解：（1）因同轴线是无耗传输线，所以

$$|\Gamma| = |\Gamma_L| = 0.2$$

驻波系数为

$$\rho = \frac{1+|\Gamma|}{1-|\Gamma|} = \frac{1+0.2}{1-0.2} = 1.5$$

可在阻抗圆图上直接求得（参见图 7.19），具体步骤如下：以圆图的中心为圆心，取单位圆长度的 1/5（即 0.2）为半径作一个圆（即等 $|\Gamma|$ 圆），它与正实轴的交点 $\bar{R} = 1.5$，即 $\rho = 1.5$。

（2）上面等 $|\Gamma|$ 圆与单位圆正实轴和负实轴的两个交点的数值分别为归一化的电压波腹和波节处阻抗值，对应图中的 A 点和 C 点

$$\bar{R}_{波腹} = 1.5, \quad \bar{R}_{波节} = 2/3 \approx 0.67$$

而阻抗值

$$R_{波腹} = 50 \times 1.5 = 75\,\Omega$$
$$R_{波节} = 50 \times 0.67 \approx 33.3\,\Omega$$

（3）由已知 $\varGamma_L = 0.2\mathrm{e}^{\mathrm{j}50°}$，可知 $\theta_L = 50°$，将其换算成相对的电长度变化量

$$\nabla \bar{l} = \frac{50°}{360°} \times 0.5 = 0.07$$

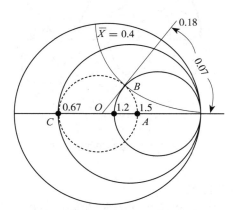

图 7.19　例 7-6 的解题示意

然后从正实轴沿逆时针旋转 0.07 电长度至位于大圆上的 0.18 处，把该点和中心点连接成一矢径，则这矢径与正实轴间的夹角就是 $\theta = 50°$，且矢径与等 $|r|$ 圆的交点 B 即是负载在圆图上的位置，即

$$\bar{Z}_L = \bar{R}_L + \mathrm{j}\bar{X}_L = 1.2 + \mathrm{j}0.4$$
$$Z_L = \bar{Z}_L Z_c = (1.2 + \mathrm{j}0.4) \times 50 = (60 + \mathrm{j}20)\ \Omega$$

（4）由 B 点沿等反射系数圆顺时针转到 A 点变化的长度，对应于第一个电压波腹点到终端负载的距离，记为 $l_{\max}$，得到

$$l_{\max} = 0.07\lambda = 0.07 \times 10 = 0.7\ \mathrm{cm}$$

由 B 点沿等反射系数圆顺时针转到 C 点变化的长度对应于第一个电压波节点到终端负载的距离，记为 $l_{\min}$，得到

$$l_{\min} = (0.07 + 0.25)\lambda = 0.32\lambda = 0.32 \times 10 = 3.2\ \mathrm{cm}$$

史密斯圆图口诀

左导纳与右阻抗，上电感和下电容。阻抗导纳四组切，小圆无穷大圆零串感并容顺时针，阻抗串联导纳并。驻波反射同心圆，小圆行波大无穷解释。

史密斯圆图的左边是导纳圆图，右边是阻抗圆图。上面呈现感性，下面呈现容性。等电阻、等电抗、等电导、等电纳圆分别是四组相切的圆，切点坐标分别为（1，0）和（1，0）。这四组相切的圆，小圆退化成点，代表着阻抗或者导纳无穷大，这时的反射系数为 1 或者 -1。无论阻抗还是导纳圆图的最大圆都代表阻、导、抗、纳为零。

圆图在使用时，串联电感或并联电容的操作，沿着等电阻圆或等电导圆顺时针旋转，而并联电感或串联电容，则逆时针旋转。在串联操作时使用阻抗圆图，在并联操作时使用导纳圆图。

等驻波比圆和等反射系数圆是以匹配点为圆心的同心圆。在匹配点和接近匹配点的小圆时基本处于行波状态，半径越大驻波比越大，反射系数也越大，驻波比最大可以到无穷大，反射系数最大到 1。

习　题

1. 特性阻抗 Z_0 的定义是什么？

2. 无耗传输线的特性阻抗 Z_0 与分布参数的关系是什么？

3. 无耗传输线的特性阻抗 Z_0 与相速 v_p 和单位长分布电容 C_1 的关系是什么？

4. 求无耗传输线的相移常数 β 的计算式。

5. 求 TEM 波相速 v_p 的计算式。

6. 求微波无耗 TEM 波传输线的等效输入阻抗的计算式。

7. 求微波无耗 TEM 波传输线上任意 z' 处反射系数和负载反射系数的计算式。

8. 无耗均匀微波传输线驻波工作的条件是什么？

9. 求无耗均匀微波传输线行波工作时沿线的阻抗分布。

10. 求无耗均匀微波传输线行波工作时负载吸收的功率。

11. 求无耗均匀微波传输线驻波工作的条件。

12. 求无耗均匀微波传输线驻波工作时沿线的阻抗分布。

13. 导纳圆图上短路点、开路点、匹配点分别在反射系数单位圆的什么位置？

14. 导纳圆图上归一化纯电感的感纳、纯电容的容纳分别在反射系数单位圆的什么位置？

第 8 章

波导传输电磁波

在一个实际的射频、微波系统里，传输线是最基本的构成。它不仅起到连接信号的作用，而且传输线本身也可以构成某些元件，如电容、电感、谐振电路、滤波器、天线等。在波导中，设传输方向沿 z 轴方向，传输的电磁波可以根据电场 E 和磁场 H 的纵向分量 E_z、H_z 的存在与否分为三类：如果 $E_z = 0$，$H_z = 0$，则 E、H 完在横截面内，这种波称为横电磁波，简记为 TEM 波，该种波型不能用纵向场法求解；如果 $E_z \neq 0$，$H_z = 0$，则在传播方向只有电场分量，磁场只在横截面内，称为横磁波或电波，简记为 TM 波或 E 波；如果 $E_z = 0$，$H_z \neq 0$，则在传播方向只有磁场分量，电场只在横面内，称为横电波或磁波，简记为 TE 波或 H 波。

8.1 矩形波导

波导是采用金属管传输电磁波的重要导波装置，其管壁通常为铜、铝或者其他金属材料，特点是结构简单、机械强度大。波导内没有内导体，损耗低、功率容量大，电磁能量在波导管内部空间被导引传播，可以防止对外的电磁波泄漏。本节介绍 TM 波和 TE 波在矩形波导中的传播特性。

矩形波导如图 8.1 所示，设传输方向沿 z 轴方向其内壁的宽边和窄边尺寸分别为 a、b，内部填充介质参数为 ε 和 μ 的理想介质，并设其管壁为理想导体。

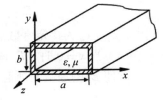

图 8.1 矩形波导

8.1.1 矩形波导中的 TM 波

对于 TM 波，$H_z = 0$，因此只需考虑纵向电场的亥姆霍兹方程，即

$$\nabla^2 E_z + k^2 E_z = 0$$

在均匀波导系统中，设 $E_z(x,y,z) = E_z(x,y)\,\mathrm{e}^{-\gamma z}$，代入上式得

$$\frac{\partial^2}{\partial x^2} E_z(x,y) + \frac{\partial^2}{\partial y^2} E_z(x,y) + k_c^2 E_z(x,y) = 0 \qquad (8-1)$$

式中：$k_c^2 = \gamma^2 + k^2$。由上式求解出纵向电场以后，可求出其他横向场量。矩形波导在传输 TM 波时的边界条件为

$$E_z\big|_{x=0} = 0, \ E_z\big|_{x=a} = 0$$
$$E_z\big|_{y=0} = 0, \ E_z\big|_{y=b} = 0$$

可以利用分离变量法求解偏微分方程式，设 E_z 具有分离变量的形式，即

$$E_z(x,y,z) = X(x)\,Y(y)\,\mathrm{e}^{-\gamma z}$$

将上式代入得

$$Y\frac{\mathrm{d}^2 X}{\mathrm{d}x^2} + X\frac{\mathrm{d}^2 Y}{\mathrm{d}y^2} + k_c^2 XY = 0$$

上式两边除以 XY，并整理得

$$\frac{\dfrac{\mathrm{d}^2 X}{\mathrm{d}x^2}}{X} + \frac{\dfrac{\mathrm{d}^2 Y}{\mathrm{d}y^2}}{Y} = -k_c^2$$

由于 X 和 Y 是互不相关的独立变量，并且对任意 x 和 y 值都成立，因此上式左边的两项应分别等于常数，即

$$\frac{1}{X}\frac{\mathrm{d}^2 X}{\mathrm{d}x^2} = -k_x^2$$
$$\frac{1}{Y}\frac{\mathrm{d}^2 Y}{\mathrm{d}y^2} = -k_y^2$$

其中，$k_c^2 = k_x^2 + k_y^2$ 称为截至波数。考虑到波导在 x 和 y 方向有界，因此，X 和 Y 解的形式为

$$X = c_1 \cos k_x x + c_2 \sinh k_x x$$
$$Y = c_3 \cos k_y y + c_4 \sinh k_y y$$

于是，E_z 的通解为

$$E_z = (c_1 \cos k_x x + c_2 \sin k_x x)(c_3 \cos k_y y + c_4 \sin k_y y)\,\mathrm{e}^{-\gamma z}$$

其中，$c_1 \sim c_4$ 为待定常数。下面利用场的边界条件求解待定常数。

（1）当 $x = 0$ 时，$E_z = 0$。

欲使 E_z 的通解对所有 x 值都成立，则 c_1 应等于零。故有

$$E_z = c_2 \sin k_x x (c_3 \cos k_y y + c_4 \sin k_y y)\,\mathrm{e}^{-\gamma z}$$

（2）当 $y = 0$ 时，$E_z = 0$。

欲使 E_z 的通解对所有 y 值都成立，则 c_3 应等于零。因此

$$E_z = c_2 c_4 \sin k_x x \sin k_y y = E_0 \sin k_x x \sinh k_y y\,\mathrm{e}^{-\gamma z}$$

（3）当 $x=a$ 时，$E_z=0$，故

$$k_x=\frac{m\pi}{a},\ m=1,\ 2,\ 3,\ \cdots$$

（4）当 $y=b$ 时，$E_z=0$，故

$$k_y=\frac{n\pi}{b},\ n=1,\ 2,\ 3,\ \cdots$$

因此得到

$$E_z(x,y,z)=E_0\sin\left(\frac{m\pi}{a}x\right)\sin\left(\frac{n\pi}{b}y\right)e^{-\gamma z} \tag{8-2}$$

其中，E_0 为由激励源决定的电场复振幅，$k_c^2=k^2+\gamma^2=k_x^2+k_y^2=\left(\frac{m\pi}{a}\right)^2+\left(\frac{n\pi}{b}\right)^2$。

考虑到纵向磁场 $H_z(x,\ y,\ z)=0$，得

$$\left.\begin{array}{l}E_x=\dfrac{-\gamma}{k_c^2}\dfrac{\partial E_x}{\partial x}=-\dfrac{\gamma}{k_c^2}\left(\dfrac{m\pi}{a}\right)E_0\cos\left(\dfrac{m\pi}{a}x\right)\sin\left(\dfrac{n\pi}{b}y\right)e^{-\gamma z}\\[3mm]E_y=\dfrac{-\gamma}{k_c^2}\dfrac{\partial E_z}{\partial y}=-\dfrac{\gamma}{k_c^2}\left(\dfrac{n\pi}{b}\right)E_0\sin\left(\dfrac{m\pi}{a}x\right)\cos\left(\dfrac{n\pi}{b}y\right)e^{-\gamma z}\\[3mm]H_x=\dfrac{\mathrm{j}\omega\varepsilon}{k_c^2}\dfrac{\partial E_x}{\partial y}=\dfrac{\mathrm{j}\omega\varepsilon}{k_c^2}\left(\dfrac{n\pi}{b}\right)E_0\sin\left(\dfrac{m\pi}{a}x\right)\cos\left(\dfrac{n\pi}{b}y\right)e^{-\gamma z}\\[3mm]H_y=\dfrac{-\mathrm{j}\omega\varepsilon}{k_c^2}\dfrac{\partial E_z}{\partial x}=\dfrac{-\mathrm{j}\omega\varepsilon}{k_c^2}\left(\dfrac{m\pi}{a}\right)E_0\cos\left(\dfrac{m\pi}{a}x\right)\sin\left(\dfrac{n\pi}{b}y\right)e^{-\gamma z}\end{array}\right\} \tag{8-3}$$

式中，$m=1,\ 2,\ 3,\ \cdots$，$n=1,\ 2,\ 3,\ \cdots$。m 和 n 都不能为零，否则所有场量均为零。

由导波场强的表示式可知，波导中的导波在横截面 $(x,\ y)$ 上的分布呈驻波状态，m、n 值分别代表沿 x 方向、y 方向的半驻波（半周期）个数。每种场分布，即 m、n 的每一种组合代表一个电磁场的模式，称为 TM_{mn} 模。显然，TM_{mn} 模的最低模式为 TM_{11} 模，即其对应的截止波长最长截止频率最低。

若 $\gamma=\mathrm{j}\beta$（β 为实数），则 TM_{mn} 模在 z 方向上为行波分布。此时 $\gamma^2=k_c^2-k^2=-\beta^2<0$，即 $k>k_c$ 时波导中电磁波的 TM_{mn} 模能够沿纵向传播。

若 $\gamma=\mathrm{j}\alpha$（α 为实数），则 TM_{mn} 模在 z 方向上为衰减模，被波导减止。此时 $\gamma^2=k_c^2-k^2=-\alpha^2>0$，即 $k<k_c$ 时 TM_{mn} 模不能传播。

当 $k=k_c$，即 $\gamma=0$ 时为临界情况，波导中也不能传播该种模式的波。因此，k_c 称为截止波数。

根据以上分析可知，矩形波导的截止波数为

$$k_c=\sqrt{\left(\frac{m\pi}{a}\right)^2+\left(\frac{n\pi}{b}\right)^2}$$

相应的截止频率及截止波长为

$$f_c = \frac{k_c}{2\pi\sqrt{\mu\varepsilon}} = \frac{1}{2\pi\sqrt{\mu\varepsilon}}\sqrt{\left(\frac{m\pi}{a}\right)^2 + \left(\frac{n\pi}{b}\right)^2}$$

$$\lambda_c = \frac{2\pi}{k_c} = \frac{2\pi}{\sqrt{\left(\frac{m\pi}{a}\right)^2 + \left(\frac{n\pi}{b}\right)^2}}$$

注意，f_c 不但与矩形波导尺寸和模式参数有关，而且与介质参数有关；而 λ_c 只与矩形波导尺寸和模式参数有关，与介质参数无关。

截止波长、截止频率和截止波数都与电磁波的工作频率 f 无关，它们反映了波导本身的特性。一个具体的电磁波在波导中的传播特性，取决于该电磁波的工作频率、波导的截止频率等波导结构参数。当矩形波导中电磁波的工作频率大于某一模式的截止频率 f_c 时，满足条件的电磁波模式才可以在波导中传播，这个结论也适用于其他结构的金属波导。

8.1.2 矩形波导中的 TE 波

对于 TE 波，$E_z = 0$，因此只需考虑纵向磁场的亥姆霍兹方程，即

$$\nabla^2 H_z + k^2 H_z = 0$$

在均匀波导系统中，同样设 $H_z(x,y,z) = H_z(x,y)\mathrm{e}^{-\gamma z}$，代入上式得

$$\frac{\partial^2}{\partial x^2}H_z(x,y) + \frac{\partial^2}{\partial y^2}H_z(x,y) + k_c^2 H_z(x,y) = 0 \tag{8-4}$$

其中，$k_c^2 = \gamma^2 + k^2$。根据上一章中平面电磁波在理想导体表面的反射特性可知，在金属表面电场出现波节，而磁场出现波腹。因此，在波导管的内壁磁场为波腹并呈现极值点，进而得到矩形波导中传输 TE 波时的边界条件为

$$\frac{\partial H_z}{\partial x}\Big|_{x=0} = 0, \quad \frac{\partial H_z}{\partial x}\Big|_{x=a} = 0$$

$$\frac{\partial H_z}{\partial y}\Big|_{y=0} = 0, \quad \frac{\partial H_z}{\partial y}\Big|_{y=a} = 0$$

与 TM 波的分析类似，设 H_z 具有分离变量的形式，即 $H_z(x,y,z) = X(x)Y(y)\mathrm{e}^{-\gamma z}$，将其代入上式，利用分离变量法并考虑到以上边界条件及波导结构在 x、y 方向上的有界性，得到纵向磁场的解为

$$H_z(x,y,z) = H_0\cos\left(\frac{m\pi}{a}x\right)\cos\left(\frac{n\pi}{b}y\right)\mathrm{e}^{-\gamma z} \tag{8-5}$$

其中，H_0 为由激励源决定的磁场复振幅，$k_c = \sqrt{\left(\frac{m\pi}{a}\right)^2 + \left(\frac{n\pi}{b}\right)^2}$ 为截止波数，$m = 0, 1, 2, 3, \cdots$，$n = 0, 1, 2, 3, \cdots$，但是 m、n 不能同时为零。TE_{mn} 模的截止频率及截止波长为

$$f_c = \frac{k_c}{2\pi\sqrt{\mu\varepsilon}} = \frac{1}{2\pi\sqrt{\mu\varepsilon}} \sqrt{\left(\frac{m\pi}{a}\right)^2 + \left(\frac{n\pi}{b}\right)^2}$$

$$\lambda_c = \frac{2\pi}{k_c} = \frac{2\pi}{\sqrt{\left(\frac{m\pi}{a}\right)^2 + \left(\frac{n\pi}{b}\right)^2}}$$

由于 $a > b$，显然，TE_{10} 模为最低模式，即对应的截止波长最长、截止频率最低。$k > k_c$ 时，波导中的 TE_{mn} 模才能传播，$k \leq k_c$ 时，TE_{mn} 模不能传播，TE_{mn} 模在 x、y 方向上呈驻波分布。TE_{mn} 模的截止参数也只与波导的结构参数有关。TE_{mn} 模与 TM_{mn} 模有相同的截止参数表达式，只不过是 m、n 的起始取值不同。

8.1.3 简并模、主模及单模传输

通过以上对波导的传播模式的分析可知，矩形波导中可以出现各种 TM_{mn} 模和 TE_{mn} 模，以及它们的线性组合。当工作波长小于各种模式的截止波长，或者工作频率大于各种模式的截止频率时，这些模式都是传输模，因而波导中可以形成多模传输。TM_{mn} 模和 TE_{mn} 模的截止波长具有相同的表示式

$$\lambda_{cmn} = \frac{2\pi}{\sqrt{\left(\frac{m\pi}{a}\right)^2 + \left(\frac{n\pi}{b}\right)^2}} \tag{8-6}$$

这种截止波长相同的模称为简并模。例如，TM_{11} 模和 TE_{11} 模，当 $a = 2b$ 时，TE_{20} 模和 TE_{01} 模均为简并模。需要注意的是，虽然简并模的截止波长、相速度等传播特性完全一样，但是两者的场分布不一样。在工程上一般要避免这种现象发生，通常采用的方法是在结构上进行抑制。

由上式可知

$$\lambda_{c10} = 2a, \quad \lambda_{c01} = 2b, \quad \lambda_{c20} = a, \cdots$$

在波导中，截止波长最长或者截止频率最低的模称为主模，其他波型称为高次模。由于矩形波导中通常 $a > b$，故矩形波导的主模是 TE_{10} 模。

对于给定尺寸 a 和 b 的波导，设 $a > 2b$，若取不同 m、n 的不同组合，可由式（8-6）得到各种模式的波长之值，当 $a < \lambda < 2a$，即 $\frac{\lambda}{2} < a < \lambda$ 时，矩形波导满足单模传输的条件。当 $0 < \lambda < a$ 时，可以多模传输，为多模区；当 $\lambda \geq 2a$ 时，为截止区。

按截止波长从长到短的顺序，把所有模从低到高堆积起来形成模式分布图，如图 8.2 所示，其中简并模用一个矩形条表示。

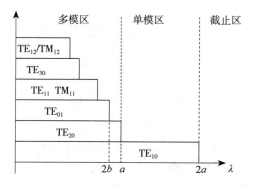

图 8.2　矩形波导模式分布

8.1.4　矩形波导的传播特性参数及传输功率

根据以上分析，截止波长或者截止频率代表了电磁波能否在波导中传播的条件。要使电磁波能够在波导中传播，则必须 $f > f_c$ 或者 $\lambda < \lambda_c$，由此可以得到波导中传输各种模式电磁波的传播特性参数。

传播常数为

$$\gamma = \sqrt{\left(\frac{m\pi}{a}\right)^2 + \left(\frac{n\pi}{b}\right)^2 - \omega^2 \mu\varepsilon} = \mathrm{j}k\sqrt{1 - \left(\frac{f_c}{f}\right)^2} \tag{8-7}$$

相移常数为

$$\beta = \frac{\gamma}{\mathrm{j}} = k\sqrt{1 - \left(\frac{f_c}{f}\right)^2} = k\sqrt{1 - \left(\frac{\lambda}{\lambda_c}\right)^2} \tag{8-8}$$

波导波长为

$$\lambda_g = \frac{2\pi}{\beta} = \frac{\lambda}{\sqrt{1 - \left(\frac{f_c}{f}\right)^2}} = \frac{\lambda}{\sqrt{1 - \left(\frac{\lambda}{\lambda_c}\right)^2}} \tag{8-9}$$

波导波长是指在波导内，沿传播方向某个模式的电磁波相位相差 2π 的两点间的距离。

相速度为

$$v_p = \frac{\omega}{\beta} = \frac{v}{\sqrt{1 - \left(\frac{f_c}{f}\right)^2}} = \frac{v}{\sqrt{1 - \left(\frac{\lambda}{\lambda_c}\right)^2}} \tag{8-10}$$

可见，TM 波和 TE 波的传播速度随频率变化，表现出色散特性。

TM 模和 TE 模的波阻抗 Z_{TM}、Z_{TE} 分别为

$$Z_{\text{TM}}=\frac{E_x}{H_y}=-\frac{E_y}{H_x}=\frac{\gamma}{j\omega\varepsilon}=\eta\sqrt{1-\left(\frac{f_c}{f}\right)^2}=\eta\sqrt{1-\left(\frac{\lambda}{\lambda_c}\right)^2}$$

$$Z_{\text{TE}}=\frac{E_x}{H_y}=-\frac{E_y}{H_x}=\frac{j\omega\mu}{\gamma}=\frac{\eta}{\sqrt{1-\left(\frac{f_c}{f}\right)^2}}=\frac{\eta}{\sqrt{1-\left(\frac{\lambda}{\lambda_c}\right)^2}} \Biggr\} \tag{8-11}$$

由上式可知，Z_{TM} 和 Z_{TE} 均为纯虚数，电磁波在矩形波导中被截止而不能传播。但是由于波阻抗呈现为电抗性质，故这种衰减与欧姆损耗不同，它是电磁波在波导之间来回反射的结果，能量并没有损耗。

在行波状态下，波导传输的平均功率可由波导横截上的坡印亭矢量的积分求得，即

$$P=\frac{1}{2}\text{Re}\int_S (E_t \times H_t^*)\, dS=\frac{1}{2Z}\int_S |E_t|^2 dS=\frac{Z}{2}\int_S |H_t|^2 dS$$

$$=\frac{1}{2}\int_0^a\int_0^b (E_xH_y-E_yH_x)\, dxdy \tag{8-12}$$

其中，Z 为波阻抗。由上式可得矩形波导在传输主模 TE_{10} 模时的平均功率为

$$P=\frac{1}{2}\text{Re}\left[\int_0^a\int_0^b E_yH_x^* dxdy\right]=\frac{1}{2Z_{\text{TE}}}\int_0^a\int_0^b E_{10}^2\sin^2\frac{\pi x}{a} dxdy=\frac{ab}{4Z_{\text{TE}}}E_{10}^2$$

因此，传输主模 TE_{10} 模时的功率容量为

$$P_{\text{br}}=\frac{ab}{4Z_{\text{TE}}}E_{\text{br}}^2 \tag{8-13}$$

其中，E_{br} 为击穿电场幅值。波导尺寸越大，频率越高，则容量越大。工程上一般取容许功率为

$$P=\left(\frac{1}{3}\sim\frac{1}{5}\right)P_{\text{br}} \tag{8-14}$$

若为空气填充波导，因为空气的击穿场强为 $30\,\text{kV/cm}$，此时矩形波导的功率容量为

$$P_{\text{br}}=0.6ab\sqrt{1-\left(\frac{\lambda}{2a}\right)^2}\quad(\text{MW})$$

由上式可见，波导 TE_{10} 模的最大传输功率正比于波导横截面面积，而且越接近截止状态，最大传输功率就越小。在环境潮湿的情况下也会减小 E_{br} 从而减小最大传输功率；并且驻波越大，最大传输功率越小。最大传输功率还与波导内部表面平整度有关，表面越粗糙，最大传输功率越小。因此，一般实际波导最大传输功率只有理论值的 30% ~ 50%。在厘米波段，大约有几百千瓦。

在以上分析中假设波导管壁是理想导体，而实际的金属管壁总是有损耗的，因此，波导中的传输功率可以写成

$$P=P_0 e^{-2\alpha z} \tag{8-15}$$

式中：P_0 为 $z=0$ 处的功率。则单位长度的功率损耗为

$$P_L = \frac{\mathrm{d}P}{\mathrm{d}z} = 2\alpha P$$

所以衰减常数 α 为

$$\alpha = \frac{P_L}{2P} \tag{8-16}$$

考虑到上、下及左、右四个波导管壁，矩形波导单位长度的功率损耗 P_L 还可以表示成

$$P_L = 2\left[\int_0^a \frac{1}{2}|J_1|^2 R_s \mathrm{d}x\right] + 2\left[\int_0^b \frac{1}{2}|J_2|^2 R_s \mathrm{d}y\right] \tag{8-17}$$

其中，J_1、J_2 分别表示波导上、下宽边及左、右窄边上的电流密度，$R_s = \sqrt{\frac{\pi f \mu}{\sigma}}$ 为表面电阻。可以求出衰减常数 α。在矩形波导传输 TE_{10} 模时，其衰减常数为

$$\alpha = \frac{R_s}{\eta b \sqrt{1-\left(\frac{\lambda}{2a}\right)^2}}\left[1 + 2\frac{b}{a}\left(\frac{\lambda}{2a}\right)^2\right] \tag{8-18}$$

在矩形波导设计时，通常要保证在工作频带内只传输一种模式，而且损耗尽可能小，功率容量尽可能大，尺寸尽可能小，制作尽可能简单。

考虑到传输功率的要求，窄边应尽可能大，一般取

$$a = 0.7\lambda, \quad b = (0.4 \sim 0.5)a$$

考虑到损耗因素，波导的工作波长范围为

$$1.05(\lambda_c)_{\mathrm{TE}_{20}} \leqslant \lambda \leqslant 0.8(\lambda_c)_{\mathrm{TE}_{10}}$$

即

$$1.05a < \lambda < 1.6a$$

在波导中存在多模式传输的情况下，如果模式之间相互正交，则它们之间没有能量交换，各个模式的衰减常数可单独计算。如果模式不正交，相互之间有能量耦合，就不能单独直接计算。对每个模式而言，除了导体、介质损耗外，还有模式转换损耗。总之，影响导波衰减的因素有波导材料的电导率、工作频率、波导内壁的光滑度、波导的尺寸、填充媒质的损耗、工作模式等。

例 8-1 波导管壁由黄铜制成，其尺寸为 $a = 1.5\,\mathrm{cm}$，$b = 0.6\,\mathrm{cm}$，电导率 $\sigma = 1.57 \times 10^7\,\mathrm{S/m}$，填充介电常数 $\varepsilon_r = 2.25$，磁导率 $\mu_r = 1.0$ 的聚乙烯介质。设频率为 $10\,\mathrm{GHz}$ 的 TE_{10} 模在矩形波导中传播，试求 TE_{10} 模的如下参数：

（1）波导波长；

（2）相速度；

（3）相移常数；

（4）波阻抗；

（5）波导壁的衰减常数。

解 聚乙烯介质中 TEM 波的波长为

$$\lambda = \frac{c}{\sqrt{\varepsilon_r}\, f} = \frac{3 \times 10^8}{\sqrt{2.25} \times 10^{10}} = 0.02 \text{ m}$$

TE$_{10}$ 模在矩形波导中的截止波长为

$$\lambda_c = \frac{2\pi}{\sqrt{(\pi/a)^2}} = 2a$$

（1）波导波长为

$$\lambda_g = \frac{\lambda}{\sqrt{1 - (\lambda/2a)^2}} = \frac{0.02}{\sqrt{1 - (0.02/0.03)^2}} = 0.026\,8 \text{ (m)}$$

（2）相速度为

$$v_p = \frac{v}{\sqrt{1 - \left(\dfrac{\lambda}{\lambda_c}\right)^2}} = \frac{c}{\sqrt{\varepsilon_r}\sqrt{1 - \left(\dfrac{\lambda}{\lambda_c}\right)^2}} = 2.68 \times 10^8 \text{ (m/s)}$$

或者

$$v_p = f \lambda_g = 2.68 \times 10^8 \text{ (m/s)}$$

（3）相移常数为

$$\beta = k \sqrt{1 - \left(\frac{\lambda}{\lambda_c}\right)^2} = \frac{2\pi}{\lambda_g} = 234 \text{ (rad/m)}$$

（4）波阻抗为

$$Z_{\text{TE}} = \frac{\eta}{\sqrt{1 - \left(\dfrac{\lambda}{\lambda_c}\right)^2}} = \frac{\eta}{\sqrt{\varepsilon_r}} \sqrt{1 - \left(\frac{\lambda}{\lambda_c}\right)^2} = 337.36 \text{ (}\Omega\text{)}$$

（5）波导壁的衰减常数 α 为

$$\alpha = \frac{R_s}{\eta b \sqrt{1 - \left(\dfrac{\lambda}{2a}\right)^2}} \left[1 + 2\frac{b}{a}\left(\frac{\lambda}{2a}\right)^2\right]$$

其中，$R_s = \sqrt{\dfrac{\pi f \mu}{\sigma}} = 0.050\,1\,\Omega$，所以

$$\alpha = 0.052\,6\,(\text{NP}/\text{m}) = 0.465\,7\,(\text{dB}/\text{m})$$

8.2 圆波导

波导截面为圆形的波导称为圆波导。它具有损耗较小和双极化的特性，常用于天线

馈线中，也可作为较远距离的传输线，并广泛用作微波谐振腔。

圆波导的分析方法与矩形波导相似。首先求解纵向场分量 E_z（或 H_z）的波动方程，求出纵向场的通解，并根据边界条件求出它的特解；然后利用横向场与纵向场的关系式，求得所有场分量的表达式；最后根据表达式讨论它的截止特性传输特性和场结构。

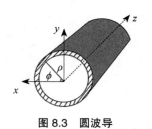

图 8.3　圆波导

由于波导横截面为圆形，故采用圆柱坐标系来分析比较方便。如图 8.3 所示，设波导半径为 a、其内填充电参数为 ε 和 μ 的理想介质。电磁波沿 $+z$ 轴传播，其复数形式为

$$\left.\begin{array}{l} E(\rho,\phi,z) = E(\rho,\phi)\,\mathrm{e}^{-\gamma z} \\ H(\rho,\phi,z) = H(\rho,\phi)\,\mathrm{e}^{-\gamma z} \end{array}\right\}$$

将麦克斯韦方程组式的两个旋度方程在圆柱坐标系中展开，得

$$\frac{1}{\rho}\frac{\partial H_z}{\partial \phi} - \frac{\partial H_\Phi}{\partial z} = \mathrm{j}\omega\varepsilon E_\rho$$

$$\frac{\partial H_\rho}{\partial z} - \frac{\partial H_z}{\partial \rho} = \mathrm{j}\omega\varepsilon E_\phi$$

$$\frac{1}{\rho}\frac{\partial}{\partial \rho}(\rho H_\phi) - \frac{1}{\rho}\frac{\partial H_\rho}{\partial \phi} = \mathrm{j}\omega\varepsilon E_z$$

$$\frac{1}{\rho}\frac{\partial E_z}{\partial \phi} - \frac{\partial E_\phi}{\partial z} = -\mathrm{j}\omega\mu H_\rho$$

$$\frac{\partial E_\rho}{\partial z} - \frac{\partial E_z}{\partial \rho} = -\mathrm{j}\omega\mu H_\phi$$

$$\frac{1}{\rho}\frac{\partial}{\partial \rho}(\rho E_\phi) - \frac{1}{\rho}\frac{\partial E_\rho}{\partial \phi} = -\mathrm{j}\omega\mu H_z$$

可以利用上述公式导出圆波导内场的横向分量与纵向分量的关系式为

$$E_\rho = \frac{-\gamma}{k_c^2}\left(\frac{\partial E_z}{\partial \rho} + \mathrm{j}\frac{\omega\mu}{\gamma\rho}\frac{\partial H_z}{\partial \phi}\right)$$

$$E_\varphi = \frac{\gamma}{k_c^2}\left(-\frac{1}{\rho}\frac{\partial E_z}{\partial \phi} + \mathrm{j}\frac{\omega\mu}{\gamma}\frac{\partial H_z}{\partial \rho}\right)$$

$$H_\rho = \frac{\gamma}{k_c^2}\left(\mathrm{j}\frac{\omega\varepsilon}{\gamma\rho}\frac{\partial E_z}{\partial \phi} - \frac{\partial H_z}{\partial \rho}\right)$$

$$H_\varphi = -\frac{-\gamma}{k_c^2}\left(\mathrm{j}\frac{\omega\varepsilon}{\gamma}\frac{\partial E_z}{\partial \rho} + \frac{1}{\rho}\frac{\partial H_z}{\partial \phi}\right)$$

$$(8\text{-}19)$$

其中，$k_c^2 = k^2 + \gamma^2$。

8.2.1　圆波导中的 TM 波

在圆柱坐标系下，TM 波纵向场量 E_z 满足的亥姆霍兹方程及边界条件如下

$$\begin{cases} \dfrac{\partial^2 E_z}{\partial \rho^2} + \dfrac{1}{\rho}\dfrac{\partial E_z}{\partial \rho} + \dfrac{1}{\rho^2}\dfrac{\partial^2 E_z}{\partial \phi^2} + \dfrac{\partial^2 E_z}{\partial z^2} + k^2 E_z = 0 \\ E_z\big|_{\rho=a} = 0 \end{cases}$$

将 $E(\rho,\phi,z) = E(\rho,\phi)\,\mathrm{e}^{-\gamma z}$ 代入上式得

$$\dfrac{\partial^2 E_z}{\partial \rho^2} + \dfrac{1}{\rho}\dfrac{\partial E_z}{\partial \rho} + \dfrac{1}{\rho^2}\dfrac{\partial^2 E_z}{\partial \phi^2} + k_c^2 E_z = 0$$

利用分离变量法，令 $E_z(\rho,\phi) = R(\rho)\,\Phi(\phi)$，代入上式求解，并考虑边界条件得到本征值，即截至波数为 $k_{cmn} = \dfrac{u_{mn}}{a}$，$m = 0, 1, 2, \cdots$，$n = 1, 2, \cdots$，其中 μ_m 为 m 阶贝塞尔函数 $J_m(k_c a)$ 的第 n 个根。进一步得到 E_z 的解为

$$E_z(r,\phi,z) = \sum_{m=0}^{\infty}\sum_{n=1}^{\infty} E_{mn} J_m\left(\dfrac{u_{mn}}{a}\rho\right)\begin{cases}\cos m\phi \\ \sin m\phi\end{cases}\mathrm{e}^{-\gamma z} \tag{8-20}$$

故得到 TM 波的其他场分量为

$$\left.\begin{aligned} E_z(r,\phi,z) &= \sum_{m=0}^{\infty}\sum_{n=1}^{\infty} \dfrac{-\gamma a}{u_{mn}} E_{mn} J_m'\left(\dfrac{u_{mn}}{a}\rho\right)\begin{cases}\cos m\phi \\ \sin m\phi\end{cases}\mathrm{e}^{-\gamma z} \\ E_\phi(r,\phi,z) &= \pm\sum_{m=0}^{\infty}\sum_{n=1}^{\infty} \dfrac{-\gamma m a^2}{u_{mn}^2 \rho} E_{mn} J_m\left(\dfrac{u_{mn}}{a}\rho\right)\begin{cases}\sin m\phi \\ \cos m\phi\end{cases}\mathrm{e}^{-\gamma z} \\ H_\rho &= \pm\sum_{m=0}^{\infty}\sum_{n=1}^{\infty} \dfrac{-\mathrm{j}\omega\varepsilon m a^2}{u_{mn}^2 \rho} E_{mn} J_m\left(\dfrac{u_{mn}}{a}\rho\right)\begin{cases}\sin m\phi \\ \cos m\phi\end{cases}\mathrm{e}^{-\gamma z} \\ H_\phi &= \sum_{m=0}^{\infty}\sum_{n=1}^{\infty} \dfrac{-\mathrm{j}\omega\varepsilon a}{u_{mn}} E_{mn} J_m'\left(\dfrac{u_{mn}}{a}\rho\right)\begin{cases}\cos m\phi \\ \sin m\phi\end{cases}\mathrm{e}^{-\gamma z} \\ H_z &= 0 \end{aligned}\right\} \tag{8-21}$$

其中 J_m' 为 m 阶第一类贝塞尔函数的导数。

8.2.2　圆波导中的 TM 波

对于 TE 波，$E_z = 0$，$H(\rho,\phi,z) = H(\rho,\phi)\,\mathrm{e}^{-\gamma z}$ 满足的亥姆霍兹方程及边界条件如下

$$\begin{cases} \dfrac{\partial^2 H_z}{\partial \rho^2} + \dfrac{1}{\rho}\dfrac{\partial H_z}{\partial \rho} + \dfrac{1}{\rho^2}\dfrac{\partial^2 H_z}{\partial \phi^2} + k_c^2 H_z = 0 \\ \dfrac{\partial H_z}{\partial \rho}\dfrac{\partial H_z}{\partial \rho}\bigg|_{\rho=a} = 0 \end{cases}$$

求解上式，得到 TE 波的其他诸场分量如下

$$E_\rho = \pm \sum_{m=0}^{\infty} \sum_{n=1}^{\infty} \frac{\mathrm{j}\omega\mu m a^2}{\mu_{mn}'^2 \rho} H_{mn} J_m \left(\frac{u_{mn}'}{a} \rho \right) \begin{Bmatrix} \sin m\phi \\ \cos m\phi \end{Bmatrix} \mathrm{e}^{-\gamma z}$$

$$E_\phi = \sum_{m=0}^{\infty} \sum_{n=1}^{\infty} \frac{\mathrm{j}\omega\mu a}{u_{mn}'} H_{mn} J_m' \left(\frac{u_{mn}'}{a} \rho \right) \begin{Bmatrix} \cos m\phi \\ \sin m\phi \end{Bmatrix} \mathrm{e}^{-\gamma z}$$

$$E_z = 0$$

$$H_\rho = \sum_{m=0}^{\infty} \sum_{n=1}^{\infty} \frac{-\gamma a}{u_{mn}'} H_{mn} J_m' \left(\frac{u_{mn}'}{a} \rho \right) \begin{Bmatrix} \cos m\phi \\ \sin m\phi \end{Bmatrix} \mathrm{e}^{-\gamma z} \qquad (8\text{-}22)$$

$$H_\phi = \pm \sum_{m=0}^{\infty} \sum_{n=1}^{\infty} \frac{\gamma m a^2}{\mu_{mn}'^2 \rho} H_{mn} J_m \left(\frac{u_{mn}'}{a} \rho \right) \begin{Bmatrix} \sin m\phi \\ \cos m\phi \end{Bmatrix} \mathrm{e}^{-\gamma z}$$

$$H_z = \sum_{m=0}^{\infty} \sum_{n=1}^{\infty} H_{mn} J_m \left(\frac{u_{mn}'}{a} \rho \right) \begin{Bmatrix} \cos m\phi \\ \sin m\phi \end{Bmatrix} \mathrm{e}^{-\gamma z}$$

其中，$k_{cmn} = \dfrac{u_{mn}'}{a}$，$m = 0, 1, 2, \cdots, n = 1, 2, \cdots$，为 TE 模截至波数，$u_{mn}'$ 为 m 阶贝塞尔函数一阶导数 $J_m'(k_c a)$ 的第 n 个根。

8.2.3 圆波导的传播特性

设圆波导 TM_{mn} 模和 TE_{mn} 模的截止波数为 k_{cmn}，则对 TM_{mn} 模 $k_{cmn} = \dfrac{u_{mn}}{a}$，$m = 0, 1, 2, \cdots$，$n = 1, 2, \cdots$；对 TE_{mn} 模 $k_{cmn} = \dfrac{u_{mn}'}{a}$，$m = 0, 1, 2, \cdots, n = 1, 2, \cdots$。其截至波长为 $\lambda_c = \dfrac{2\pi}{k_c}$，相应的相移常数、相速度、波导波长分别为

$$\beta = k \sqrt{1 - \left(\frac{f_c}{f} \right)^2}, \quad v_p = \frac{\omega}{\beta} = v \left[1 - \left(\frac{f_c}{f} \right)^2 \right]^{-1/2}, \quad \lambda_g = \frac{v_p}{f} = \lambda \left[1 - \left(\frac{f_c}{f} \right)^2 \right]^{-1/2}$$

TM 模和 TE 模的波阻抗 Z_{TM}、Z_{TE} 分别为

$$Z_{\mathrm{TM}} = \eta \sqrt{1 - \left(\frac{f_c}{f} \right)^2}, \quad Z_{\mathrm{TE}} = \eta \left[1 - \left(\frac{f_c}{f} \right)^2 \right]^{-1/2}$$

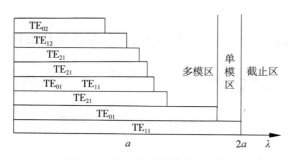

图 8.4 圆波导各模式截至波长分布

圆波导各模式截至波长分布图如图 8.4 所示，当波导半径 a 一定时，各模式的排列顺序不变。圆波导存在多种传播模式，主模是 TE_{11} 模，其单模工作区为 $2.612\,7a < \lambda < 3.412\,6a$，故一般波导半径取 $a = \lambda/3$。

圆波导有两种简并模，一种是 E–H 简并，另一种是极化简并。E–H 简并就是截止波长相同的 E 波和 H 波的简并，

例如 $(\lambda_c)_{TE_{0n}} = (\lambda_c)_{TM_{1n}}$ 时则 TE_{0n} 模与 TM_{1n} 模存在简并。对于同一 TM_{mn} 模和 TE_{mn} 模，在 $m \neq 0$ 时都有两个场结构，它们与 $\sin m\phi$ 和 $\cos m\phi$ 对应并且相互独立，称为极化简并。极化简并是圆波导中特有的现象，可用于制作极化分离器、极化衰减器等。

8.2.4 圆波导的几种主要波形

圆波导中应用较多的是 TE_{11} 模、TE_{01} 模、TM_{01} 模，它们的截止波长分别为 $(\lambda_c)_{TE_{11}} = 3.412\,6a$，$(\lambda_c)_{TE_{01}} = 1.639\,8a$，$(\lambda_c)_{TM_{01}} = 2.612\,7a$。

主模 TE_{11} 的电磁场分布与矩形波导的 TE_{01} 模相似，故可利用矩形波导的 TE_{10} 模通过方圆波导接头变换而成。但是圆波导的 TE_{11} 模带宽较窄，一般不用于中、远距离传输。另外，由于存在极化简并，圆波导的 TE_{11} 模难以实现单模传输，故该模式较少用。

TE_{01} 模为高次模，场结构为轴对称，无极化简并，但与 TM_{11} 模有模式简并。由于波导内壁上只有 H_z 分量，故内壁电流只有 φ 分量而无纵向分量，因此在传输功率一定的情况下其管壁热损耗小，适合在毫米波段用作大容量、长距离传输，还适于高 Q 值谐振腔的工作模式。这种模式又称为低损耗模。

TM_{01} 模虽为高次模，但是它是 TM 模中最低的模式，称为圆对称模。TM_{01} 模的场结构呈轴对称，无极化简并，也没有模式简并。TM_{01} 模常用于旋转连接机构中，但因为不是主模，故在使用中无法抑制 TE_{11} 模。

例 8-2 空气填充的圆波导，其内半径为 $2\,cm$，传输模式为 TE_{01} 模，试求其截止频率；若在波导中填充介电常数为 $\varepsilon_r = 2.1$ 的介质，并保持截止频率不变，问波导的半径应如何选择。

解 圆波导中 TE_{01} 模的截止波长为 $\lambda_c = 1.639\,8a$，当波导内填充空气时，截止频率为

$$f_{c1} = \frac{c}{\lambda_c} = \frac{3 \times 10^8}{1.639\,8 \times 0.02} = 9.147 \times 10^9 \,(\text{Hz})$$

当圆波导中填充 $\varepsilon_r = 2.1$ 的介质时，其截止频率为

$$f_{c2} = \frac{c}{\lambda_c \sqrt{\varepsilon_r}} = \frac{c}{1.639\,8a\sqrt{\varepsilon_r}}$$

因此，当 $f_{c2} = f_{c1} = f_c$ 时

$$a = \frac{c}{1.639\,8 f_c \sqrt{\varepsilon_r}} = \frac{3 \times 10^8}{1.639\,8 \times 9.147 \times 10^9 \times \sqrt{2.1}} \,cm = 1.38\,(\text{cm})$$

8.3 谐振腔

在高频技术中常用谐振腔来产生一定频率的电磁振荡，如信号源、音箱等。谐振腔

是中空的金属腔，由两端短路的波导管封闭而成。电磁波在腔内以某些特定频率振荡，并具有很高的品质因数值。这类有界空间中的电磁波传播问题属于边值问题，其中导体表面边界条件起着重要作用。常见的谐振腔有矩形谐振腔、圆柱形谐振腔、同轴谐振腔等，如图 8.5 所示。在工程中，为了激励（耦合）出所希望的电磁场模式，谐振腔常用的耦合方式有环耦合、探针耦合、孔耦合等。

（a）矩形谐振腔　　　　　（b）圆柱谐振腔　　　　　（c）同轴谐振腔

图 8.5　谐振腔

8.3.1　谐振腔的基本参数

谐振频率 f_0、品质因数 Q_0 是谐振腔的主要基本参数。谐振频率的计算属于本征值问题，即没有激励源，一般用数值方法求解，也可以借助 EDA 等计算电磁学软件求解。矩形谐振腔等规则形状的谐振腔可以利用解析方法求解。为了满足金属波导两边短路的边界条件，腔体长度 l 和波导波长 λ_g 的关系为

$$l = p \frac{\lambda_g}{2}, \ p = 1, \ 2, \ \cdots \tag{8-23}$$

$$\beta = \frac{2\pi}{\lambda_g} = 2\pi \frac{p}{2l} = \frac{p\pi}{l} \tag{8-24}$$

由于 $\gamma^2 + k^2 = k_c^2$，在电磁波模式能够传输的情况下 $\gamma = j\beta$，即 $k^2 = k_c^2 + \beta^2$，故有

$$\omega^2 \mu\varepsilon = \left(\frac{2\pi}{\lambda_c}\right)^2 + \left(\frac{2\pi}{\lambda_g}\right)^2$$

因此，谐振频率为

$$f_0 = \frac{1}{2\pi\sqrt{\mu\varepsilon}} \left[\left(\frac{p\pi}{l}\right)^2 + \left(\frac{2\pi}{\lambda_c}\right)^2 \right]^{1/2} \tag{8-25}$$

由上式可见，不同的模式对应的谐振频率不同，谐振频率与振荡模式、腔体尺寸及腔体填充介质有关。

品质因数 Q_0 定义为

$$Q_0 = 2\pi \frac{W}{W_T} = 2\pi \frac{W}{TP_1} = \omega_0 \frac{W}{P_1} \tag{8-26}$$

式中：W 为系统中谐振腔存储的总电磁能量，即电场储能或者磁场储能的最大值；W_T 为一个周期内谐振腔损耗的能量；P_1 为损耗功率；T 为周期。品质因数 Q_0 表示谐振腔中电磁波谐振可以持续的次数，是衡量谐振腔的频率选择性及能量损耗程度的重要参数。由于

$$W = W_e + W_m = \frac{1}{2} \int_V \mu |H|^2 \, dV = \frac{1}{2} \int_V \varepsilon |E|^2 \, dV$$

$$P = \frac{1}{2} \int_V R_s |J_s|^2 \, dS = \frac{1}{2} R_s \int_V |H_\tau|^2 \, dS$$

式中：R_s 为导体的表面电阻；S 为腔体内整的面积。因此

$$Q_0 = \frac{\mu \omega_0}{R_s} \frac{\int_V |H|^2 dV}{\int_V |H_\tau|^2 dS} = \frac{2}{\delta} \frac{\int_V |H|^2 dV}{\int_V |H_\tau|^2 dS} \tag{8-27}$$

式中：δ 为导体内壁的趋肤深度。不同的模值，Q_0 也不相同。

谐振腔的特点：①多模性，一般有无数个谐振模式及谐振频率；② Q_0 值大，可达几千到几万，远高于低频集中参数谐振电路。

8.3.2　圆谐振腔

圆谐振腔诸场量的分析方法与矩形谐振腔类似，读者可自行推导，这里不再赘述。对于 TE 振荡模式，圆谐振腔的截至波长 $\lambda_c = \dfrac{2\pi a}{u'_{mn}}$，代入得到谐振频率为

$$f_0 = \frac{1}{2\pi\sqrt{\mu\varepsilon}} \left[\left(\frac{p\pi}{l} \right)^2 + \left(\frac{u'_{mn}}{a} \right)^2 \right]^{1/2}$$

其中，当 $l > 2.1a$ 时，TE_{111} 模的振荡频率及品质因数分别为

$$f_0 = \frac{c}{2\pi} \sqrt{\left(\frac{1.841}{a} \right)^2 + \left(\frac{\pi}{l} \right)^2}, \ Q_0 = \frac{\lambda_0}{\delta} \frac{1.03 \left[0.343 - (a/l)^2 \right]}{1 + 5.82(a/l)^2 + 0.86(a/l)^2(1 - a/l)}$$

TE_{011} 振荡模的无载品质因数很高，是 TE_{111} 模 Q 值的 $2 \sim 3$ 倍，因此波长计一般采用 TE_{011} 振荡模。

对于 TM 振荡模式，圆谐振腔的截至波长 $\lambda_c = \dfrac{2\pi a}{u_{mn}}$，代入得到谐振频率为

$$f_0 = \frac{1}{2\pi\sqrt{\mu\varepsilon}} \left[\left(\frac{p\pi}{l} \right)^2 + \left(\frac{u_{mn}}{a} \right)^2 \right]^{1/2}$$

其中，当 $l > 2.1a$ 时，TM_{010} 模的振荡频率及品质因数分别为

$$f_0 = \frac{2.405c}{2\pi a}, \ Q_0 = \frac{\lambda_0}{\delta} \frac{2.405c}{2\pi (1 + a/l)}$$

习　题

1. 空气矩形波导的尺寸 a 为 8 cm，b 为 4 cm，试求频率分别为 3 GHz 和 5 GHz 时，该波导能传输哪些模。

2. 采用 BJ-32 作馈线：

（1）测得波导中传输 TE_{00} 模时相邻两波节点之间的距离为 10.9 cm，求 λ_g 和 λ_0；

（2）设工作波长为 12 cm，求导模的 λ_c、λ_g、v_p 和 v_g。

3. 采用 BJ-100 波导以主模传输 10 GHz 的微波信号：

（1）求 λ_c、λ_g、β 和 Z_w；

（2）若波导宽边尺寸增大一倍，上述各量如何变化？

（3）若波导窄边尺寸增大一倍，上述各量又将如何变化？

4. 直径为 6 cm 的空气圆波导以 TE_{11} 模工作，求频率为 3 GHz 时的 f_c、λ_g 和 Z_w。

5. 尺寸为 $2.286 \times 1.016\ cm^2$ 的矩形波导中要求只传输 TE_{10} 模，求此波导可应用的频率范围计算在此频率范围内的波导波长的变化。

6. 发射机工作波长范围为 7.6~11.8 cm，用矩形波导馈电，计算波导的尺寸和相对频带宽度。

7. 工作波长为 8 cm 的信号用 BJ-320 形波导过渡到传输 TE_{01} 的圆波导并要求两者相速一样，试计算圆波导的直径；若过渡到圆波导后要求传输 TE_{11} 模且相速一样，再计算圆波导的直径。

8. 已知空气填充的形波导尺为 $a = 72.14$ mm，$b = 34.04$ mm。

（1）当工作波长为 $\lambda = 6$ cm 时，问波导中能传输哪些波型？

（2）测得波导中传输 H_{10} 时，相邻地波腹、波节距离为 5.45 cm，求截止波长 λ_c、波导波长 λ_g、工作波长 λ、相位常数 β、相速 v_p、群速 v_g 以及波阻抗 $\eta_{TE_{10}}$。

9. 一空气填充的矩形波导（$a = 22.86$ mm，$b = 10.16$ mm）信号的工作频率为 10 GHz。求：

（1）波导中主模的波导波长 λ_g、相速 v_p 和群速 v_g。

（2）若尺寸不变，工作频率变为 15 GHz，除了主模，还能传输什么模？

10. 设计一个具有 50 Ω 特性阻抗的带状线。接地板间距为 6.3 mm，填充材料为空气，中心导带厚度为 2.5 mm。若频率为 1.65 GHz，求此时带状线的线宽及波导波长。

11. 已知矩形波导的截面尺寸为 $a \times b = 23\ mm \times 10\ mm$，试求当工作波长 $\lambda = 10$ mm 时，波导中能传输哪些波型？$\lambda = 30$ mm 时呢？

12. 矩形波导截面尺寸为 $a \times b = 72\ mm \times 30\ mm$ 波导内充满空气，信号率 3 GHz，试求：

（1）波导中可以传播的模式；

（2）该模式的截止波长 λ_c、波数 β、波导的波长 λ_p、相速 v_p、群速 v_g 及波阻抗。

13. 矩形波导尺寸为 $23\ mm \times 10\ mm$。

（1）当波长为 20 mm，35 mm 时，波导中能传输哪些模？

（2）为保证只传输 TE_{10} 波，其波长范围和频率范围应为多少？

（3）计算 $\lambda = 35.42$ mm 时，λ_g、β 和波阻抗。

第 9 章

微波网络基础

实际微波系统分析中往往不需要了解元件的内部场结构，而只关心它对传输系统工作状态的影响，以及是否能最大限度地传输微波功率等。微波网络是微波系统中一种"化场为路"的分析方法。微波网络正是在分析场分布的基础上，用路的分析方法将微波元件等效为电抗或电阻元件，将实际的导波传输系统等效为传输线，从而将实际的微波元件等效为微波网络。也就是说，当用微波网络研究传输系统时，可以把每个不均匀区（微波元件）看成一个网络，其外特性可用一组网络参量表示。

微波网络理论是微波技术的一个重要分支，在微波技术中得到了广泛的应用。微波网络理论作为解决微波系统问题的方法，包括两个方面的内容，即网络的分析和网络的综合。网络分析是在已掌握网络结构的情况下，分析网络的外部特征。网络综合是根据系统的技术指标，完成对网络的设计。具体地讲，就是把一个复杂的微波系统抽象等效为一个网络模型。

9.1 单口网络

当一段规则传输线端接其他天线元件时，则在连接的端面引起不连续，产生反射。若将参考面选在离不连续面较远的地方，则在参考面 T 左侧的传输线上只存在主模的入射波和反射波，可用等效传输线来表示，而把参考面 T 以右部分作为一个天线网络，把传输线作为该网络的输入端面，这样就构成了单口网络，如图 9.1 所示。

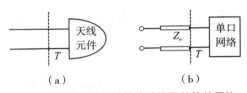

图 9.1 端接天线元件的传输线及其等效网络

155

9.1.1 单口网络的传输特性

令参考面 T 处的电压反射系数为 Γ_1，由均匀传输线理论可知，等效传输线上任意点的反射系数为

$$\Gamma(z) = |\Gamma_1| e^{j(\phi_1 - 2\beta z)} \tag{9-1}$$

而等效传输线上任意点等效电压、电流分别为

$$\left.\begin{aligned} U(z) &= A_1 \left[1 + \Gamma(z) \right] \\ I(z) &= \frac{A_1}{Z_e} \left[1 - \Gamma(z) \right] \end{aligned}\right\} \tag{9-2}$$

式中：Z_e 为等效传输线的等效特性阻抗。传输线上任意一点输入阻抗为

$$Z_{\text{in}}(z) = Z_e \frac{1 + \Gamma(z)}{1 - \Gamma(z)} \tag{9-3}$$

任意点的传输功率为

$$P(z) = \frac{1}{2} \text{Re} \left[U(z) I^*(z) \right] = \frac{|A_1|^2}{2 |Z_e|} \left[1 - |\Gamma(z)|^2 \right] \tag{9-4}$$

9.1.2 归一化电压和电流

由于微波网络比较复杂，因此在分析时通常采用归一化阻抗，即将电路中各个阻抗用特性阻抗归一，与此同时电压和电流也要归一。

一般定义：

$$\left.\begin{aligned} \bar{u} &= \frac{U}{\sqrt{Z_e}} \\ i &= I\sqrt{Z_e} \end{aligned}\right\} \tag{9-5}$$

分别为归一化电压和电流，显然作归一化处理后，电压 u 和电流 i 仍满足

$$P_{\text{in}} = \frac{1}{2} \text{Re} \left[\bar{u} \bar{i}^* \right] = \frac{1}{2} \text{Re} \left[U(z) I^*(z) \right] \tag{9-6}$$

任意点的归一化输入阻抗为

$$\bar{Z}_{\text{in}} = \frac{Z_{\text{in}}}{Z_e} = \frac{1 + \Gamma(z)}{1 - \Gamma(z)} \tag{9-7}$$

于是，单口网络可用传输线理论来分析。

9.2 双端口网络的传输特性

在各种微波网络中，双端口网络是最基本的，任意具有两个端口的微波元件均可视

为双端口网络。在选定的网络参考面上，定义出每个端口的电压和电流后，由于在线性网络中各电压电流之间也是线性的，故选定不同的自变量和因变量，可以得到不同的线性组合。类似于低频双端口网络理论，这些不同变量的线性组合可以用不同的网络参数来描述，主要有阻抗矩阵、导纳矩阵和转移矩阵等。下面分析线性无源双端口网络各端口上电压和电流之间的关系。如图 9.2 所示为双端口网络，端口参考面 T_1 和 T_2 上的电压和电流的方向如图 9.2 所示。

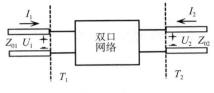

图 9.2 双端口网络

9.2.1 阻抗矩阵

若图 9.2 中参考面 T_1 处的电压和电流分别为 U_1 和 I_1，参考面 T_2 处电压和电流分别为 U_2 和 I_2，连接 T_1 和 T_2 端的等效传输线的等效特性阻抗分别为 Z_{01} 和 Z_{02}。取 I_1 和 I_2 为自变量，U_1 和 U_2 为因变量，线性网络等效电路方程可写为

$$U_1 = Z_{11}I_1 + Z_{12}I_2$$
$$U_2 = Z_{21}I_1 + Z_{22}I_2$$

（9-8）

写成矩阵形式为

$$\begin{bmatrix} U_1 \\ U_2 \end{bmatrix} = \begin{bmatrix} Z_{11} & Z_{12} \\ Z_{21} & Z_{22} \end{bmatrix} \begin{bmatrix} I_1 \\ I_2 \end{bmatrix}$$

（9-9）

或简写为

$$U = Z \cdot I$$

（9-10）

式中：U 为电压列向量；I 为电流列向量；Z 是阻抗矩阵；Z_{11} 和 Z_{22} 分别是端口 1 和 2 的自阻抗；Z_{12} 和 Z_{21} 是端口 1 和 2 的互阻抗。各阻抗参数定义如下：

$Z_{11} = \dfrac{U_1}{I_1}\Big|_{I_2=0}$ 为 T_2 面开路时，端口 1 的输入阻抗。

$Z_{12} = \dfrac{U_1}{I_2}\Big|_{I_1=0}$ 为 T_1 面开路时，端口 2 至端口 1 的转移阻抗。

$Z_{21} = \dfrac{U_1}{I_2}\Big|_{I_2=0}$ 为 T_2 面开路时，端口 1 至端口 2 的转移阻抗。

$Z_{22} = \dfrac{U_2}{I_2}\Big|_{I_1=0}$ 为 T_1 面开路时，端口 2 的输入阻抗。

根据上述定义可知，矩阵 Z 中的各个阻抗参数要使用开路法测量，因此也称为开路阻抗参数，而且如果参考面选择不同，相应的阻抗参数会改变。

若将各端口的电压和电流分别对自身特性阻抗归一化，则有

$$\bar{U}_1 = \frac{U_1}{\sqrt{Z_{01}}}, \quad \bar{I}_1 = I_1\sqrt{Z_{01}}$$

（9-11）

$$\bar{U}_2 = \frac{U_2}{\sqrt{Z_{02}}}, \quad \bar{I}_2 = I_2\sqrt{Z_{02}}$$

整理后得

$$\bar{U}=\bar{Z}\cdot\bar{I} \qquad (9-12)$$

其中：归一化阻抗矩阵
$$\bar{Z}=\begin{bmatrix} \dfrac{Z_{11}}{Z_{01}} & \dfrac{Z_{12}}{\sqrt{Z_{01}Z_{02}}} \\[3mm] \dfrac{Z_{21}}{\sqrt{Z_{01}Z_{02}}} & \dfrac{Z_{22}}{Z_{02}} \end{bmatrix}$$

令 $\bar{Z}_{11}=\dfrac{Z_{11}}{Z_{01}}$，$\bar{Z}_{12}=\dfrac{Z_{12}}{\sqrt{Z_{01}Z_{02}}}$，$\bar{Z}_{21}=\dfrac{Z_{21}}{\sqrt{Z_{01}Z_{02}}}$，$\bar{Z}_{22}=\dfrac{Z_{22}}{Z_{02}}$，则归一化抗阵可写成

$$\bar{Z}=\begin{bmatrix} \bar{Z}_{11} & \bar{Z}_{12} \\ \bar{Z}_{21} & \bar{Z}_{22} \end{bmatrix} \qquad (9-13)$$

这里 $\bar{Z}_{11}$、$\bar{Z}_{12}$、$\bar{Z}_{21}$、$\bar{Z}_{22}$ 是与 Z_{11}、Z_{12}、Z_{21}、Z_{22} 对应的归一化量。由上述分析可见对阻抗参量网络，只要用归一化参量代替原来的参量，则低频网络有关的计算公式便可直接引用到微波网络参数计算中。

如果网络的阻抗参量 $Z_{01}=Z_{02}$，则：对于互易网络，有 $\bar{Z}_{ij}=\bar{Z}_{ji}$；对于对称网络，有 $\bar{Z}_{ii}=\bar{Z}_{jj}$；对于无耗网络，有 $\bar{Z}_{ij}=\pm\bar{X}_{ij}$（纯虚数）。

9.2.2　导纳矩阵

若在双端口网络（如图 9.2 所示）中，取 U_1 和 U_2 为自变量，I_1 和 I_2 为因变量，则可另一组方程为

$$\left.\begin{array}{l} I_1=Y_{11}U_1+Y_{12}U_2 \\ I_2=Y_{21}U_1+Y_{22}U_2 \end{array}\right\} \qquad (9-14)$$

写成矩阵形式

$$\begin{bmatrix} I_1 \\ I_2 \end{bmatrix}=\begin{bmatrix} Y_{11} & Y_{12} \\ Y_{21} & Y_{22} \end{bmatrix}\begin{bmatrix} U_1 \\ U_2 \end{bmatrix} \qquad (9-15)$$

或简写为

$$I=Y\cdot U \qquad (9-16)$$

其中：Y 是双端口网络的导纳矩阵。各参数的物理意义为

$Y_{11}=\dfrac{I_1}{U_1}\Big|_{U_2=0}$ 表示 T_2 面短路时，端口 1 的输入导纳。

$Y_{12}=\dfrac{I_1}{U_2}\Big|_{U_1=0}$ 表示 T_1 面短路时，端口 2 至端口 1 的转移导纳。

$Y_{21}=\dfrac{I_1}{U_2}\Big|_{U_2=0}$ 表示 T_2 面短路时，端口 1 至端口 2 的转移导纳。

$Y_{22} = \dfrac{I_2}{U_2}\Big|_{U_1=0}$ 表示 T_1 面短路时，端口 2 的输入导纳。

由上述定义可见，Y 矩阵中的各参数要使用短路法测量，称这些参数为短路导纳参数。Y_{11} 和 Y_{22} 分别是端口 1 和 2 的自导纳；Y_{12} 和 Y_{21} 分别是端口 1 和 2 的互导纳。

用归一化参量表示为 $\bar{I} = \bar{Y} \cdot \bar{U}$

其中

$$\bar{I}_1 = \frac{I_1}{\sqrt{Y_{01}}}, \quad \bar{U}_1 = U_1\sqrt{Y_{01}}$$

$$\bar{I}_2 = \frac{I_2}{\sqrt{Y_{02}}}, \quad \bar{U}_2 = U_2\sqrt{Y_{02}} \tag{9-17}$$

而归一化导纳矩阵

$$\bar{Y} = \begin{bmatrix} \dfrac{Y_{11}}{Y_{01}} & \dfrac{Y_{12}}{\sqrt{Y_{01}Y_{02}}} \\[3mm] \dfrac{Y_{21}}{\sqrt{Y_{01}Y_{02}}} & \dfrac{Y_{22}}{Y_{02}} \end{bmatrix} \tag{9-18}$$

令 $\bar{Y}_{11} = \dfrac{Y_{11}}{Y_{01}}$，$\bar{Y}_{12} = \dfrac{Y_{12}}{\sqrt{Y_{01}Y_{02}}}$，$\bar{Y}_{21} = \dfrac{Y_{21}}{\sqrt{Y_{01}Y_{02}}}$，$\bar{Y}_{22} = \dfrac{Y_{22}}{Y_{02}}$，则归一化的导纳参量可写成

$$\bar{Y} = \begin{bmatrix} \bar{Y}_{11} & \bar{Y}_{12} \\ \bar{Y}_{21} & \bar{Y}_{22} \end{bmatrix} \tag{9-19}$$

这里 $\bar{Y}_{11}$、$\bar{Y}_{12}$、$\bar{Y}_{21}$、$\bar{Y}_{22}$ 是与 Y_{11}、Y_{12}、Y_{21}、Y_{22} 对应的归一化量。

如果网络互易，则有 $Y_{12} = Y_{21}$；如果网络对称，则有 $Y_{11} = Y_{22}$。也就是说，如果特性导纳 $Y_{0i} = Y_{0j}$，则：对于互易网络，有 $\bar{Y}_{ij} = \bar{Y}_{ji}$；对于对称网络，有 $\bar{Y}_{ii} = \bar{Y}_{jj}$；对于无耗网络，$\bar{Y}_{ij} = \pm b_{ij}$（纯虚数）。

不难证明，对于同一双端口网络阻抗矩阵 Z 和导纳矩阵 Y 有以下关系

$$\left.\begin{array}{l} Z \cdot Y = I \\ Z = Y^{-1} \end{array}\right\} \tag{9-20}$$

式中：I 为单位阵。

9.2.3 转移矩阵

在图 9.2 所示的等效网络中，U_1 和 I_1 是输入量，U_2 和 I_2 是输出量，若规定 I_2 的正方向为流出端口 2，与图中 I_2 的流向相反。把网络的输出（电压 U_2、电流 I_2）作为自变量、输入（电压 U_1、电流 I_1）作为因变量，根据电路原理可以得到另一组线性方程，称作转移参数或 A 参数方程：

$$\begin{array}{l} U_1 = A_{11}U_2 + A_{12}(-I_2) \\ I_1 = A_{21}U_2 + A_{22}(-I_2) \end{array} \tag{9-21}$$

写成矩阵形式有

$$\begin{bmatrix} U_1 \\ I_1 \end{bmatrix} = \begin{bmatrix} A_{11} & A_{12} \\ A_{21} & A_{22} \end{bmatrix} \begin{bmatrix} U_2 \\ -I_2 \end{bmatrix} \tag{9-22}$$

或简写为

$$\Phi_1 = A \cdot \Phi_2 \tag{9-23}$$

其中：$A = \begin{bmatrix} A_{11} & A_{12} \\ A_{21} & A_{22} \end{bmatrix}$ 称为网络的转移矩阵，矩阵中参量的意义如下：

$A_{11} = \dfrac{U_1}{U_2}\Big|_{I_2=0}$，表示 T_2 开路时的电压转移参量。

$A_{12} = \dfrac{U_1}{-I_2}\Big|_{U_2=0}$，表示 T_2 短路时的转移阻抗参量。

$A_{21} = \dfrac{I_1}{U_2}\Big|_{I_2=0}$，表示 T_2 开路时的转移导纳参量。

$A_{22} = \dfrac{I_1}{-I_2}\Big|_{U_2=0}$，表示 T_2 短路时的电流转移参量。

将网络各端口电压、电流对自身特性阻抗归一化后，得

$$\begin{bmatrix} \bar{U}_1 \\ \bar{I}_1 \end{bmatrix} = \begin{bmatrix} \bar{A}_{11} & \bar{A}_{12} \\ \bar{A}_{21} & \bar{A}_{22} \end{bmatrix} \begin{bmatrix} \bar{U}_2 \\ -\bar{I}_2 \end{bmatrix} = \bar{A} \cdot \begin{bmatrix} \bar{U}_2 \\ -\bar{I}_2 \end{bmatrix} \tag{9-24}$$

其中：$\bar{A}_{11} = A_{11}\sqrt{\dfrac{Z_{02}}{Z_{01}}}$，$\bar{A}_{12} = \dfrac{A_{12}}{\sqrt{Z_{01}Z_{02}}}$，$\bar{A}_{21} = A_{21}\sqrt{Z_{01}Z_{02}}$，$\bar{A}_{22} = A_{22}\sqrt{\dfrac{Z_{01}}{Z_{02}}}$。于是，归一化网络转移矩阵参量可以写为

$$\bar{A} = \begin{bmatrix} A_{11}\sqrt{\dfrac{Z_{02}}{Z_{01}}} & \dfrac{A_{12}}{\sqrt{Z_{01}Z_{02}}} \\ A_{21}\sqrt{Z_{01}Z_{02}} & A_{22}\sqrt{\dfrac{Z_{01}}{Z_{02}}} \end{bmatrix} = \begin{bmatrix} \bar{A}_{11} & \bar{A}_{12} \\ \bar{A}_{21} & \bar{A}_{22} \end{bmatrix} \tag{9-25}$$

这里 $\bar{A}_{11}$、$\bar{A}_{12}$、$\bar{A}_{21}$、$\bar{A}_{22}$ 是与 A_{11}、A_{12}、A_{21}、A_{22} 对应的归一化量。A 矩阵在研究网络级联时特别方便。

对于互易网络有 $A_{11}A_{22} - A_{12}A_{21} = \bar{A}_{11}\bar{A}_{22} - \bar{A}_{12}\bar{A}_{21}$，对于对称网络有 $A_{11} = A_{22}$。

下面讨论如图 9.3 所示的两个网络的级联，可得 $\Phi_1 = A_1 \cdot \Phi_2$，$\Phi_2 = A_2 \cdot \Phi_3$，从而 $\Phi_1 = A_1 \cdot A_2 \cdot \Phi_3$，于是

$$\Phi_1 = A \cdot \Phi_3 \tag{9-26}$$

级联后总的 A 矩阵为

$$A = A_1 \cdot A_2 \tag{9-27}$$

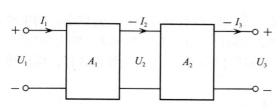

图 9.3 双端口网络的级联

推而广之，对 n 个双端口网络的级联，则有

$$A = A_1 \cdot A_2 \cdots \cdot A_n \tag{9-28}$$

前述的三种网络矩阵各有用处。由于归一化阻抗、导纳及转移矩阵均是描述网络各端口参考面上的归一化电压、电流之间的关系，因此存在转换关系，具体转换方式如表 9.1 所示。

表 9.1 三种网络矩阵的相互转换公式

网络参量	以 $\bar{Y}$ 参量表示	以 $\bar{Z}$ 参量表示	以 $\bar{A}$ 参量表示
$\begin{bmatrix} \bar{Y}_{11} & \bar{Y}_{12} \\ \bar{Y}_{21} & \bar{Y}_{22} \end{bmatrix}$	$\begin{bmatrix} \bar{Y}_{11} & \bar{Y}_{12} \\ \bar{Y}_{21} & \bar{Y}_{22} \end{bmatrix}$	$\begin{bmatrix} \dfrac{\bar{Z}_{22}}{\lvert\bar{Z}\rvert} & -\dfrac{\bar{Z}_{12}}{\lvert\bar{Z}\rvert} \\[2mm] -\dfrac{\bar{Z}_{21}}{\lvert\bar{Z}\rvert} & \dfrac{\bar{Z}_{11}}{\lvert\bar{Z}\rvert} \end{bmatrix}$	$\begin{bmatrix} \dfrac{\bar{A}_{22}}{\bar{A}_{12}} & -\dfrac{\bar{A}_{11}\bar{A}_{22}-\bar{A}_{12}\bar{A}_{21}}{\bar{A}_{12}} \\[2mm] -\dfrac{1}{\bar{A}_{12}} & \dfrac{\bar{A}_{11}}{\bar{A}_{12}} \end{bmatrix}$
$\begin{bmatrix} \bar{Z}_{11} & \bar{Z}_{12} \\ \bar{Z}_{21} & \bar{Z}_{22} \end{bmatrix}$	$\begin{bmatrix} \dfrac{\bar{Y}_{22}}{\lvert\bar{Y}\rvert} & \dfrac{\bar{Y}_{12}}{\lvert\bar{Y}\rvert} \\[2mm] -\dfrac{\bar{Y}_{21}}{\lvert\bar{Y}\rvert} & \dfrac{\bar{Y}_{11}}{\lvert\bar{Y}\rvert} \end{bmatrix}$	$\begin{bmatrix} \bar{Z}_{11} & \bar{Z}_{12} \\ \bar{Z}_{21} & \bar{Z}_{22} \end{bmatrix}$	$\begin{bmatrix} \dfrac{\bar{A}_{11}}{\bar{A}_{21}} & \dfrac{\bar{A}_{11}\bar{A}_{22}-\bar{A}_{12}\bar{A}_{21}}{\bar{A}_{21}} \\[2mm] \dfrac{1}{\bar{A}_{21}} & \bar{A}_{22} \end{bmatrix}$
$\begin{bmatrix} \bar{A}_{11} & \bar{A}_{12} \\ \bar{A}_{21} & \bar{A}_{22} \end{bmatrix}$	$-\begin{bmatrix} \dfrac{\bar{Y}_{22}}{\bar{Y}_{21}} & \dfrac{1}{\bar{Y}_{21}} \\[2mm] \dfrac{\lvert\bar{Y}\rvert}{\bar{Y}_{21}} & \bar{Y}_{11} \end{bmatrix}$	$\begin{bmatrix} \dfrac{\bar{Z}_{11}}{\bar{Z}_{21}} & \dfrac{\lvert\bar{Z}\rvert}{\bar{Z}_{21}} \\[2mm] \dfrac{1}{\bar{Z}_{21}} & \dfrac{\bar{Z}_{22}}{\bar{Z}_{21}} \end{bmatrix}$	$\begin{bmatrix} \bar{A}_{11} & \bar{A}_{12} \\ \bar{A}_{21} & \bar{A}_{22} \end{bmatrix}$

在表 9.1 中：$\lvert\bar{Z}\rvert = \bar{Z}_{11}\bar{Z}_{22} - \bar{Z}_{12}\bar{Z}_{21}$，$\lvert\bar{Y}\rvert = \bar{Y}_{11}\bar{Y}_{22} - \bar{Y}_{12}\bar{Y}_{21}$。

9.3 散射矩阵与传输矩阵

上面讨论的 $\bar{Z}$，$\bar{Y}$ 和 $\bar{A}$ 参量都以端口归一化电压和归一化电流来定义，而在微波波段电压和电流本身已无确切定义，而且这三种网络参数的测量不是要求端口开路就是要求端口短路，可是在选定的网络参考面上难以做到端口开路或端口短路，因而上述矩阵参数只是抽象的理论定义，无法通过测量直接得到。为研究微波系统的传输特性，需要一种在微波段可以直接测量确定的网络参数。在信号源匹配的条件下，可以对导波系统的驻波系数、反射系数及功率等进行测量，也即在与网络相连的各分支传输系统的端口参考面上入射波和反射波的相对大小和相对相位是可以测量的，而散射矩阵和传输矩阵是建立在入射波、反射波的关系基础上的网络参数矩阵，因此，相对来说具有一定的实际意义。下面从归一化的入射波和反射波出发，讨论散射矩阵和传输矩阵。

9.3.1 散射矩阵

（1）微波网络的概念与分类。

概念：为避开微波器件的内部场结构，将其视为具有几个端口的微波网络，再用类似于低频网络的方法处理，称为微波网络方法。

分类：如表 9.2 所示。

表 9.2　微波网络分类

分类方法	类　　型
按端口数量分	一口网络、二口网络、多口网络
按几何对称性分	对称网络、非对称网络
按物理对称性分	互易网络、非互易网络
按功率损耗分	无耗网络、有耗网络
按变换类型分	线性网络、非线性网络

（2）微波网络 S 参数。

微波网络常用散射参数（S 参数）表示，如图 9.4 所示。任何网络都可用多个 S 参数表征其端口特性（对 n 端口网络需要 n_2 个 S 参数）。

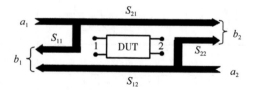

图 9.4　散射参数表示双端口网络

S_{11}、S_{12}、S_{21}、S_{22} 表示双端口网络的四个 S 参数，即散射参量。
则散射方程为：

$$\left.\begin{aligned} b_1 &= S_{11}a_1 + S_{12}a_2 \\ b_2 &= S_{21}a_1 + S_{22}a_2 \end{aligned}\right\} \tag{9-29}$$

b_1、b_2 为端口为 1、2 上的所有出射波；a_1、a_2 为端口 1、2 上的入射波。
或简写为

$$b = S \cdot a \tag{9-30}$$

其中：$S = \begin{bmatrix} S_{11} & S_{12} \\ S_{21} & S_{22} \end{bmatrix}$ 称为双端口网络的散射矩阵。为唯一确定散射矩阵 S，限定 a 代表入射波电压的归一化值，b 代表反射波电压的归一化值，各参数的物理意义为

$$S_{11}=\frac{b_1}{a_1}\bigg|_{a_2=0} \quad S_{11}\ 表示\ S_{11}\ 端口\ 2\ 匹配时，端口\ 1\ 处反射系数。$$

$$S_{21}=\frac{b_2}{a_1}\bigg|_{a_2=0} \quad S_{21}\ 表示端口\ 2\ 匹配时，端口\ 1\ 至端口\ 2\ 的正向传输系数。$$

$$S_{22}=\frac{b_2}{a_2}\bigg|_{a_1=0} \quad S_{22}\ 表示端口\ 1\ 匹配时，端口\ 2\ 处反射系数。$$

$$S_{12}=\frac{b_1}{a_2}\bigg|_{a_1=0} \quad S_{12}\ 表示端口\ 1\ 匹配时，端口\ 2\ 至端口\ 1\ 的反向传输系数。$$

可见，S 矩阵是建立在端口接匹配负载基础上的反射系数或传输系数，这样利用网络输入输出端口参考面上接匹配负载即可测得散射矩阵的各参量。

对于互易网络有 $S_{12}=S_{21}$，对于对称网络有 $S_{11}=S_{22}$，对于无耗网络有 $S^+S=I$，相当于

$$\left.\begin{array}{l}|S_{11}|^2+|S_{21}|^2=1\\ S_{11}S_{12}^*+S_{21}S_{22}^*=0\\ S_{12}S_{11}^*+S_{22}S_{21}^*=0\\ |S_{12}|^2+|S_{22}|^2=1\end{array}\right\} \tag{9-31}$$

其中，S^* 是 S 的转置共轭矩阵；I 为单位矩阵。

（3）二口网络的工作特性参量。

① 电压传输系数 T：网络输出端接匹配负载时，输出端归一化出波与输入端归一化进波之比。

$$T=\frac{b_2}{a_1}\bigg|_{a_2=0}=S_{21}=|S_{21}|e^{j\phi_{21}} \tag{9-32}$$

② 插入相移：电压传输系数的幅角，$\theta=\phi_{21}$。

③ 插入衰减：网络输出端接匹配负载时，输入端进波功率与输出端出波功率之比，单位为 dB。

$$A=10\lg\left(\frac{P_1^+}{P_2^-}\bigg|_{a_2=0}\right)=10\lg\frac{1}{|S_{21}|^2} \tag{9-33}$$

④ 插入驻波比：网络输出端接匹配负载时，输入端的驻波比。

$$\rho=\frac{|\bar{U}_1|_{\max}}{|\bar{U}_1|_{\min}}\bigg|_{a_2=0}=\frac{1+|S_{11}|}{1-|S_{11}|} \tag{9-34}$$

例 9-1 已知二端口网络的散射参量矩阵为

$$[S]=\begin{bmatrix}0.6e^{j135°} & 0.8e^{j120°}\\ 0.8e^{j120°} & 0.6e^{j135°}\end{bmatrix}$$

求：二端口网络的插入相移 θ、插入衰减 A、电压传输系数 T 和输入驻波比 ρ。

解：

（1）插入相移 $\theta = \arg S_{21} = \varphi_{21} = 120°$。

（2）插入衰减 $A = 10\lg\dfrac{1}{\left|S_{21}\right|^2}$，因为 $\left|S_{21}\right|^2 = \left|0.8\right|^2 = 0.64$，所以

$$A = 10\lg\frac{1}{0.64} = 1.94\,(\text{dB})。$$

（3）电压传输系数

$$T = S_{21} = 0.8e^{j120°} = 0.8(\cos 120° + j\sin 120°)$$
$$= 0.8(-0.5 + j0.866) = -0.40 + j0.693$$

（4）因为输入驻波比

$$\rho = \frac{1 + \left|S_{11}\right|}{1 - \left|S_{11}\right|}, \quad \left|S_{11}\right|^2 = 0.36$$

所以

$$\rho = \frac{1 + 0.36}{1 - 0.36} = \frac{1.36}{0.64} = 2.125$$

例 9-2 求如图 9.5 所示串联阻抗 Z 的 S 矩阵。

解 由图 9.5 中给出的电路单元两端口上各场量关系及相应的端口条件，根据定义，S_{11} 是输出口接匹配负载（归一化值为 1，如图中所示）时输入端的反射系数。

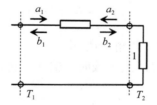

图 9.5 串联阻抗 Z 的 S 矩阵

因此，可根据传输线理论求得

$$S_{11} = \frac{b_1}{a_1}\bigg|_{a_2=0} = \frac{(Z+1)-1}{(Z+1)+1} = \frac{Z}{Z+2}$$

因该网络具有对称性，故有

$$S_{22} = S_{11} = \frac{Z}{Z+2}$$

根据定义，$S_{21} = \dfrac{b_1}{a_1}\bigg|_{a_2=0}$ 为输出端口接匹配负载时输入口至输出口的传输系数。由于

$a_2=0$，则有 $U_2=a_2+b_2=b_2$，$U_1=a_1+b_1=a_1\left(1+\dfrac{b_1}{a_1}\Big|_{a_2=0}\right)=a_1(1+S_{11})$。

再根据电路分压原理，有

$$U_2=\frac{U_1}{1+Z}=\frac{1+S_{11}}{1+Z}a_1=b_2$$

所以

$$S_{21}=\frac{b_2}{a_1}\Big|_{a_2=0}=\frac{1+S_{11}}{1+Z}=\frac{2}{Z+2}$$

由网络互易性得

$$S_{12}=S_{21}=\frac{2}{Z+2}$$

最后得

$$S=\frac{1}{Z+2}\begin{bmatrix} Z & 2 \\ 2 & Z \end{bmatrix}$$

9.3.2 传输矩阵

当如图 9.6 所示的双端口网络的输出端口场量 a_2 和 b_2 已知，欲求输入端口场量 a_1 和 b_1 时，用 T 作变换矩阵最为方便，即

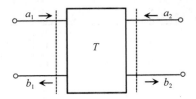

图 9.6 双端口网络的传输矩阵

$$\left.\begin{array}{l} a_1=T_{11}b_2+T_{12}a_2 \\ b_1=T_{21}b_2+T_{22}a_2 \end{array}\right\} \tag{9-35}$$

写成矩阵形式为

$$\begin{bmatrix} a_1 \\ b_1 \end{bmatrix}=\begin{bmatrix} T_{11} & T_{12} \\ T_{21} & T_{22} \end{bmatrix}\begin{bmatrix} b_2 \\ a_2 \end{bmatrix}=T\begin{bmatrix} b_2 \\ a_2 \end{bmatrix} \tag{9-36}$$

T 为双端口网络的传输矩阵，其中 $T_{11}=\dfrac{a_1}{b_2}\Big|_{a_2=0}$ 表示参考面 2 接匹配负载时，端口 1 至端口 2 的电压传输系数的倒数，即 $T_{11}=\dfrac{1}{S_{21}}$；而 $T_{22}=\dfrac{b_1}{a_2}\Big|_{b_2=0}$ 表示参考面 2 匹配由端口 2 至端口 1 的电压传输系数。

传输矩阵用于网络级联比较方便。如图 9.7 所示两个双端口网络的级联，由传输矩阵定义有

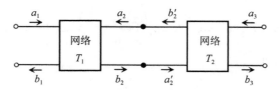

图 9.7 双端口网络的级联

$$\begin{bmatrix} a_1 \\ b_1 \end{bmatrix} = T_1 \begin{bmatrix} b_2 \\ a_2 \end{bmatrix}$$

$$\begin{bmatrix} a_2' \\ b_2' \end{bmatrix} = \begin{bmatrix} b_2 \\ a_2 \end{bmatrix} = T_2 \begin{bmatrix} b_3 \\ a_3 \end{bmatrix} \qquad (9-37)$$

$$\begin{bmatrix} a_1 \\ b_1 \end{bmatrix} = T_1 \cdot T_2 \begin{bmatrix} b_3 \\ a_3 \end{bmatrix}$$

可见，当网络级联时，总的 T 矩阵等于各级联网络 T 矩阵的乘积。推广到 n 个网络级联，即

$$T_{\text{总}} = T_1 \cdot T_2 \cdot \cdots \cdot T_n \qquad (9-38)$$

对于互易网络有 $T_{11}T_{22} - T_{12}T_{21} = 1$；对于对称网络有 $T_{12} = -T_{21}$；对于无耗网络有 $T_{11} = T_{22}^*$，$T_{12} = T_{21}^*$。

表 9.3　常用几种双端口网络的参量矩阵

名称	电路图	A 矩阵	S 矩阵	T 矩阵	备注
串联阻抗		$\begin{bmatrix} 1 & Z \\ 0 & 1 \end{bmatrix}$	$\dfrac{1}{z+2}\begin{bmatrix} z & 2 \\ 2 & z \end{bmatrix}$	$\dfrac{1}{2}\begin{bmatrix} 2-z & z \\ -z & 2+z \end{bmatrix}$	$z = \dfrac{Z}{Z_0}$
并联导纳		$\begin{bmatrix} 1 & 0 \\ Y & 1 \end{bmatrix}$	$\dfrac{1}{y+2}\begin{bmatrix} -y & 2 \\ 2 & -y \end{bmatrix}$	$\dfrac{1}{2}\begin{bmatrix} 2-y & -y \\ y & 2+y \end{bmatrix}$	$y = \dfrac{Y}{Y_0}$
有限长传输线	θ 或 l	$\begin{bmatrix} \cos\theta & \mathrm{j}Z_0\sin\theta \\ \mathrm{j}\sin\theta/Z_0 & \cos\theta \end{bmatrix}$	$\begin{bmatrix} 0 & \mathrm{e}^{-\mathrm{j}\theta} \\ \mathrm{e}^{-\mathrm{j}\theta} & 0 \end{bmatrix}$	$\begin{bmatrix} \mathrm{e}^{-\mathrm{j}\theta} & 0 \\ 0 & \mathrm{e}^{-\mathrm{j}\theta} \end{bmatrix}$	$\theta = \dfrac{2\pi l}{\lambda_g}$

表 9.4　几种重要元件的双端口的不网络

名称	元件名	$\overline{A}$ 矩阵
串联阻抗	$\overline{Z}$ $\overline{Z}_0 = 1$　　　　$\overline{Z}_0 = 1$	$\begin{bmatrix} 1 & \overline{Z} \\ 0 & 1 \end{bmatrix}$, $\overline{Z} = \dfrac{Z}{Z_0}$

（续表）

名称	元件名	$\overline{A}$ 矩阵
并联导纳	$\overline{Y}_0=1$ $\overline{Y}$ $\overline{Y}_0=1$	$\begin{bmatrix} 1 & 0 \\ \overline{Y} & 1 \end{bmatrix}$, $\overline{Y}=\dfrac{Y}{Y_0}$
理想变压器	N_1 N_2	$\begin{bmatrix} n & 0 \\ 0 & \dfrac{1}{n} \end{bmatrix}$, $n=\dfrac{N_1}{N_2}$
K 变换	$\overline{Z}_0=1$ $\overline{K}$ $\overline{Z}_0=1$	$\begin{bmatrix} 1 & \pm j\overline{K} \\ \pm j\dfrac{1}{K} & 1 \end{bmatrix}$, $\overline{K}=\dfrac{K}{Z_0}$
J 变换	$\overline{Y}_0=1$ $\overline{J}$ $\overline{Y}_0=1$	$\begin{bmatrix} 1 & \pm j\dfrac{1}{J} \\ \pm jJ & 1 \end{bmatrix}$, $\overline{J}=\dfrac{J}{Y_0}$

表 9.5　几种典型双端口元件的 S 和 T 矩阵

名称	元件图	S 散射波网络	T 传输波网络
串联阻抗	$\overline{Z}$	$\begin{bmatrix} \dfrac{\overline{Z}}{2+\overline{Z}} & \dfrac{2}{2+\overline{Z}} \\ \dfrac{2}{2+\overline{Z}} & \dfrac{\overline{Z}}{2+\overline{Z}} \end{bmatrix}$	$\begin{bmatrix} 1+\dfrac{\overline{Z}}{2} & -\dfrac{\overline{Z}}{2} \\ \dfrac{\overline{Z}}{2} & 1-\dfrac{\overline{Z}}{2} \end{bmatrix}$
并联导纳	$\overline{Y}$	$\begin{bmatrix} \dfrac{-\overline{Y}}{2+\overline{Y}} & \dfrac{2}{2+\overline{Y}} \\ \dfrac{2}{2+\overline{Y}} & \dfrac{-\overline{Y}}{2+\overline{Y}} \end{bmatrix}$	$\begin{bmatrix} 1+\dfrac{\overline{Y}}{2} & \dfrac{\overline{Y}}{2} \\ -\dfrac{\overline{Y}}{2} & 1-\dfrac{\overline{Y}}{2} \end{bmatrix}$
理想变压器	N_1 N_2 $n=\dfrac{N_1}{N_2}$	$\begin{bmatrix} \dfrac{1-n^2}{1+n^2} & \dfrac{2n}{1+n^2} \\ \dfrac{2n}{1+n^2} & \dfrac{1-n^2}{1+n^2} \end{bmatrix}$	$\begin{bmatrix} \dfrac{1+n^2}{2n} & \dfrac{1-n^2}{2n} \\ \dfrac{1-n^2}{2n} & \dfrac{1+n^2}{2n} \end{bmatrix}$

（续表）

名称	元件图	S 散射波网络	T 传输波网络
传输线段	$\xleftarrow{\quad\theta\quad}$	$\begin{bmatrix} 0 & \mathrm{e}^{-\mathrm{j}\theta} \\ \mathrm{e}^{-\mathrm{j}\theta} & 0 \end{bmatrix}$	$\begin{bmatrix} 0 & \mathrm{e}^{\mathrm{j}\theta} \\ \mathrm{e}^{\mathrm{j}\theta} & 0 \end{bmatrix}$
$\overline{K}$ 变换器	$\overline{K}$	$\begin{bmatrix} \dfrac{\overline{k}^{2}-1}{\overline{k}^{2}+1} & \dfrac{\pm\mathrm{j}2\overline{k}}{\overline{k}^{2}+1} \\ \dfrac{\pm\mathrm{j}2\overline{k}}{\overline{k}^{2}+1} & \dfrac{\overline{k}^{2}-1}{\overline{k}^{2}+1} \end{bmatrix}$	$\begin{bmatrix} \dfrac{\overline{k}^{2}+1}{\mathrm{j}2\overline{k}} & \dfrac{\overline{k}^{2}-1}{\mathrm{j}2\overline{k}} \\ \dfrac{\overline{k}^{2}-1}{\mathrm{j}2\overline{k}} & \dfrac{\overline{k}^{2}+1}{\mathrm{j}2\overline{k}} \end{bmatrix}$
$\overline{J}$ 变换器	$\overline{J}$	$\begin{bmatrix} \dfrac{1-\overline{J}^{2}}{1+\overline{J}^{2}} & \dfrac{\pm\mathrm{j}2\overline{J}}{1+\overline{J}^{2}} \\ \dfrac{\pm\mathrm{j}2\overline{J}}{1+\overline{J}^{2}} & \dfrac{1-\overline{J}^{2}}{1+\overline{J}^{2}} \end{bmatrix}$	$\begin{bmatrix} \dfrac{1+\overline{J}^{2}}{\mathrm{j}2\overline{J}} & \dfrac{1-\overline{J}^{2}}{\mathrm{j}2\overline{J}} \\ \dfrac{1-\overline{J}^{2}}{\mathrm{j}2\overline{J}} & \dfrac{1+\overline{J}^{2}}{\mathrm{j}2\overline{J}} \end{bmatrix}$

9.4　微波器件

9.4.1　双分支定向耦合器

双分支定向耦合器由主线、副线和两条分支线组成，其中分支线的长度和间距均为中心波长的 1/4，如图 9.8 所示。设主线入口线"①"的特性阻抗为 $Z_1=Z_0$，主线出口线"②"的特性阻抗为 $Z_2=Z_0k$（为阻抗变换比），副线隔离端"④"的特性阻抗为 $Z_4=Z_0$，副线耦合端"③"的特性阻抗为 $Z_3=Z_0k$，平行连接线的特性阻抗为 Z_{0p}，两个分支线特性阻抗分别为 Z_{t1} 和 Z_{t2}。下面来讨论双分支定向合器的工作原理。

假设输入电压信号从端口"①"经 A 点输入，则到达 D 点的信号有两路，一路是由分支线直达，其波行程为 $\lambda_g/4$，另一路由 $A\text{–}B\text{–}C\text{–}D$，波行程为 $3\lambda_g/4$；故两条路径到达的

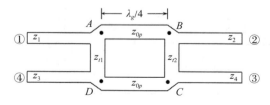

图 9.8　双分支定向耦合器

波行程差为 $\lambda_g/2$，相应的相位差为 π，即相位相反。因此若选择合适的特性阻抗，使到达的两路信号的振幅相等，则端口"④"处的两路信号相互抵消，从而实现隔离。

同样由 A-C 的两路信号为同相信号，故在端口"③"有耦合输出信号，即端口"③"为耦合端。耦合端输出信号的大小同样取决于各线的特性阻抗。

下面给出微带双分支定向耦合器的设计公式。设耦合端"③"的反射波电压为 $|U_{3r}|$，则该耦合器的耦合度为

$$C=10\lg\frac{k}{|U_{3r}|^2}（\mathrm{dB}）\tag{9-39}$$

各线的特性阻抗与 $|U_{3r}|$ 的关系式为

$$\left.\begin{array}{l}Z_{0p}=Z_0\sqrt{k-|U_{3r}|^2}\\[2mm]Z_{t1}=\dfrac{Z_{0p}}{|U_{3r}|}\\[3mm]Z_{t2}=\dfrac{Z_{0p}k}{|U_{3r}|}\end{array}\right\}\tag{9-40}$$

可见，只要给出要求的耦合度 C 及阻抗变换比，即可由式（9-39）算得 $|U_{3r}|$，再由上式算得各线特性阻抗，从而可设计出相应的定向合器。对于合度为 3 dB、阻抗变换比 $k=1$ 的特殊定向合器，称为 3 dB 定向合器，它通常用在平衡混频电路中。此时

$$\left.\begin{array}{l}Z_{0p}=\sqrt{2}Z_0\\[1mm]Z_{t1}=Z_{t2}=Z_0\\[1mm]|U_{3r}|=\dfrac{1}{\sqrt{2}}\end{array}\right\}\tag{9-41}$$

此时散射矩阵为

$$[S]=-\frac{1}{\sqrt{2}}\begin{bmatrix}0 & \mathrm{j} & 1 & 0\\ \mathrm{j} & 0 & 0 & 1\\ 1 & 0 & 0 & \mathrm{j}\\ 0 & 1 & \mathrm{j} & 0\end{bmatrix}\tag{9-42}$$

分支线定向耦合器的带宽受 $\lambda_g/4$ 的限制，一般可做到 10% ~ 20%，若要求频带更宽，可采用多节分支耦合器。

9.4.2 两路微带功率分配器

两路微带功率分配器的平面结构如图 9.9 所示，其中输入端口特性阻抗为 Z 分成的两段微带线电长度为 $\lambda_g/4$，特性阻抗分别是 Z_{02} 和 Z_{03}，终端分别接有电阻 R_2 和 R_3。功率分配器的基本要求如下：①端口"①"无反射；②端口"②""③"输出电压相等且同相；

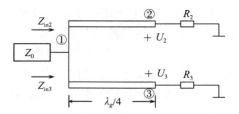

图 9.9 两路微带功率分配器的平面结构

③端口 "②""③" 输出功率比值为任意指定值，设为 $\dfrac{1}{k^2}$。

根据以上三条有

$$
\left.\begin{array}{l}
\dfrac{1}{Z_{in2}}+\dfrac{1}{Z_{in3}}=\dfrac{1}{Z_0} \\[3mm]
\left(\dfrac{1}{2}\dfrac{U_2^2}{R_2}\right)\Big/\left(\dfrac{1}{2}\dfrac{U_3^2}{R_3}\right)=\dfrac{1}{k^2} \\[3mm]
U_2=U_3
\end{array}\right\}
\tag{9-43}
$$

由传输线理论有

$$
\left.\begin{array}{l}
Z_{in2}=\dfrac{Z_{02}^2}{R_2} \\[3mm]
Z_{in3}=\dfrac{Z_{03}^2}{R_3}
\end{array}\right\}
\tag{9-44}
$$

这样共有 R_2、R_3、Z_{02}、Z_{03} 四个参数而只有三个约束条件，故可任意指定其中的一个参数现设 $R_2=kZ_0$，于是由上两式可得其他参数：

$$
\left.\begin{array}{l}
Z_{02}=Z_0\sqrt{k(1+k^2)} \\[3mm]
Z_{03}=Z_0\sqrt{(1+k^2)/k^3} \\[3mm]
R_3=\dfrac{Z_0}{k}
\end{array}\right\}
\tag{9-45}
$$

实际的功率分配器终端负载往往是特性阻抗为 Z_0 的传输线，而不是纯电阻。此时可用 $\lambda_g/4$ 阻抗变换器将其变为所需电阻，另方面 U_2、U_3 等幅同相，在 "②""③" 端跨接电阻 R_j，既不影响功率分配器性能，又可增加隔离度。于是实际功率分配器平面结构如图 9.10 所示，其中 Z_{04}、Z_{05} 及 R 由以下公式确定：

$$
\left.\begin{array}{l}
Z_{04}=\sqrt{R_2Z_0}=Z_0\sqrt{k} \\[3mm]
Z_{05}=\sqrt{R_3Z_0}=\dfrac{Z_0}{\sqrt{k}} \\[3mm]
R_j=Z_0\dfrac{1+k^2}{k}
\end{array}\right\}
\tag{9-46}
$$

第 9 章 > 微波网络基础

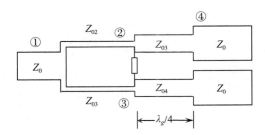

图 9.10　实际功率分配器平面结构

习　题

1. 已知二端口网络的散射参量矩阵为

$$[S]=\begin{bmatrix} 0.5\mathrm{e}^{j30°} & 0.1\mathrm{e}^{j45°} \\ 0.1\mathrm{e}^{j45°} & 0.5\mathrm{e}^{j30°} \end{bmatrix}$$

求：二端口网络的插入相移 θ、插入衰减 A、电压传输系数 T 和输入驻波比 ρ。

2. 今有一个二端口互易对称无耗微波元件，终端接匹配负载，测得元件输入端的反射系数 $\varGamma_1=0.6\mathrm{e}^{j\pi/3}$。

求：

（1）散射参量 S_{11}、S_{12}、S_{21}、S_{22}。

（2）插入衰减 A（倍数）和 L（dB 数）。

（3）输入驻波比。

（4）插入相移。

[提示：利用散射参量的物理意义和幺正性以及散射参量各元素相位角之间的关系：$\varphi_{12}=(\varphi_{11}+\varphi_{22}+\pi)/2$，其中 $S_{11}=|S_{11}|\mathrm{e}^{j\varphi_{11}}$，其他 S_{12}、S_{21}、S_{22} 相同]

3. 波导等效为双线的条件是什么？为什么要引入归一化阻抗的概念？

4. 归一化电压和归一化电流的定义是什么？其量纲是否相同？

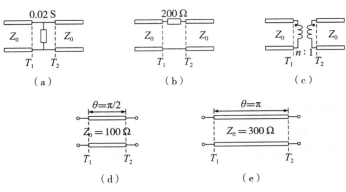

题 5 图

171

5. 求题 5 图示参考面 T_1、T_2 所确定的网络的 $[\bar{Z}]$、$[\bar{Y}]$、$[\bar{A}]$ 矩阵，未标注的 $Z_0 = 50\Omega$。

6. 求题 6 图示参考面 T_1、T_2 所确定的网络的 $[S]$ 矩阵。

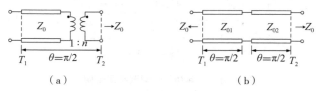

（a）　　　　　　　　（b）

题 6 图

7. 已知互易无耗二端口网络的转移参量 $a = d = l + XB$，$c = 2B + XB^2$（式中 X 为电抗，B 为电纳）试证明转移参量 $b = X$。

8. 如题 8 图所示，在互易二端口网络参考面 T_2 处接负载阻抗 Z_L，证明参考面 T_1 处的输入阻抗为

$$Z_{\text{in}} = Z_{11} - \frac{Z_{12}^2}{Z_{22} + Z_L}$$

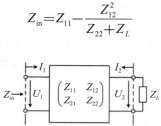

题 8 图

9. 如题 9 图所示，在互易二端口网络参考面 T_2 处接负载阻抗 Y_L，证明参考面 T_1 处的输入导纳为

$$Y_{\text{in}} = Y_{11} - \frac{Y_{12}^2}{Y_{22} + Y_L}$$

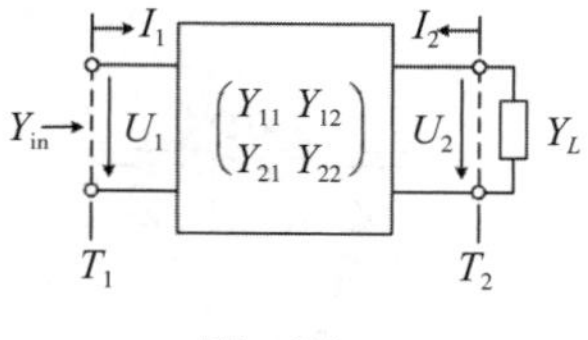

题 9 图

10. 如题 10 图所示，在可逆对称无耗二端口网络参考面 T_2 处接匹配负载，测得距参考面 T_1 距离为 $l = 0.125\lambda$ 处是电压波节，驻波比 $\rho = 1.5$，求二端口网络的散射矩阵。

11. 已知一个互易对称无耗二端口网络，输出端接匹配负载，测得网络输入端的反射系数为，$\Gamma_1 = 0.8e^{j\pi/2}$，试求：

（1）S_{11}、S_{12}、S_{22}；

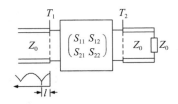

题 10 图

（2）插入相移 θ、插入衰减 L、电压传输系数 T 和输入驻波比 ρ。

12. 已知二端口网络的散射参量矩阵为

$$[S] = \begin{bmatrix} 0.2\mathrm{e}^{\mathrm{j}3\pi/2} & 0.98\mathrm{e}^{\mathrm{j}\pi} \\ 0.98\mathrm{e}^{\mathrm{j}\pi} & 0.2\mathrm{e}^{\mathrm{j}3\pi/2} \end{bmatrix}$$

求二端口网络的插入相移、插入衰减、电压传输系数和输入驻波比。

第 10 章

天　线

在无线通信领域中，天线是不可缺少的组成部分。广播、通信、雷达、导航、遥测、遥控等都是利用无线电波传递信息。当信息通过电磁波在空间传播时，电磁波产生和接收都需要通过天线完成。天线是用来发射或接收无线电波的装置，无线通信系统由发射机产生的高频振荡能量，经过馈线传送到天线，然后由天线转换为电磁波能量，向预定方向辐射。电磁波通过传播媒质到达接收天线后，接收天线将收到的电磁波能量转换为高频电流，通过馈线送到接收机，完成无线电波传输。在无线电波空间传输的过程中，天线是发射端最后一个器件，也是接收端第一个器件。

不同天线对空间不同方向的辐射或接收效果并不一样，带有方向性。以发射天线为例，天线辐射的能量在某些方向强，在某些方向弱，在某些方向为 0。设计天线时，天线的方向性是要考虑的主要因素之一。天线作为一个单端口元件，要求与相连接的馈线阻抗匹配。馈线上要尽可能传输行波，使从馈线入射到天线上的能量不被天线反射，能量尽可能多地辐射出去。天线与馈线、接收机、发射机的匹配或最佳贯通，是天线工程最关心的问题。

任何天线都有一定的方向性、一定的输入阻抗、一定的带宽、一定的功率容量和一定的效率等，因此导致天线种类繁多、功能各异。天线的种类很多，可以按照不同的方式进行分类。按天线适用波段，可以分为长波天线、中波天线、短波天线、超短波天线和微波天线等。按天线结构，可以分为线状天线、面状天线、缝隙天线和微带天线等。线状天线是指线半径远小于线本身的长度和波长且载有高频电流的金属导线。线天线随处可见，如装置在房顶上、船上、汽车上、飞机上等的天线，有直线形、环形、螺旋形等多种形状。面状天线是由尺寸大于波长的金属面构成，主要用于微波波段，形状可以是喇叭或抛物面状等。缝隙天线是金属面上的线状长槽，长槽的横向尺寸远小于波长及纵向尺寸，长槽上有横向高频电场。微带天线由一个金属贴片和一个金属接地板构成，金属贴片可以有各种形状，其中长方形和圆形最常见，金属贴片与金属接地板距离很近，使微带天线侧面很薄，适用于平面和非平面结构，并且可以用印刷电路技术制造。按天线用途，可以分为广播天线、通信天线、雷达天线、导航天线等。

电磁场随时间变化是产生辐射的原因。频率低时，能量辐射较微弱；频率越高，辐射的能量就越多。天线结构应该使电场和磁场分布在同一空间，这样可以使二者能量直接转化，电磁能量可以向远处辐射。天线的辐射性能是宏观电磁场问题，严格的分析方法是找出满足边界条件的麦克斯韦方程解。在实际天线的计算中，严格的解法会出现数学上的困难，有时甚至无法求解，所以实际上都是采用近似解法。求解天线辐射的工程方法是利用叠加原理。求解线状天线的辐射时，首先求出元电流（或称为电基本振子）的辐射场，然后找出线状天线上的电流分布，线状天线的辐射是元电流辐射的线积分。面状天线的辐射问题分为内问题和外问题，由已知激励源求天线封闭面上的场为内问题；由封闭面上的场求外部空间辐射场为外问题，在求外问题时，辐射场也要用到叠加原理。

微波天线主要是工作于米波、厘米波、毫米波等波段的发射或接收天线。微波主要靠空间波传播，为增大通信距离，要求将天线架高。在实际应用中，主要有抛物面天线、喇叭天线、开槽天线、介质天线、微带天线等，如图 10.1 ~ 10.4 所示。实际应用中对微波天线要求有足够的机械强度及可靠性，天线的尺寸和重量要小，天线与馈线要阻抗匹配，便于制作与低成本。

图 10.1　抛物面天线

图 10.2　喇叭天线

图 10.3　开槽天线

图 10.4　微带天线

10.1 天线性能参数

天线的基本功能是能量转换和定向辐射，天线的电参数就是能定量表征其能量转换和定向辐射能力的量，无线辐射波瓣如图 10.5 所示。天线的电参数主要包含方向图、主瓣宽度、旁瓣电平、方向系数、天线效率、极化特性、频带宽度和输入阻抗等。

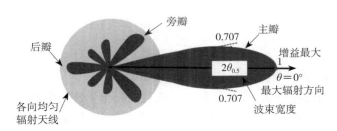

图 10.5 天线波瓣图

10.1.1 天线辐射方向图

（1）天线方向图。所谓天线方向图，是指在离天线一定距离处，辐射场的相对场强（归一化模值）随方向变化的曲线图，通常采用通过天线最大辐射方向上的两个相互垂直的平面方向图来表示。

① E 平面。所谓 E 平面，即电场矢量所在的平面。对于沿 z 轴放置的电基本振子而言。子午平面是 E 平面。

② H 平面。所谓 H 平面，即磁场矢量所在的平面。对于沿 z 轴放置的电基本振子。赤道平面是 H 面。

（2）天线方向图参数。为了方便对各种天线的方向图特性进行比较，需要规定一些特性参数。这些参数有主瓣宽度、旁瓣电平、前后比及方向系数等。

① 主瓣宽度。主瓣宽度是衡量天线的最大辐射区域尖锐程度的物理量。通常它取方向图主瓣两个半功率点之间的宽度，在场强方向图中，等于最大场强的 $\frac{1}{\sqrt{2}}$ 两点之间的宽度，称为半功率波瓣宽度；有时也将头两个零点之间的角宽作为主瓣宽度，称为零功率波瓣宽度。

② 旁瓣电平。旁瓣电平是指离主瓣最近且电平最高的第一旁瓣电平，一般以分贝表示。天线方向图的旁瓣区通常是不需要辐射的区域，所以其电平应尽可能低，且天线方向图一般都有这样一条规律：离主瓣愈远的旁瓣电平愈低。第一旁瓣电平的高低，在某种意义上反映了天线方向性的好坏。另外，在天线的实际应用中，旁瓣的位置也很重要。

③ 前后比。前后比是指最大辐射方向（前向）电平与其相反方向（后向）电平之比，通常以分贝为单位。

上述方向图参数虽能在一定程度上反映天线的定向辐射状态，但由于这些参数未能反映辐射在全空间的总效果，因此都不能单独体现天线集束能量的能力。例如，旁瓣电平较低的天线并不表明集束能力强，而旁瓣电平小也并不意味着天线方向性必然好。为了更精确地比较不同天线的方向性，需要再定义一个表示天线集束能量的电参数，这就是方向系数。

④ 方向系数。方向系数表示在离天线某一距离处，天线在最大辐射方向上的辐射功率流密度 S_{max} 与相同辐射功率的理想无方向性天线在同一距离处的辐射功率流密度 S_0 之比，记为 D，即

$$D = \frac{S_{max}}{S_0} = \frac{|E_{max}|^2}{|E_0|^2} \qquad (10-1)$$

下面从这个定义出发，导出方向系数的一般计算公式。

设实际天线的辐射功率为 P_Σ，它在最大辐射方向上 r 处产生的辐射功率流密度和场强分别为 S_{max} 和 E_{max}，又设有一个理想的无方向性天线，其辐射功率为 P_Σ 不变，它在相同距离上产生的辐射功率流密度和场强分别为 S_0 和 E_0，根据方向系数的定义可以得到

$$D = \frac{r^2 |E_{max}|^2}{60 P_\Sigma} \qquad (10-2)$$

设天线归一化方向函数为 $F(\theta, \varphi)$，则功率流密度可以表示为

$$S(\theta, \varphi) = \frac{|E_{max}|^2}{240\pi} |F(\theta, \varphi)|^2 \qquad (10-3)$$

在半径为 r 的球面上对功率流密度进行面积分，就得到天线辐射功率

$$P_\Sigma = \oiint_S S(\theta, \varphi) \, dS = \frac{r^2 |E_{max}|^2}{240\pi} \int_0^{2\pi} \int_0^{\pi} |F(\theta, \varphi)|^2 \sin\theta d\theta d\varphi \qquad (10-4)$$

将上式代入式（10-2）即得天线方向系数的一般表达式为

$$D = \frac{4\pi}{\int_0^{2\pi} \int_0^{\pi} |F(\theta, \varphi)|^2 \sin\theta d\theta d\varphi} \qquad (10-5)$$

由式（10-5）可以看出，要使天线的方向系数大，不仅要求主瓣窄，而且要求全空间的旁瓣电平小。

10.1.2 天线效率

天线效率定义为天线辐射功率与输入功率之比，记为 η_A，即

$$\eta_A = \frac{P_\Sigma}{P_i} = \frac{P_\Sigma}{P_\Sigma + P_l} \qquad (10-6)$$

式中：P_i 为输入功率，P_l 为欧姆损耗。

常用天线的辐射电阻 R_Σ 来度量天线辐射功率的能力。天线的辐射电阻是一个虚拟的量，定义为：设有一电阻 R_Σ，当通过它的电流等于天线上的最大电流时，其损耗的功率就等于其辐射功率。显然，辐射电阻的高低是衡量天线辐射能力的一个重要指标，即辐射电阻越大，天线的辐射能力越强。按照引入辐射电阻的方法，设天线的损耗电阻为 R_l，

则天线效率可以表示为

$$\eta_A = \frac{R_\Sigma}{R_\Sigma + R_l} = \frac{1}{1 + R_l / R_\Sigma}$$ （10-7）

由上式可见，要提高天线效率，应尽可能提高 R_Σ，降低 R_l。

10.1.3　增益系数

增益系数是综合衡量天线能量转换和方向特性的参数，它是方向系数与天线效率的乘积，记为 G，即

$$G = D \cdot \eta_A$$ （10-8）

由上式可见，天线方向系数和效率愈高，天线的增益系数愈高。

10.1.4　极化特性

极化特性是指天线在最大辐射方向上电场矢量方向随时间变化的规律。天线的电磁波极化是指在给定方向上天线辐射波电场的矢量方向。天线辐射波因在远区且只有横向场分量，可视为电磁波的电场和磁场都是在一个平面内的平面极化波。在工程上通常定义辐射波主向的电场矢量方向为天线辐射波的极化方向。

若辐射波的电场矢量端点随时间变化的轨迹为直线，则称为线极化。轨迹为圆或者椭圆则称为圆极化和椭圆极化。对（椭）圆极化波来说，若旋向轨迹与波的传播方向符合右手螺旋关系，为右旋。若符合左手螺旋关系，为左旋。

在通信和雷达中，通常采用线天线。但如果通信的一方是剧烈摆动或高速运动着的物体，为了提高通信的可靠性，发射和接收都应该采用圆极化天线。更重要的一点是，收发天线辐射波主向对准极化方向。

10.1.5　频带宽度

天线的电参数都与频率有关，当工作频率偏离设计频率时，往往会引起天线参数的变化，例如主瓣宽度增大、旁瓣电平增高、增益系数降低、输入阻抗和极化特性变坏等。实际上，天线也并非工作在点频，而是有一定的频率范围。当工作频率变化时，天线的有关电参数不应超出规定的范围，这一频率范围称为频带宽度，简称为天线的带宽。

（1）天线的绝对带宽，指天线能实际工作的频率范围，即上下限频率之差：

$$\Delta f = f_2 - f_1$$ （10-9）

（2）天线的相对带宽，由上下限频率之差与中心频率之比来表示：

$$\Delta f = \frac{f_2 - f_1}{f_0}$$ （10-10）

（3）天线的比值带宽，指上下限频率之比，即 $f_2 : f_1$。工程上对于中等以下带宽的天

线，一般用相对带宽表示。对于超宽带天线，可采用比值带宽来表示。

10.1.6　输入阻抗

要使天线效率高，就必须使天线阻抗与馈线的阻抗实现良好匹配，也就是要使天线的输入阻抗等于传输线的特性阻抗，才能使天线获得最大功率。

天线的输入阻抗对频率的变化通常十分敏感，当天线工作频率偏离设计频率时，天线与传输线的阻抗匹配变坏，致使传输线上电压驻波比增大，天线效率降低。因此在实际应用中，还引入电压驻波比参数来衡量天线性能，并且天线的驻波比不能大于某一规定值。

10.1.7　有效长度

天线的有效长度定义如下：在保持实际天线最大辐射方向上场强值不变的条件下，假设天线上电流分布为均匀分布时天线的等效长度。它是把天线在最大辐射方向上的场强和电流联系起来的一个参数，通常将归于输入电流 I_o 的有效长度记为 L_{eo}，把归于波腹电流 I_m 的有效长度记为 L_{em}。显然，有效长度愈长，表明天线的辐射能力愈强。

10.2　电磁仿真软件

10.2.1　电磁算法简介

计算电磁学已成为解决复杂电磁工程问题最有效的方法之一。现有的电磁场数值方法主要分为高频近似方法、全波数值方法及混合方法。

高频近似方法主要包括几何光学法（geometrical optics，GO）、几何绕射理论法（geometrical theory of diffraction，GTD）、一致性绕射法（uniform geometrical theory of diffraction，UTD）等、物理光学法（physical optics，PO）、物理绕射理论法（physical theory of diffraction，PTD）、弹跳射线法（shooting bouncing ray method，SBR）等。高频近似方法不需存储矩阵，且具有计算时间短、内存消耗低、计算效率高等优点，但是高频近似条件的引入，未完全考虑目标不同区域间的互耦，导致计算精度较低。高频近似方法一般更适合于频率较高、目标电尺寸较大且界面光滑的电磁问题，而对于复杂目标，其求解精度通常难以满足工程要求。

全波数值方法又被称为低频方法，相较于解析法和近似方法，优势为在计算资源允许的情况下，可以精确地分析任意非规则目标的电磁特性，并且能够求解任何频率的电磁问题。全波数值方法主要分为微分方程法和积分方程法。

常用的微分方程法有：时域有限差分法（finite difference time domain，FDTD）和有限元法（finite element method，FEM）两类。时域有限差分法（FDTD）适合宽频带电磁问题分析，如宽带天线和电磁屏蔽效能、雷击等应用。1966 年，K.S.Yee 首次提出该电磁场计算新方法——FDTD。FDTD 方法用于求解微分形式的麦克斯韦旋度方程组，利用差分原理将旋度方程组离散成为一组时域递推公式。它是一种时域直接求解法，随着时间的推进可以很方便地知道电磁场随时间的变化过程。有限元（FEM）方法能够对复杂几何形状以及复杂非均匀介质目标进行模拟。有限元法分析边值问题的基本步骤可归纳为：区域的离散或子域划分、插值函数的选择、方程组的建立、方程组求解。有限元法适用于处理非均匀介质或介质与金属的组合结构、微带结构以及填充非均匀介质或各向异性介质的波导问题。但是，该方法同时域有限差分法一样，难以处理开放区域的辐射与散射问题。FDTD 和 FEM 的优点在于算法生成的矩阵为稀疏矩阵，且易于处理有限尺寸下的含非均匀介质结构的复杂电磁问题。对于开域问题，FDTD 和 FEM 需设置吸收边界条件，还要设置足够的空间以满足截断边界条件，这种处理方式会带来截断误差和网格的色散误差，因而难以确保计算精度且额外的求解区域也导致了更大的计算量。

积分方程方法主要是矩量法（method of moments，MoM）。1968 年，Roger F. Harrington 提出矩量法。采用 MoM 求解积分方程时，由于其所建立的格林函数自动满足 Sommerfeld 辐射条件，因此不会因为网格的离散而产生色散误差，进而具有较高的计算精度。同时，不需像微分方程法那样设置吸收边界条件，其待求未知量只位于散射体表面或者体内，从而大大减少了未知量。因此积分方程 MoM 法计算电磁辐射和散射问题具有较大优势。矩量法只需要离散几何模型而无须离散空间，不需设置边界条件，其计算量只取决于计算频率及模型的几何尺寸。用矩量法求解电磁场问题的优点是严格地计算各子散射体间的互耦。总的来说，矩量法是以电磁场积分方程为基础的数值方法，是一种严格的数值方法，其精度主要取决于目标几何建模精度、正确的基、权函数选择及阻抗元素的计算。

10.2.2　物理光学法

物理光学（physical optics）方法是一种基于表面电流的方法。它应用积分方程的表达形式，并且遵循物理上合理的高频假设，即由物体上某一点对物体其他点的散射场的贡献和入射场相比是很小的。应用物理光学方法要求给定几何结构和入射场。目标表面的总场大小由入射电场决定，当电磁波入射到散射体面上时，有的区域能被电磁波照射到，有的区域却照射不到，被照射区域称为亮区，亮区的总场为非零，而照射不到的暗区的总场为零。这是物理光学法的主要缺点之一。

该方法的另一个主要缺陷是没有考虑散射体上的边缘，尖劈等不连续处所产生的电流对散射的贡献，故其计算结果在发射方向的近轴方向才有较好的计算精度，而在大角度辐射区的计算结果偏差较大。物理光学法通过对感应场的近似积分得到空间场，入射波照射到目标体表面，在表面亮区产生感应电流。采用物理光学方法能快速地计算电大尺寸目标体的特性，而且结果的精度可以满足工程需要。

10.2.3　常用电磁仿真软件

Ansys HFSS 是一款 3D 电磁仿真软件，可用于设计天线、天线阵列、RF 或微波组件、高速互连装置、过滤器、连接器、IC 封装和印刷电路板等高频电子产品，并对此类产品进行仿真。HFSS 是基于有限元法（FEM）的仿真器，适合仿真三维复杂结构，但是电长度要较小。

CST 是面向 3D 电磁、电路、温度和结构应力设计工程师的一款全面、精确、集成度极高的专业仿真软件包，包含八个工作室子软件，集成在同一用户界面内，为用户提供完整的系统级和部件级的数值仿真优化。软件覆盖整个电磁频段，提供完备的时域和频域全波电磁算法和高频算法。典型应用包含电磁兼容、天线 /RCS、高速互连 SI/EMI/PI/眼图、手机、核磁共振、电真空管、粒子加速器、高功率微波、非线性光学、电气、场路、电磁 – 温度及温度 – 形变等各类协同仿真。CST 是基于 FDTD（时域有限差分法）电磁场求解算法的仿真器，适合仿真宽带频谱结果，因为只需要输入一个时域脉冲就可以覆盖宽频带。

Advanced Design System，是 Agilent 公司推出的微波电路和通信系统仿真软件，可实现包括时域和频域、数字与模拟、线性与非线性、噪声等多种仿真分析手段，并可对设计结果进行成品率分析与优化，从而大大提高了复杂电路的设计效率，是非常优秀的微波电路、系统信号链路的设计工具。其主要应用于射频和微波电路的设计、通信系统的设计、DSP 设计和向量仿真。ADS 内含矩量法（MOM）；非常适合仿真第三维度上均匀变化的结构，如：电路多层板，如 PCB、陶瓷等电路板；常见无源电路，如滤波器等结构。

FEKO 电磁仿真软件：是第一个把矩量法（MoM）推向市场的商业软件。该方法使得精确分析电大问题成为可能。FEKO 从严格的电磁场积分方程出发，以经典的矩量法（MOM）为基础，采用了多层快速多级子（multi-level fast multipole method，MLFMM）算法在保持精度的前提下大大提高了计算效率，并将矩量法与经典的高频分析方法（物理光学法，（physical optics，PO）；一致性绕射理论法，（Uniform Theory of Diffraction，UTD）无缝结合，从而非常适合于分析天线设计、雷达散射截面（RCS）、开域辐射、电磁兼容中的各类电磁场分析问题。

10.3　天线设计范例

在本节中设计一个 G 形结构的微带线单极子天线，天线工作于 IEEE 802.11a 和 802.11b 两个工作频段。IEEE 802.11a 标准于 1999 年制定完成，该标准规定无线局域网工作频段在 5.15 ~ 5.825 GHz，中心频率约为 5.49 GHz。IEEE 802.11b 标准是对 IEEE 802.11 的一个补充，于 1999 年 9 月被正式批准，该标准规定无线局域网工作频段在 2.4 ~ 2.482 5 GHz，中心频率约为 2.44 GHz。

10.3.1 双频单极子天线的结构

图 10.6 所示为设计的微带双频单极子天线的结构模型，整个天线结构大致分为四个部分，即介质层、微带贴片、微带馈线和参考地。

介质层的材质使用 FR4，其相对介电常数 $\varepsilon_r = 4.4$，损耗正切 $\tan\delta = 0.02$，介质层厚度为 1.6 mm。介质层的下表面是单极子天线的参考地，介质层的上表面是微带馈线和单极子天线。其中，左侧的 C 形结构是高频单极子天线，工作于 IEEE 802.11a 频段，即工作频率为 5.15 ~ 5.825 GHz，右侧的 G 形结构是低频单极子天线，工作于 IEEE 802.11b 频段，即工作频率为 2.4 ~ 2.482 5 GHz。

图 10.6　单极子天线的结构模型

10.3.2 天线初始尺寸和 HFSS 设计概论

设计天线工作于 2.45 GHz 和 5.6 GHz 两个频段，若在自由空间中传播，那么这两个频率对应的波长分别为 122 mm 和 54 mm。若在全部填充介电常数为 4.4 的 FR4 介质中传播，那么其对应的波长分别为 58.2 mm 和 25.7 mm。对于 2.45 GHz 的中心频率，若采用自由空间波长，则 1/4 波长单极子天线的长度为 30.5 mm；若采用介质中的波长，则 1/4 波长单极子天线的长度为 14.6 mm。对于 5.6 GHz 的中心频率，若采用自由空间波长，则 1/4 波长单极子天线的长度为 13.5 mm；若采用介质中的波长，则 1/4 波长单极子天线的长度为 6.4 mm。对于 PCB 板上的微带单极子天线，波的传输既要经过介质也要经过自由空间，因此实际波长应该介于介质的导波波长和自由空间的工作波长之间。而对于 2.45 GHz 工作频段，1/4 波长介于 14.6 ~ 30.5 mm；即对于 5.6 GHz 工作频段，1/4 波长介于 6.4 ~ 13.5 mm。

为了便于后续的参数化分析，即分析天线的各项结构参数对天线性能的影响，在 HFSS 设计建模时需要定义一系列的变量来表示天线的结构，使用变量表示的单极子天线参数化设计模型如图 10.7 所示。其中，定义的变量名称、结构参数以及变量初始值如表 10.1 所示。

设计中，首先在 HFSS 中创建如图 10.6 所示的微带结构单极子天线的参数化模型，仿真分析出该天线模型的性能。

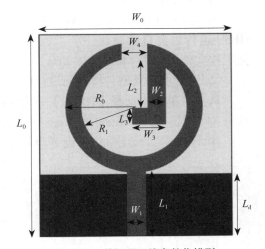

图 10.7　单极子天线参数化模型

表 10.1　天线变量定义

变量意义	变量名	变量值（单位：mm）
介质层厚度	H	1.6
介质层宽度	W_0	30.2
介质层长度	L_0	40
微带馈线宽度	W_1	3.5
微带馈线长度	L_1	13
垂直加载天线宽度	W_2	3
垂直加载天线长度	L_2	12
水平加载天线宽度	W_3	6
水平加载天线长度	L_3	3
顶部开口宽度	W_4	4
外圆半径	R_0	13
内圆半径	R_1	10
接地面宽度	L_d	12.4

10.3.3　HFSS 仿真设计

（1）新建设计工程。

① 运行 HFSS 并新建工程。双击桌面上的 HFSS 快捷方式图标，启动 HFSS 软件。HFSS 运行后会自动新建一个工程文件，选择主菜单栏中的【File】→【Save As】命令，把工程文件另存为 Monopole.hfss。

② 设置求解类型。将当前设计的求解类型设置为终端驱动求解类型。

从主菜单栏中选择【HFSS】→【Solution Type】命令，打开如图 10.8 所示的 Solution Type 对话框。选中 Modal 和 Network Analysis 按钮，然后单击 OK 按钮，完成设置。

③ 设置模型长度单位。设置当前设计在创建模型时所使用的默认长度单位为毫米。

从主菜单栏中选择【Modeler】→【Units】命令，打开如图 10.9 所示的 Set Model Units 对话框。在该对

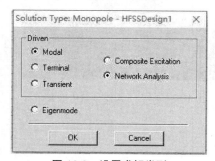

图 10.8　设置求解类型

图 10.9　设置长度单位

话框中的 Select units 下拉列表中选择 mm 选项，然后单击 OK 按钮，完成设置。

（2）添加和定义设计变量。

在 HFSS 中定义和添加如表 10.1 所示的所有设计变量。从主菜单栏中选择【HFSS 】→【Design Properties】命令，打开设计属性对话框，然后单击该对话框中的 Add... 按钮，打开 Add Property 对话框。在 Add Property 对话框中的 Name 文本框中输入第一个变量名称 H，在 Value 文本框中输入该变量的初始值 1.6 mm，然后单击 OK 按钮，添加变量 H 到设计属性对话框中。变量定义和添加过程如图 10.10 所示。

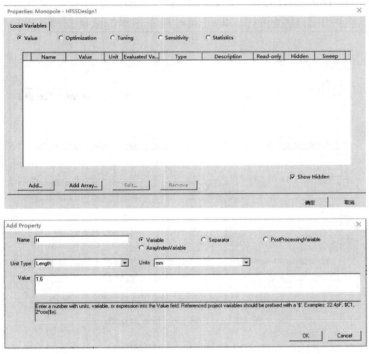

图 10.10　定义变量

使用相同的操作方法，分别定义变量 W_0、W_1、W_2、W_3、W_4、L_0、L_1、L_2、L_3、L_d、R_0 和 R_1，其初始值分别为 3.5 mm、14 mm、2 mm、4.25 mm、7 mm、10.25 mm 和 23 mm。定义完成后的设计属性对话框如图 10.11 所示。

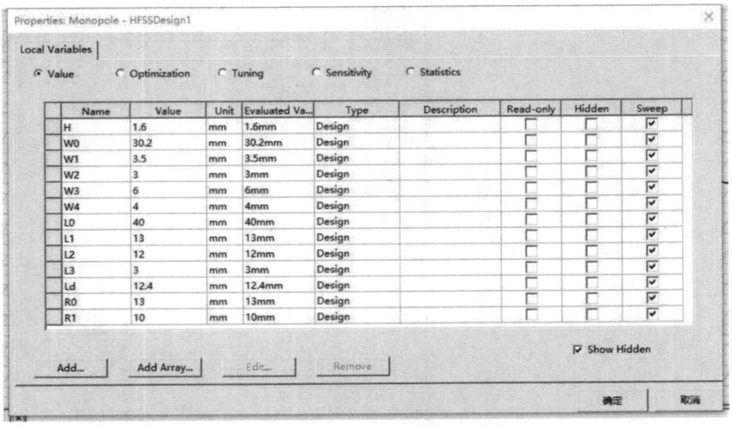

最后，单击设计属性对话框中的 确定 按钮，

图 10.11　定义所有设计变量后的设计属性对话框

完成所有变量的定义和添加工作，退出设计属性对话框即可。

（3）添加新的介质材料。

向设计材料库中添加一个相对介电常数 $\varepsilon_r = 4.4$，损耗正切 $\tan\delta = 0.02$ 的介质材料，并将其命名为 FR4。从主菜单栏中选择【Tools】→【Eit Configured Libraries】【Materials】命令，打开 Edit Libraries 对话框，如图 10.12 所示。然后单击该对话框中的 Add Material ... 按钮，打开如图 10.13 所示的 View/Edit Material 对话框。在 View/Edit Material 对话框中的 MaterialName 文本框中输入材质的名称 FR4，并在 Relative Permitivity 处输入材质的相对介电常数值 4.4，在 Dielectric Loss Tangent 处输入材质的损耗正切值 0.02，其他选项保留默认设置不变。然后单击 OK 按钮，即可向材料库中添加新的材质 FR4。

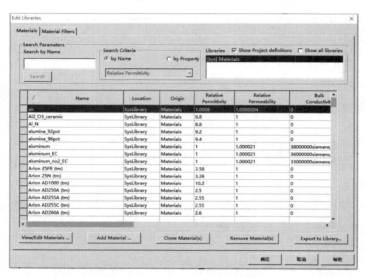

图 10.12　Edit Libraries 对话框

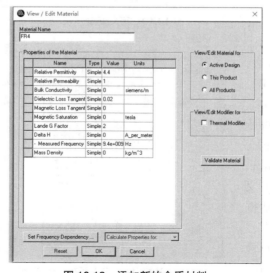

图 10.13　添加新的介质材料

最后，单击 Edit Libraries 对话框中的 <u>确定</u> 按钮，完成向材料库中添加介质材料的操作。

（4）设计建模。

① 创建介质层。创建一个长方体模型，用以表示介质基片。模型的底面位于 xoy 平面，模型的材质使用新添加的介质材料 FR4，并将该模型命名为 Substrate。

从主菜单栏中选择【Draw】【Box】命令或者单击工具栏上的 🗊 按钮，进入创建长方体的状态，然后在三维模型窗口中创建一个任意大小的长方体。新建的长方体会添加到操作历史树的 Solids 节点下，其默认的名称为 Box1。

双击操作历史树中 Solids 下的 Box1 节点，打开新建长方体属性对话框的 Attribute 选项卡，如图 10.14 所示。把长方体的名称设置为 Substrate，设置其材质为 FR4，设置其颜色为深绿色，设置其透明度为 0.6，然后单击 <u>确定</u> 按钮退出。

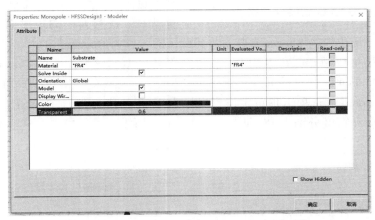

图 10.14　长方形属性对话框的 Attrubute 选项卡

双击操作历史树中 Substrate 下的 CreateBox 节点，打开新建长方体属性对话框的 Command 选项卡，在该选项卡中设置长方体的顶点坐标和尺寸。在 Position 中设置顶点坐标为（$-W_0/2$，$-L_0/2$，0），在 XSize、YSize 和 ZSize 中设置矩形面的长、宽和高分别为 W_0、L_0 和 $-H$，如图 10.15 所示，然后单击 <u>确定</u> 按钮退出。

此时就创建好了名称为 Substrate 的介质基片模型。然后，按快捷键 Ctrl ＋D 全屏显示创建的长方体模型。

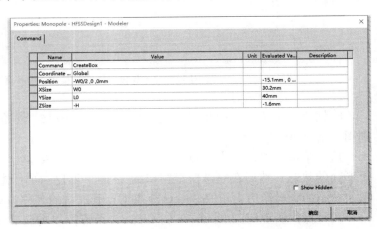

图 10.15　长方形属性对话框的 Command 选项卡

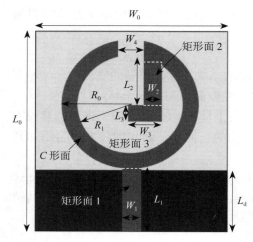

图 10.16　组成单极子天线贴片的 4 个图形

② 创建介质层上表面单极子天线贴片模型。创建位于介质层上表面的天线贴片模型，其形状如图 10.16 所示。建模时，首先依次创建如图 10.16 所示的四个图形，然后通过合并操作，把所有的图形面合并成一个完整的模型。

a. 创建矩形面 1。在介质层的上表面创建如图 10.16 所示的矩形面 1，其长度和宽度分别用变量 W_1 和 L_1 表示。

从主菜单栏中选择【Draw】→【Rectangle】命令或者单击工具栏上的 □ 按钮，进入创建矩形面的状态，然后在三维模型窗口的 xy 面上创建一个任意大小的矩形面。新建的矩形面会添加到操作历史树的 Sheets 节点下，其默认的名称为 Rectangle1。

展开操作历史树中 Sheets 下的 Rectangle 1 节点，双击该节点下的 Create Rectangle 节点，打开新建矩形面属性对话框的 Command 选项卡，在该选项卡中设置矩形面的顶点坐标和尺寸。在 Position 选项卡顶点中设置坐标为（$-W_1/2$, 0, 0），在 XSize 和 YSize 中设置矩形面的长度和宽度分别为 W_1 和 L_1，如图 10.17 所示．然后单击 确定 按钮退出。

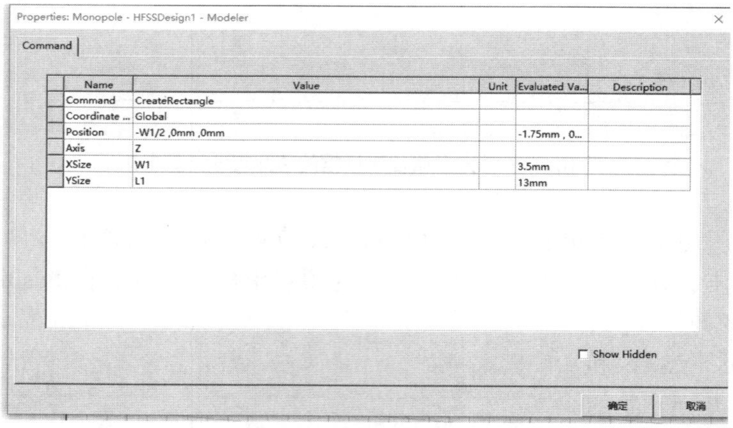

图 10.17　矩形属性对话框的 Command 选项卡

b. 创建 C 形面。在介质层的上表面创建如图 10.16 所示的 C 形面 2，其外径和内径分别用变量 R_0 和 R_1 表示。

从主菜单栏中选择【Draw】→【Circle】命令或者单击工具栏上的 ○ 按钮，进入创建矩形面的状态，然后在三维模型窗口的 xy 面上创建一个任意大小的 y 圆形面。新建的矩形面会添加到操作历史树的 Sheets 节点下，其默认的名称为 Circle1。

展开操作历史树中 Sheets 下的 Circle 1 节点，双击该节点下的 Create Circle 节点，打开新建圆形面属性对话框的 Command 选项卡，在该选项卡中设置圆形面的圆心坐标和半径。在 Center Position 中设置圆心坐标为（0，25，0），在 Radius 中设置圆形面的半径为 R_0，如图 10.18 所示，然后单击 [确定] 按钮退出。

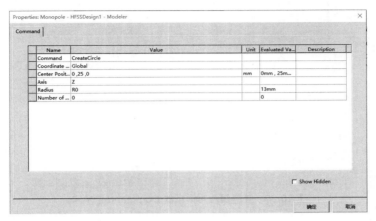

图 10.18　圆形面属性对话框的 Command 选项卡 1

利用同样的操作创建第二个圆形面，展开操作历史树中 Sheets 下的 Circle 2 节点，双击该节点下的 Create Circle 节点，打开新建矩形面属性对话框的 Command 选项卡，在该选项卡中设置圆形面的圆心坐标和半径。在 Center Position 中设置圆心坐标为（0，25，0），在 Radius 中设置圆形面的半径为 R_1，如图 10.19 所示，然后单击 [确定] 按钮退出。

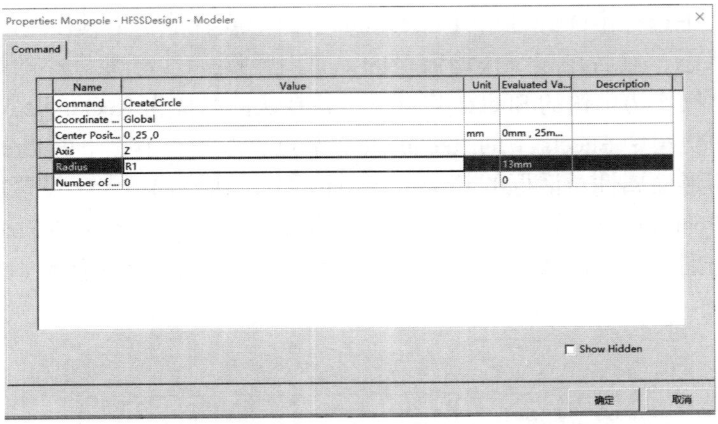

图 10.19　圆形面属性对话框的 Command 选项卡 2

从主菜单栏中选择【Draw】→【Rectangle】命令或者单击工具栏上的 □ 按钮，进入创建矩形面的状态，然后在三维模型窗口的 xy 面上创建一个任意大小的矩形面。新建的矩形面会添加到操作历史树的 Sheets 节点下，其默认的名称为 Rectangle 2。

展开操作历史树中 Sheets 下的 Rectangle 2 节点，双击该节点下的 Create Rectangle 节点，打开新建矩形面属性对话框的 Command 选项卡，在该选项卡中设置矩形面的顶点坐标和尺寸。在 Position 选项卡顶点中设置坐标为（-2，33，0），在 XSize 和 YSize 中设置矩形面的长度和宽度分别为 4 和 6，如图 10.20 所示．然后单击 确定 按钮退出。

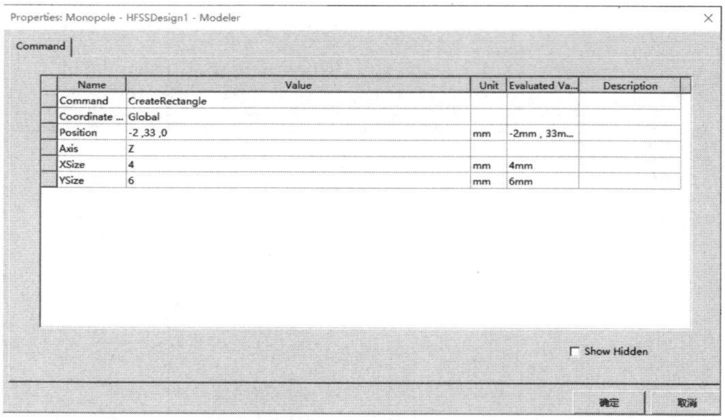

图 10.20 矩形属性对话框的 Command 选项卡

按住 Ctrl 键的同时选中操作历史树中 Sheets 下的 Circle 1、Circle 2、Rectangle 2 节点，以同时选中这 3 个图形。然后从主菜单栏中选择【Modeler】→【Boolean】→【Subtract】命令或者单击工具栏上的 按钮，执行相减操作。此时，即可把选中的 Circle 2 和 Rectangle 2 从 Circle 1 中减，生成的整体的名称为 Circle 1。

c. 创建矩形面 2。在介质层的上表面上创建如图 10.16 所示的矩形面 2，其长度和宽度分别用变量 L_2 和 W_2 表示。

从主菜单栏中选择【Draw】→【Rectangle】命令或者单击工具栏上的 按钮，进入创建矩形面的状态，然后在三维模型窗口的 xy 面上创建一个任意大小的矩形面。新建的矩形面会添加到操作历史树的 Sheets 节点下，其默认的名称为 Rectangle 3。

展开操作历史树中 Sheets 下的 Rectangle 3 节点，双击该节点下的 Create Rectangle 节点，打开新建矩形面属性对话框的 Command 选项卡，在该选项卡中设置矩形面的顶点坐标和尺寸。在 Position 中设置顶点坐标为（2，35，0），在 XSize 和 YSize 中设置矩形面的长度和宽度分别为 W_2 和 $-L_2$，如图 10.21 所示，然后单击 确定 按钮退出。

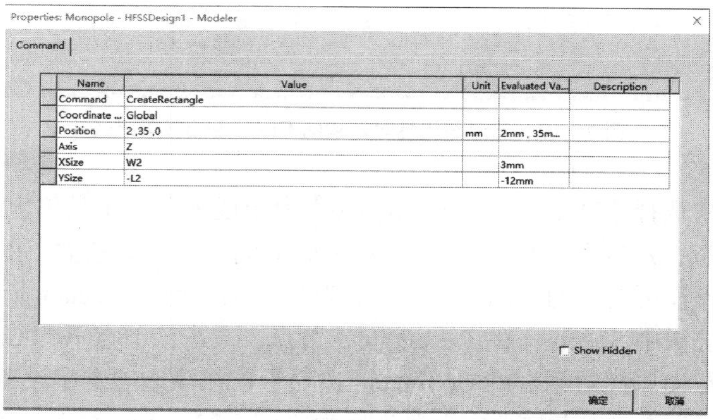

图 10.21 矩形属性对话框的 Command 选项卡

d. 创建矩形面 3。在介质层的上表面上创建如图 10.16 所示的矩形面 3，其长度和宽度分别用变量 W_3 和 L_3 表示。

从主菜单栏中选择【Draw】→【Rectangle】命令或者单击工具栏上的 □ 按钮，进入创建矩形面的状态，然后在三维模型窗口的 xy 面上创建一个任意大小的矩形面。新建的矩形面会添加到操作历史树的 Sheets 节点下，其默认的名称为 Rectangle 4。

展开操作历史树中 Sheets 下的 Rectangle 3 节点，双击该节点下的 Create Rectangle 节点，打开新建矩形面属性对话框的 Command 选项卡，在该选项卡中设置矩形面的顶点坐标和尺寸。在 Position 中设置顶点坐标为（5，23，0），在 XSize 和 YSize 中设置矩形面的长度和宽度分别为 $-W_3$ 和 $-L_3$，如图 10.22 所示，然后单击 确定 按钮退出。

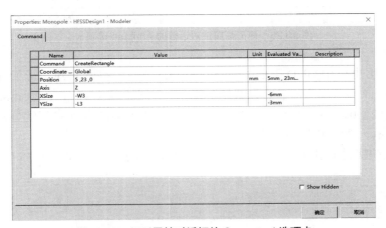

图 10.22　矩形属性对话框的 Command 选项卡

e. 合并操作生成完整的贴片模型。按住 Ctrl 键的同时选中操作历史树中 Sheets 下的 Rectangle 1、Rectangle 3、Rectangle 4、Circle 1 节点，以同时选中这 5 个矩形面。然后从主菜单栏中选择【Modeler】→【Boolean】→【Unite】命令或者单击工具栏上的按钮，执行合并操作。此时，即可把选中的 5 个矩形面合并成一个整体，合并生成的整体的名称为 Rectangle 1。

③ 创建介质层下表面的参考地模型。创建位于介质层下表面的参考地模型，其形状是如图 10.16 中所示的一个矩形面，矩形面的长度和宽度分别为 30.2 mm 和 12.4 mm。

从主菜单栏中选择【Draw】→【Rectangle】命令或者单击工具栏上的 □ 按钮，进入创建矩形面的状态，然后在三维模型窗口的 xy 面上创建一个任意大小的矩形面。新建的矩形面会添加到操作历史树的 Sheets 节点下，其默认的名称为 Rectangle 5。

双击操作历史树中 Sheets 下的 Rectangle 5 节点，打开新建矩形面属性对话框的 Attribute 选项卡，如图 10.23 所示。把矩形面的名称设置为 GND，设置其颜色为铜黄色，然后单击 确定 按钮退出。

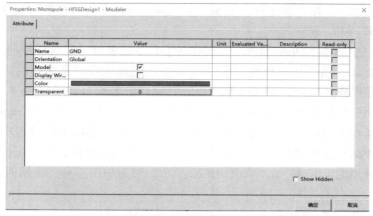

图 10.23　矩形面属性对话框的 Attribute 选项卡

双击操作历史树中 GND 下的 CreateRectangle 节点，打开新建矩形面属性对话框的 Command 选项卡，在该选项卡中设置矩形面的顶点坐标和尺寸。在 Position 中设置顶点坐标为（$-W_0/2$, 0, 0），在 XSize 和 YSize 中设置矩形面的宽度和长度分别为 W_0 和 L_d，如图 10.24 所示，然后单击 确定 按钮退出。

最后，按快捷键 Ctrl+D 全屏显示创建的所有物体的模型，如图 10.25 所示。

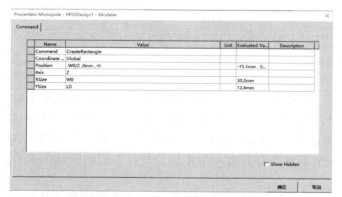

图 10.24　矩形面属性对话框的 Command 选项卡

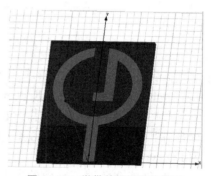

图 10.25　微带单极子天线模型

（5）设置边界条件。

因为介质层的上、下表面的平面模型 Rectangle1 和 GND 都是金属片，所以为其分配理想导体边界条件。另外，对于天线分析，还需要设置辐射边界。

① 分配理想导体边界条件。按住 Ctrl 键的同时选中操作历史树中 Sheets 下的 Rectangle 1 和 GND 节点，以同时选中这两个物体，然后在其上单击鼠标右键，在弹出的快捷菜单中选择【AssignBoundary】→【Perfect E】命令，打开理想导体边界条件设置对话框，如图 10.26 所示。保留对话框中的默认设置不变，直接单击 OK 按钮，即可设置平面 Rectangle 1 和 GND 为理想导体边界条件。理想导体边界条件的名称 PerfE1 会添加

到工程树的 Boundaries 节点下。此时，平面 Rectangle1 和 GND 等效为理想导体面。

② 设置辐射边界条件。使用 HFSS 分析天线问题时，必须设置辐射边界条件，且辐射表面和辐射体之间的距离需要不小于 1/4 个工作波长。频率为 2.4 GHz 时的 1/4 个自由空间波长约为 31 mm。在这里首先创建一个长方体模型，长方体的各个表面和介质层表面之间的距离都为 40 mm，然后把该长方体的表面设置为辐射边界条件。

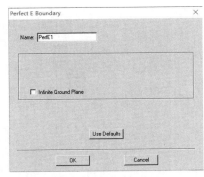

图 10.26　分配理想导体边界条件

从主菜单栏中选择【Draw】→【Box】命令或者单击工具栏上的 ◎ 按钮，进入创建长方体的状态，然后在三维模型窗口中创建一个任意大小的长方体。新建的长方体会添加到操作历史树的 Solids 节点下，其默认的名称为 Box 1。

双击操作历史树中 Solids 下的 Box 1 节点，打开新建长方体属性对话框的 Attribute 选项卡。把长方体的名称设置为 Air Box，设置其材质为 air、透明度为 0.8，如图 10.27 所示，然后单击 确定 按钮退出。

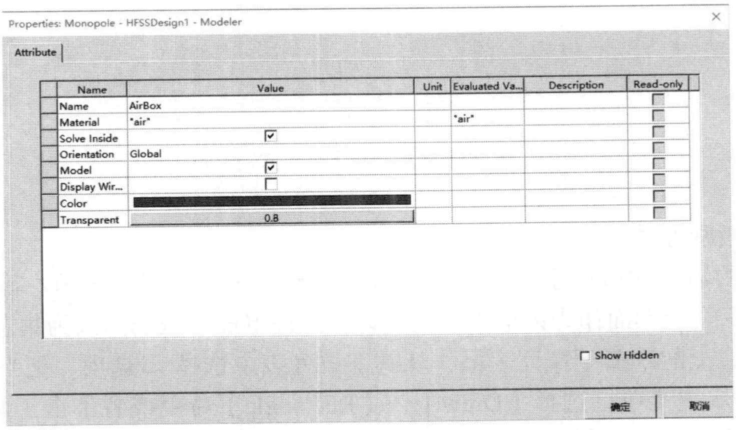

图 10.27　长方体属性对话框的 Attribute 选项卡

双击操作历史树中 Air Box 下的 Create Box 节点，打开新建长方体属性对话框的 Command 选项卡，在该选项卡中设置长方体的顶点坐标和尺寸。在 Position 中设置顶点坐标为（-70，-40，-40），在 XSize、YSize 和 ZSize 中设置矩形面的长、宽和高分别为 140、120 和 80，如图 10.28 所示，然后单击 确定 按钮退出。

创建好长方体模型 AirBox 之后，在操作历史树下单击 Air Box 节点以选中该模型。然后在三维模型窗口中单击鼠标右键，在弹出的快捷菜单中选择【Assign Boundary】→【Radiation】命令，打开辐射边界条件设置对话框，如图 10.29 所示。在该对话框中保留默认设置不变，直接单击 OK 按钮，把长方体模型 Air Box 的表面设置为辐射边界条件。

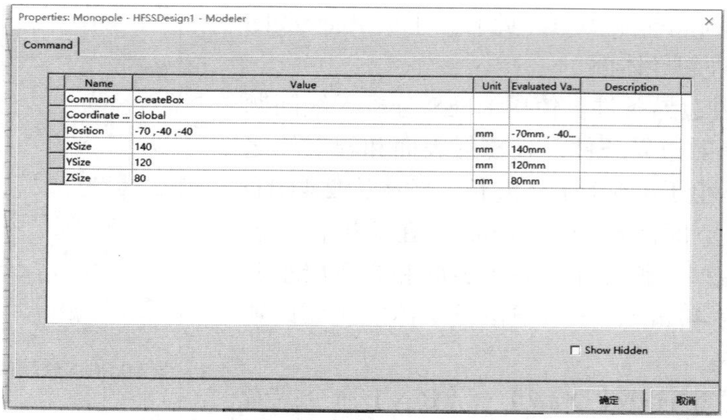

图 10.28　长方体属性对话框的 Command 选项卡

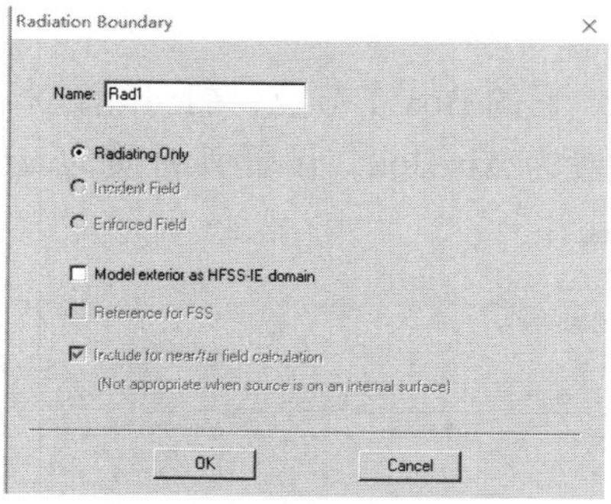

图 10.29　辐射边界条件设置对话框

（6）设置激励方式。

因为天线的输入端口位于模型内部，所以需要使用集总端口激励。首先在天线的馈线端口处创建一个矩形面作为馈电面，然后设置该馈电面的激励方式为集总端口激励。

单击工具栏上的 ▣ ▾ 下拉列表框，从其下拉列表中选择 yz 选项，把当前工作平面设置为 yz 平面。从主菜单栏选择【Draw】→【Rectangle】命令或者单击工具栏上的按钮，进入创建矩形面的状态，并在三维模型窗口的 yz 面上创建一个任意大小的矩形面。新建的矩形面会添加到操作历史树的 Sheets 节点下，其默认的名称为 Rectangle 5。

双击操作历史树中 Sheets 下的 Rectangle5 节点，打开新建矩形面属性对话框的 Attribute 选项卡，如图 10.30 所示。把矩形面的名称设置为 Feed_Port，然后单击 确定 按钮退出。

双击操作历史树中 Feed_Port 下的 Create Rectangle 节点，打开新建矩形面属性对话框的 Command 选项卡，在该选项卡中设置矩形面的顶点坐标和尺寸。在 Position 中设置顶点位置坐标为 $(-W_1/2, 0, 0)$，在 XSize 和 ZSize 中设置矩形面的长和宽分别为 W_1 和 $-H$，如图 10.31 所示，然后单击 确定 按钮退出。

这样就在 xz 面上创建了一个与金属片 Rectangle1 和 GND 相接的矩形面，矩形面的宽度与金属片 Rectangle1 的宽度一致。接下来把该矩形面设置为集总端口激励。需要注意

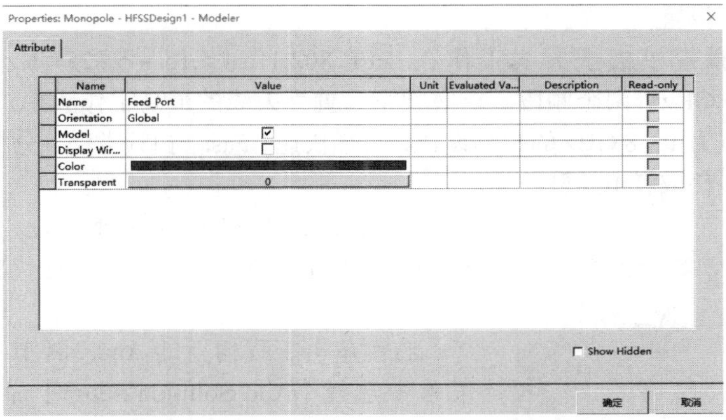

图 10.30 矩形面属性对话框的 Attribute 选项卡

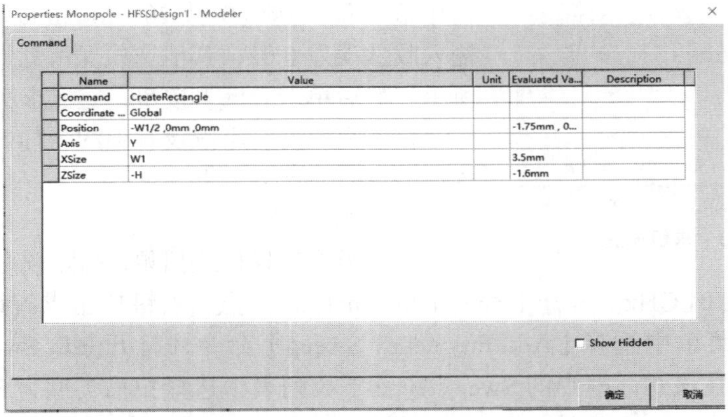

图 10.31 矩形面属性对话框的 Command 选项卡

的是，终端驱动求解类型下集总端口激励的设置操作和模式驱动求解类型下的设置操作是不一样的，其具体操作如下。

单击操作历史树中 Sheets 下的 Feed_Port 节点，以选中该矩形面。然后在其上单击鼠标右键，在弹出的快捷菜单中选择【Assign Excitation】→【Lumped Port】命令，打开终端驱动求解类型下集总端口设置对话框。在该对话框中的 Port Name 文本框中输入端口激励名称，默认名称为 1。在该对话框下方的 Conductor 项用于设置端口的参考地，当前设计中平面 GND 是参考地，因此这里选中 GND 对应的复选框，其他选项保留默认设置不变，然后单击 OK 按钮，即可完成集总端口激励的设置。完成后，设置的集总端口的名称 1 会添加到工程树中 Excitations 节点下，如图 10.32 所示。其中，1 是集总端口激励名称。

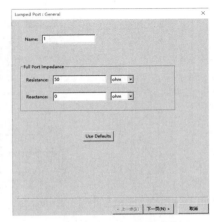

图 10.32 集总端口设置对话框

（7）求解设置。

设计的微带单极子天线工作在 IEEE 802.11a（5.15 ~ 5.825 GHz）和 IEEE 802.11b（2.4 ~ 2.482 5 GHz）两个频段。求解频率设置为天线的最高工作频率，即 5.8 GHz。同时添加频率范围为 1 ~ 8 GHz 的扫频设置，选择快速（Fast）扫频类型，分析天线在 1 ~ 8 GHz 频段的回波损耗或者电压驻波比。

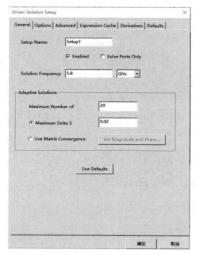

图 10.33　求解设置

① 求解频率和网格剖分设置。设置求解频率为 5.8 GHz，自适应网格剖分的最大迭代次数为 20，收敛误差为 0.02。

右键单击工程树下的 Analysis 节点，在弹出的快捷菜单中选择【Add Solution Setup】命令，打开 Solution Setup 对话框。在该对话框中的 Solution Frequency 项中输入求解频率 5.8 GHz，Maximum Number of Passes 文本框中输入最大迭代次数 20，Maximum Delta S 文本框中输入收敛误差 0.02，其他选项保留默认设置，如图 10.33 所示。然后单击　确定　按钮，完成求解设置。

设置完成后，求解设置项的名称 Setup 1 会添加到工程树的 Analysis 节点下。

② 扫频设置。

扫频类型选择快速扫频，扫频频率范围为 1 ~ 8 GHz，频率步进为 0.01 GHz。展开工程树下的 Analysis 节点，右键单击求解设置项 Setup 1，在弹出的快捷菜单中选择【Add Frequency Sweep】命令，打开 Edit Sweep 对话框，如图 10.34 所示。在该对话框中的 Sweep Type 下拉列表中选择扫描类型为 Fast，在 Frequency Setup 选项组中的 Type 下拉列表中选择 Linear Step 选项，并将 Start 设置为 1 GHz，Stop 设置为 8 GHz，Step Size 设置为 0.01 GHz，其他选项都保留默认设置。最后单击对话框中的　OK　按钮，完成设置。

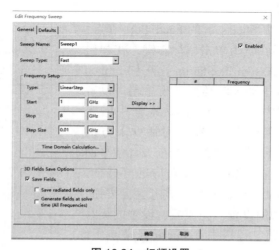

图 10.34　扫频设置

设置完成后，该扫频设置项的名称Sweep 1会添加到工程树中求解设置项 Setup 1 的下面。

（8）设计检查和运行仿真计算。

通过前面的操作，已经完成了模型创建和求解设置等 HFSS 设计的前期工作，接下来就可以运行仿真计算并查看分析结果了。但在运行仿真计算之前，通常需要进行设计检查，确认设计的完整性和正确性。

从主菜单栏中选择【HFSS】→【Validation Check】命令或者单击工具栏上的 按钮，进行设计检查。此时，会打开如图 10.35 所示的 Validation Check 对话框。该对话框中的每一个选项的前面都显示 ✔ 图标，表示当前的 HFSS 设计正确且完整。单击 Close 关闭对话框，接下来开始运行仿真计算。

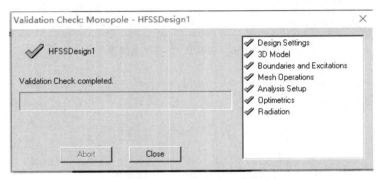

图 10.35　设计检查结果对话框

右键单击工程树下的 Analysis 节点，在弹出的快捷菜单中选择【Analyze All】命令，或者单击工具栏上的 按钮，开始运行仿真计算。

在仿真计算过程中，工作界面右下方的进度条窗口中会显示求解进度，信息管理窗口中也会有相应的信息说明，并会在仿真计算完成后给出完成提示信息。

（9）天线性能结果分析。

仿真分析完成后，在数据后处理部分能够查看天线各项性能参数的分析结果，包括 S_{11} 扫频分析结果、天线表面电流分布、S_{11} 的 Smith 圆图结果、xz 和 yz 截面的增益方向图以及天线的三维增益方向图。

① 查看 S_{11} 扫频结果。

右键单击工程树下的 Results 节点，在弹出的快捷菜单中选择【Create Mo Solution Data Report】→【Rectangular Plot】命令，打开报告设置对话框，如图 10.36 所示。在该对话框中确定左侧的 Solution 下拉列表中选择的是 Setup 1: Sweep 1，在 Category 列表框中选中 S-Parameter，在 Quantity 列表框中选中 S（1，1），在 Function 列表框中选中 dB。然后单击 New Report 按钮，再单击 Close 按钮关闭对话框。此时，即可生成如图 10.37 所示的扫频频率在 1～80 GHz 频率范围内的回波损耗 S_{11} 的分析结果。

从分析结果中可以看出，在 IEEE 802.11a（即 5.15～5.825 GHz）频段内，S_{11} 小于−14 dB；在 IEEE 802.11b（即 2.4～2.482 5 GHz）频段内，S_{11} 小于−18 dB，满足性能要求。

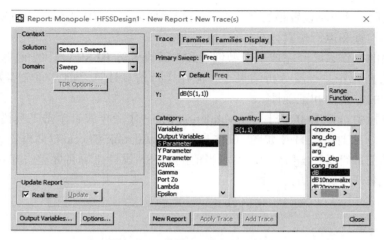

图 10.36　查看 S_{11} 分析结果操作

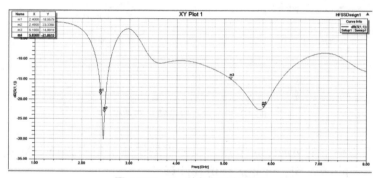

图 10.37　S_{11} 的扫频分析结果

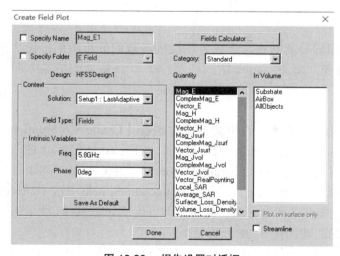

图 10.38　报告设置对话框

② 查看天线表面电场分布。

a. 查看天线工作在 5.8 GHz 时的表面电场。

单击操作历史树中 Sheets 下的 Perfect E 节点中的 Rectangle 1，以选中微带贴片。然后右键单击工程树下的 Field Overlays 节点，在弹出的快捷菜单中选择【Plot Fields】→【E】→【Mag_E】命令，打开报告设置对话框如图 10.38 所示，保持默认设置，单击按钮生成工作在 5.8 GHz 时的天线表面电场分布图，如图 10.39 所示。

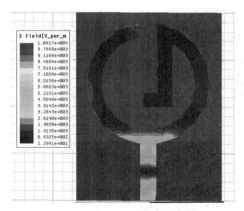

图 10.39　5.8 GHz 天线表面电场

b. 查看天线工作在 2.45 GHz 时的表面电场。

设置求解频率为 2.45 GHz，自适应网格剖分的最大迭代次数为 20，收敛误差为 0.02。

双单击工程树下 Analysis 节点中的 Setup 1 节点，打开 Driven Solution Setup 对话框，在该对话框中的 Solution Frequency 项中输入求解频率 2.45GHz，Maximum Number of Passes 文本框中输入最大迭代次数 20，Maximum Delta S 文本框中输入收敛误差 0.02，其他选项保留默认设置，如图 10.40 所示。然后单击 ▢▢ 按钮，完成求解设置。

右键单击工程树下的 Analysis 节点，在弹出的快捷菜单中选择【Analyze All】命令，或者单击工具栏上的 按钮，开始运行仿真计算。

仿真计算完成后点击工程树下 Field Overlays 节点中的 E-Field 查看天线工作在 2.45 GHz 时的表面电场，如图 10.41 所示。

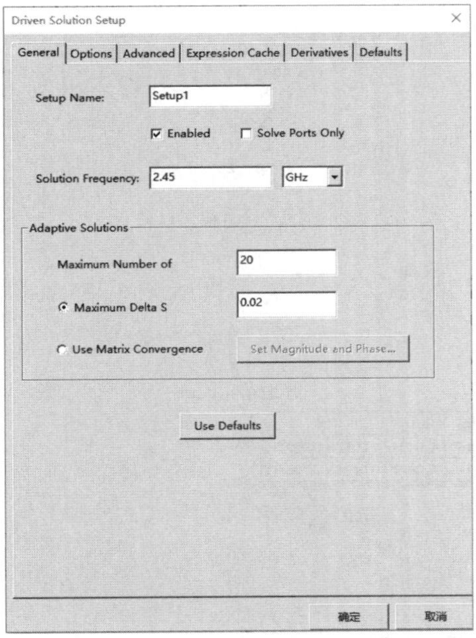

图 10.40　报告设置对话框

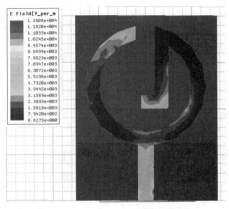

图 10.41　2.45 GHz 天线表面电场

③ 查看 S_{11} 的 Smith 圆图结果。

右键单击工程树下的 Results 节点，在弹出的快捷菜单中选择【Create Modal Solution Data Report】→【Smith Chart】命令，打开如图 10.42 所示的报告设置对话框，单击 New Report 按钮生成 S 的 Smith 圆图结果，如图 10.43 所示。

从结果报告中可以看出，2.45 GHz 时的归一化阻抗为（1.007−j0.099）Ω，5.8 GHz 时的归一化阻抗为（0.990−j0.195）Ω，归一化阻抗接近于 1，达到很好的匹配状态。

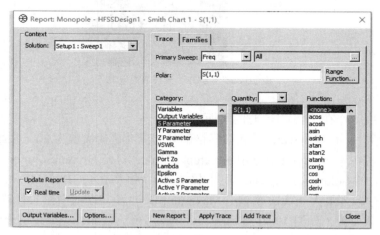

图 10.42　报告设置对话框

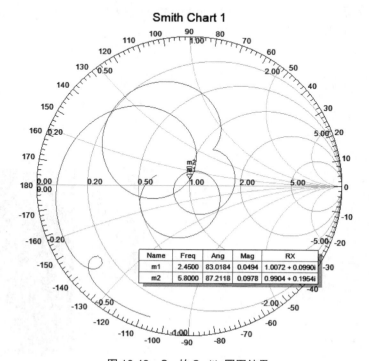

图 10.43　S_{11} 的 Smith 圆图结果

④ *xz*、*yz* 截面上增益方向图。

要查看天线的远区场计算结果，首先需要定义
辐射表面。辐射表面是在球坐标系下定义的。在球
坐标系下，*xz* 平面即相当于 $\varphi=0°$ 的平面，*yz* 平面即
相当于 $\varphi=90°$ 的平面。

a. 定义 $\varphi=0°$ 和 $\varphi=90°$ 的平面为辐射表面。

右键单击工程树下的 Radiation 节点，在弹出的
快捷菜单中选择【Insert Far Field Setup】→【Infinite
Sphere】命令，打开 Far Field Radiation Sphere Setup
对话框，定义辐射表面，如图 10.44 所示。在 Name
文本框中输入辐射表面的名称 EH Plane，在 Phi 角
度对应的 Start、Stop 和 Step Size 文本框中分别输
入 0 deg、90 deg 和 90 deg，在 Theta 角度对应的
Start、Stop 和 Step Size 文本框中分别输入 −180 deg、
180 deg 和 1 deg，然后单击 确定 按钮完成设置。

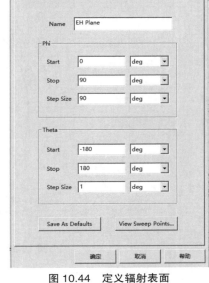

图 10.44　定义辐射表面

此时，定义的辐射表面名称 EH Plane 会添加到工
程树的 Radiation 节点下。

b. 查看在 *xz* 和 *yz* 截面上的增益方向图。

右键单击工程树下的 Results 节点，在弹出的快捷菜单中选择【Create Far Fields
Report】→【Radiation Pattern】命令，打开如图 10.45 所示报告设置对话框。在该对话
框中将 Geometry 选项设置为前面定义的辐射表面 EH Plane，Category 选项设置为 Gain，
Quantity 选项设置为 Gain Total，Function 选项设置为 dB。然后单击 New Report 按钮，生成天
线工作在 2.45 GHz 时 *xz* 和 *yz* 截面上的增益方向图，如图 10.46 所示。

右键单击工程树下的 Analysis 节点，在弹出的快捷菜单中选择【Add Solution Setup】
命令，打开 Solution Setup 对话框。在该对话框中的 Solution Frequency 项中输入求解频率

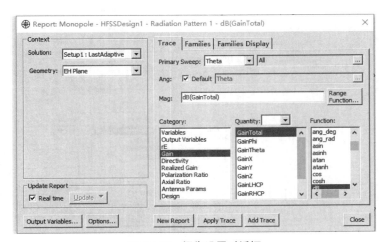

图 10.45　报告设置对话框

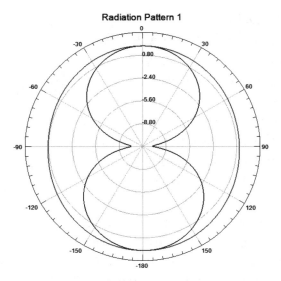

图 10.46 天线在 *xz* 和 *yz* 截面上的增益方向

5.8 GHz，Maximum Number of Passes 文本框中输入最大迭代次数 20，Maximum Delta S 文本框中输入收敛误差 0.02，其他选项保留默认设置，如图 10.33 所示。然后单击 确定 按钮，完成求解设置。

右键单击工程树下的 Analysis 节点，在弹出的快捷菜单中选择【Analyze All】命令，或者单击工具栏上的 按钮，开始运行仿真计算。

仿真计算完成后右键单击工程树下的 Results 节点，在弹出的快捷菜单中选择【Create Far Fields Report】→【Radiation Pattern】命令，打开如图 10.47 所示报告设置对话框。在该对话框中将 Geometry 选项设置为前面定义的辐射表面 EH Plane，Category 选项设置为 Gain，Quantity 选项设置为 Gain Total，Function 选项设置为 dB。然后单击 New Report 按钮，生成天线工作在 5.8 GHz 时 *xz* 和 *yz* 截面上的增益方向图，如图 10.48 所示。

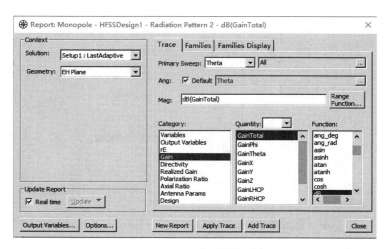

图 10.47 报告设置对话框

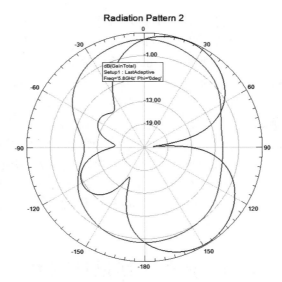

图 10.48　天线在 *xz* 和 *yz* 截面上的增益方向

⑤ 三维增益方向图。

a. 定义三维立体球面为辐射表面。

使用和前面相同的操作方法，打开 Far Field Radiation Sphere Setup 对话框。在 Name 文本框中输入辐射表面的名称 3D，在 Phi 角度对应的 Start、Stop 和 Step Size 文本框中分别输入 0 deg、360 deg 和 2 deg，在 Theta 角度对应的 Start、Stop 和 Step Size 文本框中分别输入 0 deg、180 deg 和 2 deg，然后单击 ▢确定▢ 按钮完成设置。

此时，定义的辐射表面名称 3D 同样会添加到工程树的 Radiation 节点下。

b. 查看三维增益方向图。

右键单击工程树下的 Results 节点，在弹出的快捷菜单中选择【Create Far Fields Report】→【3D Polar Plot】命令，打开如图 10.49 所示的报告设置对话框。在该对话框中

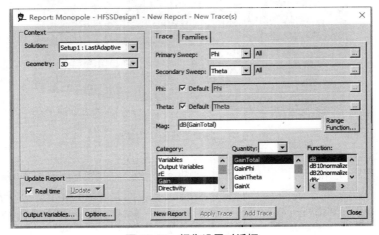

图 10.49　报告设置对话框

图 10.50 三维增益方向

将 Geometry 选项设置为前面定义的辐射面 3D，Category 选项设置为 Gain，Quantity 选项设置为 Gain Total，Function 选项设置为 dB。然后单击 New Report 按钮，生成如图 10.50 所示的三维增益方向图。

（10）保存设计。

至此，便完成了 WLAN 双频单极子天线的 HFSS 设计分析。在设计中，给出了工作于 IEEE 802.11a 和 IEEE 802.11b 两个工作频段上的微带结构单极子天线的 HFSS 分析结果。最后单击工具栏中的 ■ 按钮保存设计，再从主菜单栏中选择【File】→【Exit】命令，退出 HFSS。

10.4 阵列天线设计范例

在本节中设计一个基于矩形微带天线的 1×4 阵列天线，利用三段式阻抗匹配方法设计天线馈线，天线工作于 IEEE 802.11a 工作频段。IEEE 802.11a 标准于 1999 年制定完成，该标准规定无线局域网工作频段在 5.15～5.825 GHz，中心频率约为 5.49 GHz。

10.4.1 阵列天线的结构

图 10.51 所示为设计的阵列天线的结构模型，整个天线结构大致分为 4 个部分，即介质层、微带阵列、馈源和参考地。

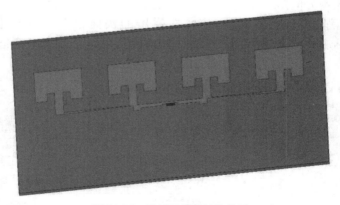

图 10.51 阵列天线的结构模型

介质层的材质使用 FR4，其相对介电常数 $\varepsilon_r = 4.4$，损耗正切 $\tan\delta = 0.02$，介质层厚度为 1.6 mm。介质层的下表面参考地，介质层的上表面是 1×4 微带阵列天线。其中，四个贴片天线单元，工作于 IEEE 802.11a 频段，即工作频率为 5.15～5.825 GHz。

10.4.2　天线初始尺寸和 HFSS 设计概论

设计天线工作于 5.8 GHz 两个频段，若在自由空间中传播，那么这个频率对应的波长为 52 mm。若在全部填充介电常数为 4.4 的 FR4 介质中传播，那么其对应的波长为 25.7 mm。对于 5.8 GHz 的中心频率，若采用自由空间波长，则 1/4 波长单极子天线的长度为 13.5 mm；若采用介质中的波长，则 1/4 波长单极子天线的长度为 6.4 mm。对于 PCB 板上的微带天线，波的传输既要经过介质也要经过自由空间，因此实际波长应该介于介质的导波波长和自由空间的工作波长之间，即对于 5.8 GHz 工作频段，1/4 波长介于 6.4 ~ 13.5 mm。

为了便于后续的参数化分析，即分析天线的各项结构参数对天线性能的影响，在 HFSS 设计建模时需要定义一系列的变量来表示天线的结构，使用变量表示的天线参数化设计模型如图 10.52 所示。其中，定义的变量名称、结构参数以及变量初始值如表 10.2 所示。

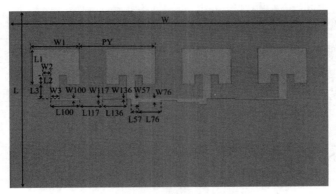

图 10.52　阵列天线参数化模型

表 10.2　天线变量定义

变量意义	变量名	变量值（单位：mm）
介质层厚度	H	1.6
介质层宽度	W	30.2
介质层长度	L	40
微带馈线宽度	W_d	3.5
矩形贴片宽度	W_1	13
矩形贴片长度	L_1	3
矩形凹槽长度	L_2	12
矩形凹槽宽度	W_2	6
贴片馈线长度	L_3	3

（续表）

变量意义	变量名	变量值（单位：mm）
贴片馈线宽度	W_3	4
100 Ω 阻抗线长度	L_{100}	13
100 Ω 阻抗线宽度	W_{100}	10
117 Ω 阻抗线长度	L_{117}	12.4
117 Ω 阻抗线宽度	W_{117}	
136 Ω 阻抗线长度	L_{136}	
136 Ω 阻抗线宽度	W_{136}	
57 Ω 阻抗线长度	L_{57}	
57 Ω 阻抗线宽度	W_{57}	
76 Ω 阻抗线长度	L_{76}	
76 Ω 阻抗线宽度	W_{76}	
天线单元间隔	P_Y	

设计中，首先在 HFSS 中创建如图 10.51 所示阵列天线的参数化模型，仿真分析出该天线模型的性能。

10.4.3 HFSS 仿真设计

（1）新建设计工程。

① 运行 HFSS 并新建工程。双击桌面上的 HFSS 快捷方式图标 ⬤，启动 HFSS 软件。HFSS 运行后会自动新建一个工程文件，选择主菜单栏中的【File】→【Save As】命令，把工程文件另存为 ARRAY.hfss。

② 设置求解类型。将当前设计的求解类型设置为终端驱动求解类型。

从主菜单栏中选择【HFSS】→【Solution Type】命令，打开如图 10.53 所示的 Solution Type 对话框。选中 Modal 和 Network Analysis 按钮，然后单击 OK 按钮，完成设置。

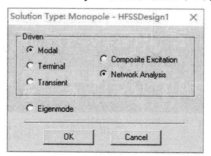

图 10.53　设置求解类型

③ 设置模型长度单位。设置当前设计在创建模型时所使用的默认长度单位为毫米。

图 10.54　设置长度单位

从主菜单栏中选择【Modeler】→【Units】命令，打开如图 10.54 所示的 Set Model Units 对话框。在该对话框中的 Select units 下拉列表中选择 mm 选项，然后单击 OK 按钮，完成设置。

（2）添加和定义设计变量。

在 HFSS 中定义和添加如表 10.2 所示的所有设计变量。

从主菜单栏中选择【HFSS】→【Design Properties】命令，打开设计属性对话框，然后单击该对话框中的 Add... 按钮，打开 Add Property 对话框。在 Add Property 对话框中的 Name 文本框中输入第一个变量名称 H，在 Value 文本框中输入该变量的初始值 1.6 mm，然后单击 OK 按钮，添加变量 H 到设计属性对话框中。变量定义和添加过程如图 10.55 所示。

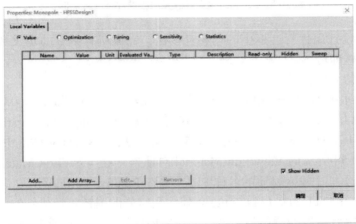

图 10.55　定义变量

使用相同的操作方法，分别定义变量 W、W_1、W_2、W_3、W_{100}、W_{117}、W_{136}、W_{57}、W_{76}、L、L_1、L_2、L_3、L_{100}、L_{117}、L_{136}、L_{57}、L_{76} 和 P_Y，其初始值分别为 120 mm、16 mm、2.4 mm、2.8 mm、0.63 mm、0.38 mm、0.2 mm、2.2 mm、1.3 mm、60 mm、12.4 mm、3 mm、5 mm、$(PY+W_{3/2}-L_{117})/2$、7.5 mm、$(P_Y+W_{3/2}-L_{117})/2$、$(P_Y/2-L_{76})/2$、7.2 mm 和 24.8 mm。定义完成后的设计属性对话框如图 10.56 所示。

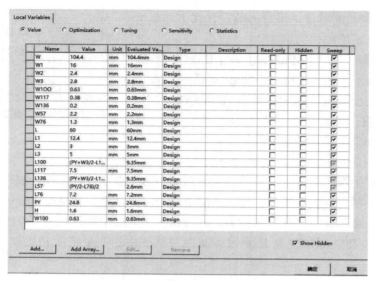

图 10.56　定义所有设计变量后的设计属性对话框

最后，单击设计属性对话框中的 确定 按钮，完成所有变量的定义和添加工作，退出设计属性对话框即可。

（3）添加新的介质材料。

向设计材料库中添加一个相对介电常数 $\varepsilon_r=4.4$，损耗正切 $\tan\delta=0.02$ 的介质材料，并将其命名为 FR4。从主菜单栏中选择【Tools】→【Eit Configured Libraries】【Materials】命令，打开 Edit Libraries 对话框，如图 10.57 所示。然后单击该对话框中的 Add Material... 按钮，打开如图 10.58 所示的 View/Edit Material 对话框。在 View/Edit Material 对话框中的 Material Name 文本框中输入材质的名称 FR4，并在 Relative Permitivity 处输入材质的相对介电常数值 4.4，在 Dielectric Loss Tangent 处输入材质的损耗正切值 0.02，其他选项保留默认设置不变。然后单击 OK 按钮，即可向材料库中添加新的材质 FR4。

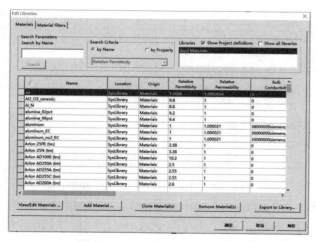

图 10.57　Edit Libraries 对话框

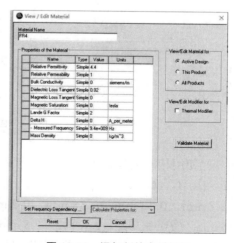

图 10.58　添加新的介质材料

最后，单击 Edit Libraries 对话框中的 [确定] 按钮，完成向材料库中添加介质材料的操作。

（4）设计建模。

① 创建介质层。创建一个长方体模型，用以表示介质基片。模型的底面位于 xoy 平面，模型的材质使用新添加的介质材料 FR4，并将该模型命名为 Substrate。

从主菜单栏中选择【Draw】【Box】命令或者单击工具栏上的 ⬚ 按钮，进入创建长方体的状态，然后在三维模型窗口中创建一个任意大小的长方体。新建的长方体会添加到操作历史树的 Solids 节点下，其默认的名称为 Box 1。

双击操作历史树中 Solids 下的 Box 1 节点，打开新建长方体属性对话框的 Attribute 选项卡，如图 10.59 所示。把长方体的名称设置为 Substrate，设置其材质为 FR4，设置其颜色为深绿色，设置其透明度为 0.6，然后单击 [确定] 按钮退出。

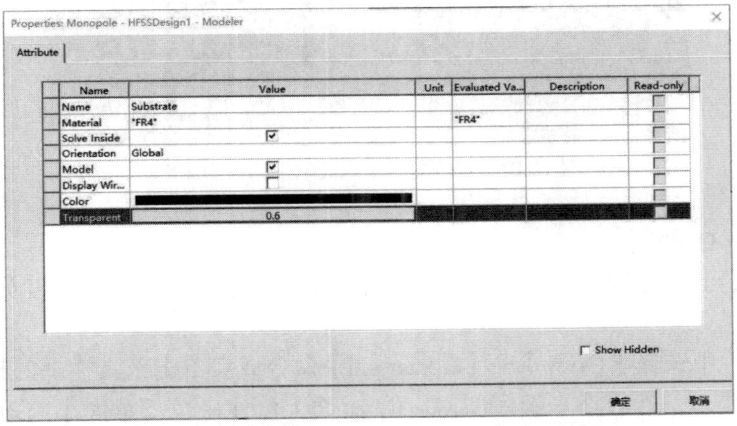

图 10.59 长方形属性对话框的 Attribute 选项卡

双击操作历史树中 Substrate 下的 Create Box 节点，打开新建长方体属性对话框的 Command 选项卡，在该选项卡中设置长方体的顶点坐标和尺寸。在 Position 中设置顶点坐标为（$-W/2$，$-L/2$，0），在 XSize、YSize 和 ZSize 中设置矩形面的长、宽和高分别为 W、L 和 $-H$，如图 10.60 所示，然后单击 [确定] 按钮退出。

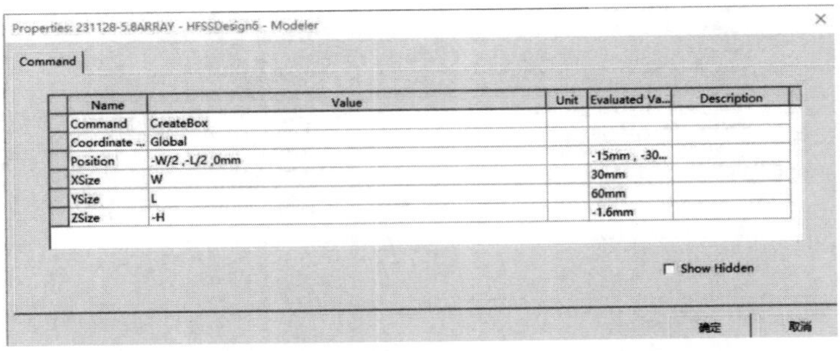

图 10.60 长方形属性对话框的 Command 选项卡

此时就创建好了名称为 Substrate 的介质基片模型。然后，按快捷键 Ctrl ＋ D 全屏显示创建的长方体模型。

② 创建介质层上表面阵列天线模型。创建位于介质层上表面的阵列天线贴片模型，其形状如图 10.61 所示。由于该阵列左右对称，建模时，首先依次创建如图 10.61 所示的左侧两个天线单元和微带馈线，然后通过合并和对称操作，把所有的图形面合并成一个完整的模型。

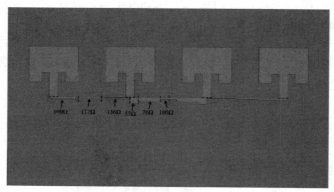

图 10.61　组成单极子天线贴片的 4 个图形

a. 创建 100 Ω 馈线。

在介质层的上表面创建如图 10.52 所示的 100 Ω 馈线，其长度和宽度分别用变量 W_{100} 和 L_{100} 表示。

从主菜单栏中选择【Draw】→【Rectangle】命令或者单击工具栏上的 ▢ 按钮，进入创建矩形面的状态，然后在三维模型窗口的 xy 面上创建一个任意大小的矩形面。新建的矩形面会添加到操作历史树的 Sheets 节点下，其默认的名称为 Rectangle 1。

展开操作历史树中 Sheets 下的 Rectangle 1 节点，双击该节点下的 Create Rectangle 节点，打开新建矩形面属性对话框的 Command 选项卡，在该选项卡中设置矩形面的顶点坐标和尺寸。在 Position 选项卡顶点中设置坐标为（0，0，0），在 XSize 和 YSize 中设置矩形面的长度和宽度分别为 −（$P_Y/2-L_{76}$）/2 和 −W_{100}，如图 10.62 所示，然后单击 ▣确定 按钮退出。

Name	Value	Unit	Evaluated Va...	Description
Command	CreateRectangle			
Coordinate ...	Global			
Position	0 ,0 ,0	mm	0mm , 0mm ...	
Axis	Z			
XSize	-(PY/2-L76)/2		-2.6mm	
YSize	-W100		-0.63mm	

☐ Show Hidden

确定　　取消

图 10.62　100 Ω 馈线属性对话框的 Command 选项卡

b. 创建 76 Ω 馈线。

在介质层的上表面创建如图 10.52 所示的 76 Ω 馈线，其长度和宽度分别用变量 W_{76} 和 L_{76} 表示。

从主菜单栏中选择【Draw】→【Rectangle】命令或者单击工具栏上的 □ 按钮，进入创建矩形面的状态，然后在三维模型窗口的 xy 面上创建一个任意大小的矩形面。新建的矩形面会添加到操作历史树的 Sheets 节点下，其默认的名称为 Rectangle 2。

展开操作历史树中 Sheets 下的 Rectangle 1 节点，双击该节点下的 Create Rectangle 节点，打开新建矩形面属性对话框的 Command 选项卡，在该选项卡中设置矩形面的顶点坐标和尺寸。在 Position 选项卡顶点中设置坐标为（-（P_y/2-L_{76}）/2/，0，0），在 XSize 和 YSize 中设置矩形面的长度和宽度分别为 $-L_{76}$ 和 $-W_{76}$，如图 10.63 所示，然后单击 确定 按钮退出。

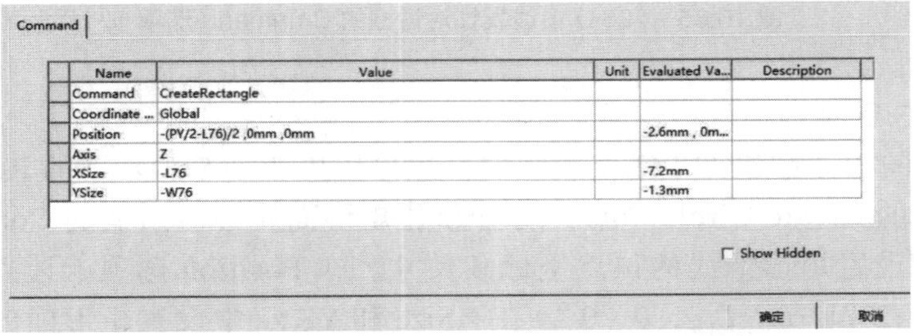

图 10.63　76 Ω 馈线属性对话框的 Command 选项卡

c. 创建 57 Ω 馈线。

利用同样的操作创建 57 Ω 馈线，展开操作历史树中 Sheets 下的 Rectangle 3 节点，双击该节点下的 Create Circle 节点，打开新建矩形面属性对话框的 Command 选项卡，在该选项卡中设置矩形馈线的顶点坐标和尺寸。在 Position 选项卡顶点中设置坐标为（-（P_y/2-L_{76}）/2-L_{76}，0，0），在 XSize 和 YSize 中设置矩形面的长度和宽度分别为 $-L57$ 和 $-W57$，如图 10.64 所示，然后单击 确定 按钮退出。

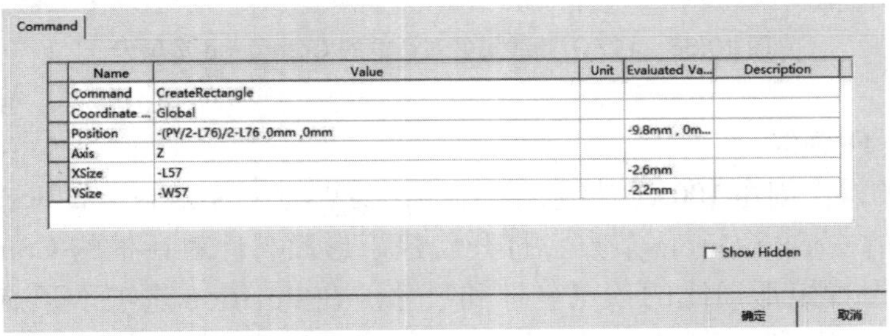

图 10.64　57 Ω 馈线属性对话框的 Command 选项卡

d. 创建 136 Ω 馈线。

利用同样的操作创建 136 Ω 馈线，展开操作历史树中 Sheets 下的 Rectangle 4 节点，双击该节点下的 Create Circle 节点，打开新建矩形面属性对话框的 Command 选项卡，在该选项卡中设置矩形馈线的顶点坐标和尺寸。在 Position 选项卡顶点中设置坐标为（$-（P_Y/2-L_{76}）/2-L_{76}-L_{57}$，0，0），在 XSize 和 YSize 中设置矩形面的长度和宽度分别为 $-L136$ 和 $-W136$，如图 10.65 所示，然后单击 确定 按钮退出。

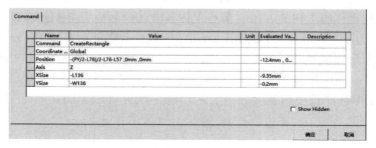

图 10.65　136Ω 馈线属性对话框的 Command 选项卡

e. 创建 117 Ω 馈线。

利用同样的操作创建 117 Ω 馈线，展开操作历史树中 Sheets 下的 Rectangle 5 节点，双击该节点下的 Create Circle 节点，打开新建矩形面属性对话框的 Command 选项卡，在该选项卡中设置矩形馈线的顶点坐标和尺寸。在 Position 选项卡顶点中设置坐标为（$-（P_Y/2-L_{76}）/2-L_{76}-L_{57}-L_{136}$，0，0），在 XSize 和 YSize 中设置矩形面的长度和宽度分别为 $-L117$ 和 $-W117$，如图 10.66 所示，然后单击 确定 按钮退出。

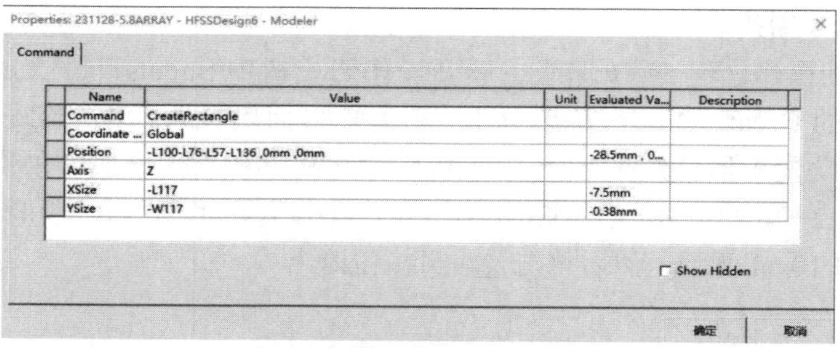

图 10.66　117Ω 馈线属性对话框的 Command 选项卡

f. 创建 100 Ω 馈线。

利用同样的操作创建 100 Ω 馈线，展开操作历史树中 Sheets 下的 Rectangle 6 节点，双击该节点下的 Create Circle 节点，打开新建矩形面属性对话框的 Command 选项卡，在该选项卡中设置矩形馈线的顶点坐标和尺寸。在 Position 选项卡顶点中设置坐标为（$-（P_Y/2-L_{76}）/2-L_{76}-L_{57}-L_{117}$，0，0），在 XSize 和 YSize 中设置矩形面的长度和宽度分别为 $-L_{100}$ 和 $-W_{100}$，如图 10.67 所示，然后单击 确定 按钮退出。

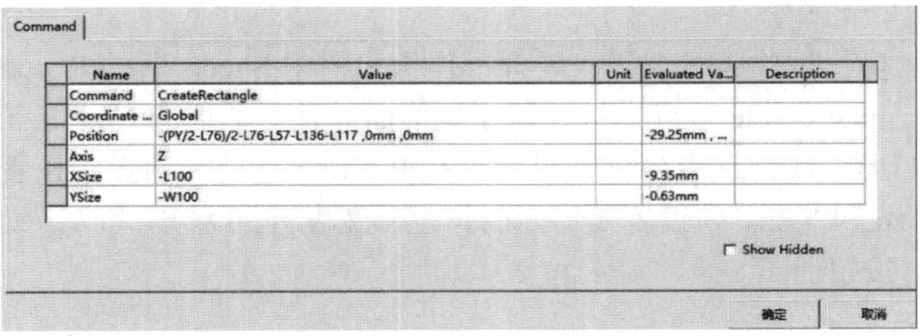

Command

	Name	Value	Unit	Evaluated Va...	Description
	Command	CreateRectangle			
	Coordinate ...	Global			
	Position	-(PY/2-L76)/2-L76-L57-L136-L117 ,0mm ,0mm		-29.25mm , ...	
	Axis	Z			
	XSize	-L100		-9.35mm	
	YSize	-W100		-0.63mm	

Show Hidden

确定 取消

图 10.67　100 Ω 馈线属性对话框的 Command 选项卡

g. 创建天线单元馈线。

利用同样的操作创建天线馈线，展开操作历史树中 Sheets 下的 Rectangle 7 节点，双击该节点下的 Create Circle 节点，打开新建矩形面属性对话框的 Command 选项卡，在该选项卡中设置矩形馈线的顶点坐标和尺寸。在 Position 选项卡顶点中设置坐标为（$-W3/2$，0，0），在 XSize 和 YSize 中设置矩形面的长度和宽度分别为 $W3$ 和 $L2$，如图 10.68 所示，然后单击 确定 按钮退出。

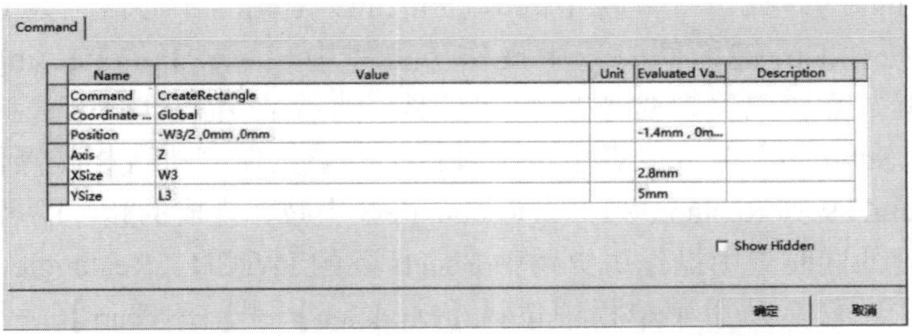

Command

	Name	Value	Unit	Evaluated Va...	Description
	Command	CreateRectangle			
	Coordinate ...	Global			
	Position	-W3/2 ,0mm ,0mm		-1.4mm , 0m...	
	Axis	Z			
	XSize	W3		2.8mm	
	YSize	L3		5mm	

Show Hidden

确定 取消

图 10.68　天线单元馈线属性对话框的 Command 选项卡

h. 创建天线单元。

利用同样的操作创建天线馈线，展开操作历史树中 Sheets 下的 Rectangle 8 节点，双击该节点下的 Create Circle 节点，打开新建矩形面属性对话框的 Command 选项卡，在该选项卡中设置矩形馈线的顶点坐标和尺寸。在 Position 选项卡顶点中设置坐标为（$-W1/2$，$L3$，0），在 XSize 和 YSize 中设置矩形面的长度和宽度分别为 $W1$ 和 $L1$，如图 10.69 所示，然后单击 确定 按钮退出。

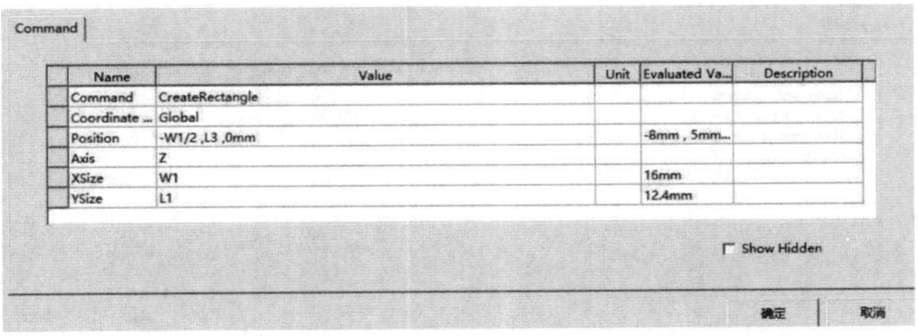

Command

	Name	Value	Unit	Evaluated Va...	Description
	Command	CreateRectangle			
	Coordinate ...	Global			
	Position	-W1/2 ,L3 ,0mm		-8mm , 5mm...	
	Axis	Z			
	XSize	W1		16mm	
	YSize	L1		12.4mm	

Show Hidden

确定 取消

图 10.69　天线单元属性对话框的 Command 选项卡

i. 创建天线单元凹槽。

利用同样的操作创建天线馈线，展开操作历史树中 Sheets 下的 Rectangle 9 节点，双击该节点下的 Create Circle 节点，打开新建矩形面属性对话框的 Command 选项卡，在该选项卡中设置矩形馈线的顶点坐标和尺寸。在 Position 选项卡顶点中设置坐标为（$W_3/2$，L_3，0），在 XSize 和 YSize 中设置矩形面的长度和宽度分别为 W_2 和 L_2，如图 10.70 所示，然后单击 ▭确定 按钮退出。

Name	Value	Unit	Evaluated Va...	Description
Command	CreateRectangle			
Coordinate ...	Global			
Position	W3/2 ,L3 ,0mm		1.4mm , 5m...	
Axis	Z			
XSize	W2		2.4mm	
YSize	L2		3mm	

☐ Show Hidden

图 10.70　天线单元属性对话框的 Command 选项卡

选中 Rectangle 9，点击工具栏中的 ▨ 按钮，以 Y 轴为中心线，建立一个对称矩形 Rectangle 10，按住 Ctrl 键的同时选中操作历史树中 Sheets 下的 Rectangle 8、Rectangle 9、Rectangle 10 节点，以同时选中这 3 个图形。然后从主菜单栏中选择【Modeler】→【Boolean】→【Subtract】命令或者单击工具栏上的 ▨ 按钮，执行相减操作。此时，即可把选中的 Rectangle 9 和 Rectangle 10 从 Rectangle 8 中减，生成的整体的名称为 PATCH。

按住 Ctrl 键的同时选中操作历史树中 Sheets 下的 PATCH、Rectangle 7 节点，以同时选中这 2 个图形。然后从主菜单栏中选择【Modeler】→【Boolean】→【Unite】命令或者单击工具栏上的 ▨ 按钮，执行合并操作。

j. 合并天线阵列。

选中 PATCH，点击工具栏中的 ▨ 按钮，以坐标原点为起点，向左平移 $P_Y/2$，在 Command 选项卡中 Move Vector 设置为（$-PY/2$，0，0），如图 10.71 所示，然后单击 ▭确定 按钮退出。

再次选中 PATCH，点击工具栏中的 ▨ 按钮，以坐标原点为起点，向左平移 PY，在 Command 选项卡中 Vector 设置为（$-PY$，0，0）. 然后单击 ▭确定 按钮退出，生成新的天线单元 PATCH_1。

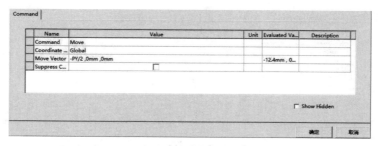

Name	Value	Unit	Evaluated Va...	Description
Command	Move			
Coordinate ...	Global			
Move Vector	-PY/2 ,0mm ,0mm		-12.4mm , 0...	
Suppress C...	☐			

☐ Show Hidden

图 10.71　天线单元属性对话框的 Command 选项卡

选中 PATCH，按下 Ctrl 键，同时选中 PATCH_1、Rectangle 1、Rectangle 2、Rectangle 3、Rectangle 4、Rectangle 5、Rectangle 6，点击工具栏中的 按钮，实现左侧天线阵列的合并。

选中合并后的 PATCH，点击工具栏中的 按钮，以 y 轴为对称轴，镜像得到右侧阵列天线，Command 选项卡如图 10.72 所示 .

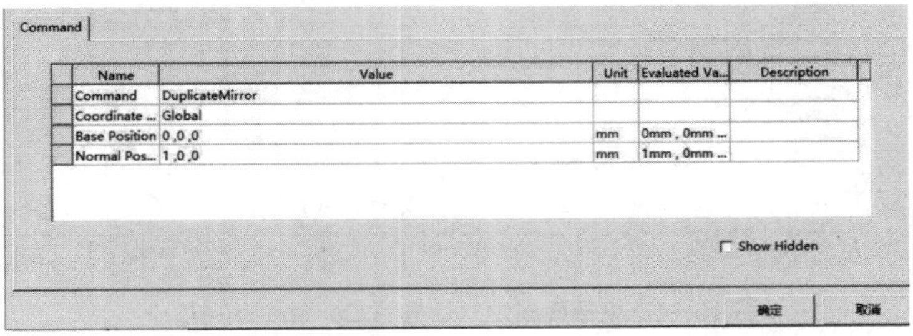

图 10.72　天线单元属性对话框的 Command 选项卡

选中 PATCH，按下 Ctrl 键，同时选中 PATCH_2，点击工具栏中的 按钮，实现整体天线阵列的合并。

③ 创建介质层下表面的参考地模型。创建位于介质层下表面的参考地模型，其形状是如图 10.52 中所示的一个矩形面，矩形面的长度和宽度分别为 104.4 mm 和 30 mm。

从主菜单栏中选择【Draw】→【Rectangle】命令或者单击工具栏上的 按钮，进入创建矩形面的状态，然后在三维模型窗口的 xy 面上创建一个任意大小的矩形面。新建的矩形面会添加到操作历史树的 Sheets 节点下，其默认的名称为 Rectangle 10。

双击操作历史树中 Sheets 下的 Rectangle 10 节点，打开新建矩形面属性对话框的 Attribute 选项卡，如图 10.73 所示。把矩形面的名称设置为 GND，设置其颜色为铜黄色，然后单击 按钮退出。

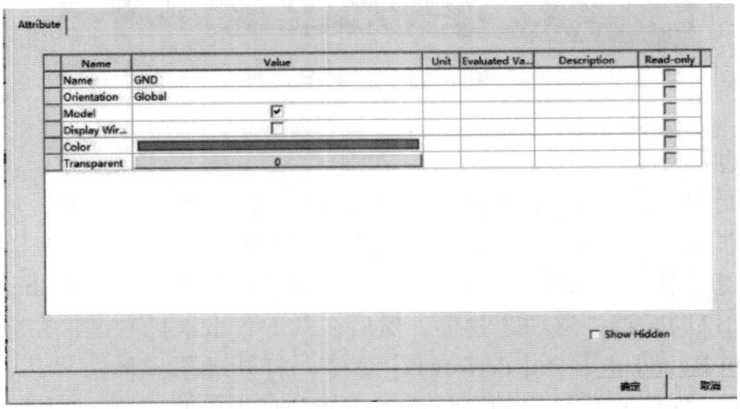

图 10.73　矩形面属性对话框的 Attribute 选项卡

双击操作历史树中 GND 下的 Create Rectangle 节点，打开新建矩形面属性对话框的 Command 选项卡，在该选项卡中设置矩形面的顶点坐标和尺寸。在 Position 中设置顶点坐标为（$-W/2$，$-L/2$，$-H$），在 XSize 和 YSize 中设置矩形面的宽度和长度分别为 W 和 L，如图 10.74 所示，然后单击 [确定] 按钮退出。

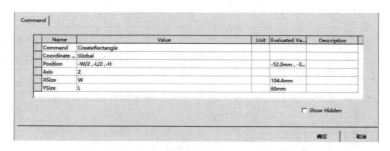

图 10.74　矩形面属性对话框的 Command 选项卡

最后，按快捷键 Ctrl ＋ D 全屏显示创建的所有物体的模型，如图 10.75 所示。

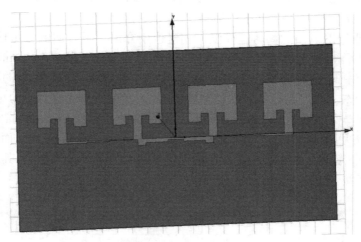

图 10.75　阵列天线模型

（5）设置边界条件。

因为介质层的上、下表面的平面模型 PATCH 和 GND 都是金属片，所以为其分配理想导体边界条件。另外，对于天线分析，还需要设置辐射边界。

① 分配理想导体边界条件。按住 Ctrl 键的同时选中操作历史树中 Sheets 下的 PATCH 和 GND 节点，以同时选中这两个物体，然后在其上单击鼠标右键，在弹出的快捷菜单中选择【Assign Boundary】→【Perfect E】命令，打开理想导体边界条件设置对话框，如图 10.76 所示。保留对话框中的默认设置不变，直接单的 [OK] 按钮，即可设置平面 PATCH 和 GND 为理想导体边界条件。理想导体边界条件的名称 Perf E1 会添加到工程树的 Boundaries 节点下。此时，平面 PATCH 和 GND 等效为理想导体面。

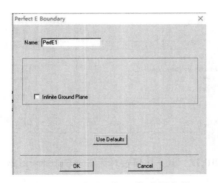

图 10.76　分配理想导体边界条件

② 设置辐射边界条件。使用 HFSS 分析天线问题时，必须设置辐射边界条件，且辐射表面和辐射体之间的距离需要不小于 1/4 个工作波长。频率为 5.8 GHz 时的 1/4 个自由空间波长约为 13 mm。在这里首先创建一个长方体模型，长方体的各个表面和介质层表面之间的距离都为 15 mm，然后把该长方体的表面设置为辐射边界条件。

从主菜单栏中选择【Draw】→【Box】命令或者单击工具栏上的 ⬚ 按钮，进入创建长方体的状态，然后在三维模型窗口中创建一个任意大小的长方体。新建的长方体会添加到操作历史树的 Solids 节点下，其默认的名称为 Box 1。

双击操作历史树中 Solids 下的 Box 1 节点，打开新建长方体属性对话框的 Attribute 选项卡。把长方体的名称设置为 Air Box，设置其材质为 air、透明度为 0.8，如图 10.77 所示，然后单击 确定 按钮退出。

Name	Value	Unit	Evaluated Va...	Description	Read-only
Name	AirBox				
Material	"air"		"air"		
Solve Inside	☑				
Orientation	Global				
Model	☑				
Display Wir...	☐				
Color					
Transparent	0.8				

☐ Show Hidden

确定　　取消

图 10.77　长方体属性对话框的 Attribute 选项卡

双击操作历史树中 Air Box 下的 Create Box 节点，打开新建长方体属性对话框的 Command 选项卡，在该选项卡中设置长方体的顶点坐标和尺寸。在 Position 中设置顶点坐标为（$-W/2-15$ mm，$-L/2-15$ mm，-40 mm），在 XSize、YSize 和 ZSize 中设置矩形面的长、宽和高分别为 $W+30$ mm、$L+30$ mm 和 80 mm，如图 10.78 所示，然后单击 确定 按钮退出。

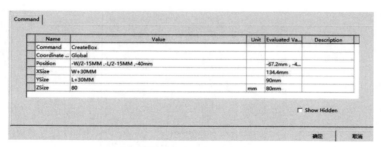

图 10.78　长方体属性对话框的 Command 选项卡

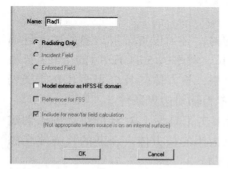

图 10.79　辐射边界条件设置对话框

创建好长方体模型 Air Box 之后，在操作历史树下单击 Air Box 节点以选中该模型。然后在三维模型窗口中单击鼠标右键，在弹出的快捷菜单中选择【Assign Boundary】→【Radiation】命令，打开辐射边界条件设置对话框，如图 10.79 所示。在该对话框中保留默认设置不变，直接单击 OK 按钮，把长方体模型 Air Box 的表面设置为辐射边界条件。

（6）设置激励方式。

因为天线的输入端口位于模型内部，所以需要使用集总端口激励。首先在天线的馈线端口处创建一个矩形面作为馈电面，然后设置该馈电面的激励方式为集总端口激励。

单击工具栏上的 XY 下拉列表框，从其下拉列表中选择 ZX 选项，把当前工作平面设置为 yz 平面。从主菜单栏选择【Draw】→【Rectangle】命令或者单击工具栏上的按钮，进入创建矩形面的状态，并在三维模型窗口的 xz 面上创建一个任意大小的矩形面。新建的矩形面会添加到操作历史树的 Sheets 节点下，其默认的名称为 Rectangle 10。

双击操作历史树中 Sheets 下的 Rectangle 10 节点，打开新建矩形面属性对话框的 Attribute 选项卡，如图 10.80 所示。把矩形面的名称设置为 Feed_Port，然后单击 确定 按钮退出。

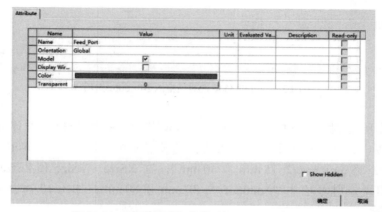

图 10.80　矩形面属性对话框的 Attribute 选项卡

双击操作历史树中 Feed_Port 下的 Create Rectangle 节点，打开新建矩形面属性对话框的 Command 选项卡，在该选项卡中设置矩形面的顶点坐标和尺寸。在 Position 中设置顶点位置坐标为（$-W_{50}/2$，0，0），$W50$ 值为 2.88 mm，在 XSize 和 ZSize 中设置矩形面的长和宽分别为 W_{50} 和 $-H$，如图 10.81 所示，然后单击 确定 按钮退出。

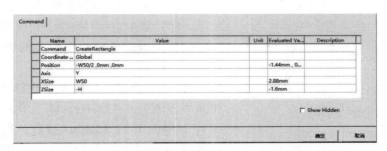

Name	Value	Unit	Evaluated Va...	Description
Command	CreateRectangle			
Coordinate ...	Global			
Position	-W50/2 ,0mm ,0mm		-1.44mm , 0...	
Axis	Y			
XSize	W50		2.88mm	
ZSize	-H		-1.6mm	

□ Show Hidden

确定　　取消

图 10.81　矩形面属性对话框的 Command 选项卡

这样就在 xz 面上创建了一个与金属片 PATCH 和 GND 相接的矩形面。接下来把该矩形面设置为集总端口激励。需要注意的是，终端驱动求解类型下集总端口激励的设置操作和模式驱动求解类型下的设置操作是不一样的，其具体操作如下。

单击操作历史树中 Sheets 下的 Feed_Port 节点，以选中该矩形面。然后在其上单击鼠标右键，在弹出的快捷菜单中选择【Assign Excitation】→【Lumped Port】命令，打开终端驱动求解类型下集总端口设置对话框。在该对话框中的 Port Name 文本框中输入端口激励名称，默认名称为 1。在该对话框下方的 Conductor 项用于设置端口的参考地，当前设计中平面 GND 是参考地，因此这里选中 GND 对应的复选框，其他选项保留默认设置不变，然后单击 OK 按钮，即可完成集总端口激励的设置。完成后，设置的集总端口的名称 1 会添加到工程树中 Excitations 节点下，如图 10.82 所示。其中，1 是集总端口激励名称。

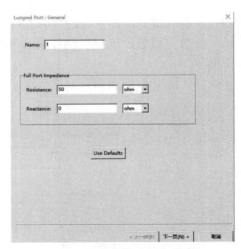

图 10.82　集总端口设置对话框

（7）求解设置。

设计的阵列天线工作在 IEEE 802.11a（5.15 ~ 5.825 GHz）频段。求解频率设置为天线的最高工作频率，即 5.8 GHz。同时添加频率范围为 4 ~ 8 GHz 的扫频设置，选择快速（Fast）扫频类型，分析天线在 4 ~ 8 GHz 频段的回波损耗或者电压驻波比。

① 求解频率和网格剖分设置。设置求解频率为 5.8 GHz，自适应网格剖分的最大迭代次数为 20，收敛误差为 0.02。

右键单击工程树下的 Analysis 节点，在弹出的快捷菜单中选择【Add Solution Setup】

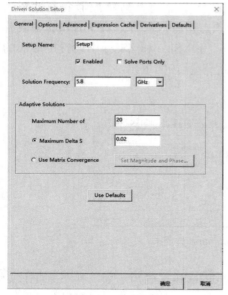

图 10.83　求解设置

命令，打开 Solution Setup 对话框。在该对话框中的 Solution Frequency 项中输入求解频率 5.8 GHz，Maximum Number of Passes 文本框中输入最大迭代次数 20，Maximum Delta S 文本框中输入收敛误差 0.02，其他选项保留默认设置，如图 10.83 所示。然后单击 ____ 确定 ____ 按钮，完成求解设置。

设置完成后，求解设置项的名称 Setup 1 会添加到工程树的 Analysis 节点下。

② 扫频设置。扫频类型选择快速扫频，扫频频率范围为 4～8 GHz，频率步进为 0.01 GHz。展开工程树下的 Analysis 节点，右键单击求解设置项 Setup 1，在弹出的快捷菜单中选择【Add Frequency Sweep】命令，打开 Edit Sweep 对话框，如图 10.84 所示。在该对话框中的 Sweep Type 下拉列表中选择扫描类型为 Fast，在 Frequency Setup 选项组中的 Type 下拉列表中选择 Linear

Step 选项，并将 Start 设置为 4 GHz，Stop 设置为 8 GHz，Step Size 设置为 0.01 GHz，其他选项都保留默认设置。最后单击对话框中的 ____ OK ____ 按钮，完成设置。

设置完成后，该扫频设置项的名称 Sweep 1 会添加到工程树中求解设置项 Setup 1 的下面。

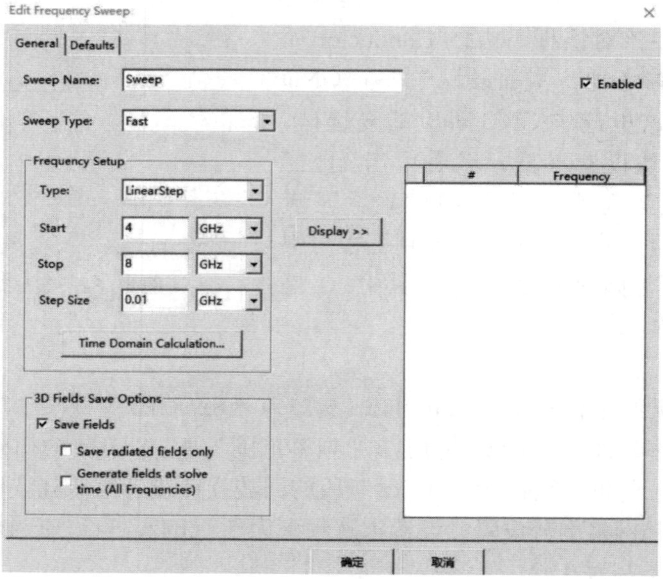

图 10.84　扫频设置

（8）设计检查和运行仿真计算。

通过前面的操作，已经完成了模型创建和求解设置等 HFSS 设计的前期工作，接下来就可以运行仿真计算并查看分析结果了。但在运行仿真计算之前，通常需要进行设计检查，确认设计的完整性和正确性。

从主菜单栏中选择【HFSS】→【Validation Check】命令或者单击工具栏上的 🖉 按钮，进行设计检查。此时，会打开如图 10.85 所示的 Validation Check 对话框。该对话框中的每一个选项的前面都显示 ✔ 图标，表示当前的 HFSS 设计正确且完整。单击 Close 关闭对话框，接下来开始运行仿真计算。

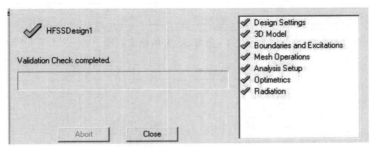

图 10.85　设计检查结果对话框

右键单击工程树下的 Analysis 节点，在弹出的快捷菜单中选择【Analyze All】命令，或者单击工具栏上的 🐾 按钮，开始运行仿真计算。

在仿真计算过程中，工作界面右下方的进度条窗口中会显示求解进度，信息管理窗口中也会有相应的信息说明，并会在仿真计算完成后给出完成提示信息。

（9）天线性能结果分析。

仿真分析完成后，在数据后处理部分能够查看天线各项性能参数的分析结果，包括 S_{11} 扫频分析结果、天线表面电流分布、S_{11} 的 Smith 圆图结果、xz 和 yz 截面的增益方向图以及天线的三维增益方向图。

① 查看 S_{11} 扫频结果。右键单击工程树下的 Results 节点，在弹出的快捷菜单中选择【Create Mo Solution Data Report】→【Rectangular Plot】命令，打开报告设置对话框，如图 10.86 所示。在该对话框中确定左侧的 Solution 下拉列表中选择的是 Setup 1：Sweep 1，在 Category 列表框中选中 S Parameter，在 Quantity 列表框中选中 S（1，1），在 Function 列表框中选中 dB。然后单击 New Report 按钮，再单击 Close 按钮关闭对话框。此时，即可生成如图 10.87 所示的扫频频率在 4 ~ 8 GHz 频率范围内的回波损耗 S_{11} 的分析结果。

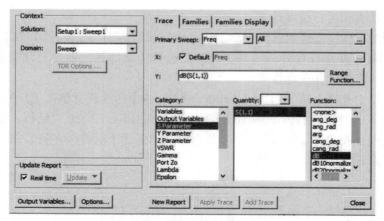

图 10.86　查看 S_{11} 分析结果操作

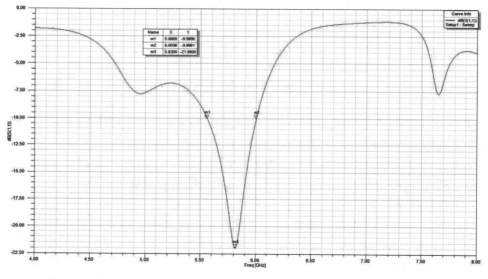

图 10.87　S_{11} 的扫频分析结果

从分析结果中可以看出，在 IEEE 802.11a（即 5.15 ~ 5.825 GHz）频段内，S_{11} 小于 $-10\,dB$，满足性能要求。

②查看天线表面电场分布。查看天线工作在 5.8 GHz 时的表面电场。

单击操作历史树中 Sheets 下的 Perfect E 节点中的 PATCH，以选中天线阵列。然后右键单击工程树下的 Field Overlays 节点，在弹出的快捷菜单中选择【Plot Fields】→【E】→【Mag_E】命令，打开报告设置对话框如图 10.88 所示，保持默认设置，单击按钮生成工作在 5.8 GHz 时的天线表面电场分布图，如图 10.89 所示。

③查看 S_{11} 的 Smith 圆图结果。右键单击工程树下的 Results 节点，在弹出的快捷菜单中选择【Create Modal Solution Data Report】→【Smith Chart】命令，打开如图 10.90 所示的报告设置对话框，单击 New Report 按钮生成 S 的 Smith 圆图结果，如图 10.91 所示。

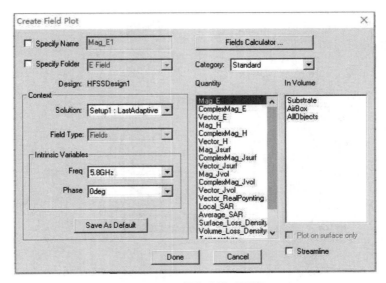

图 10.88　报告设置对话框

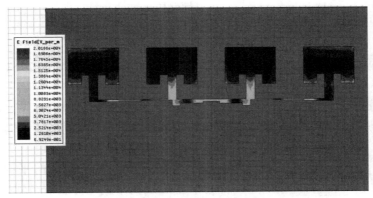

图 10.89　5.8 GHz 天线表面电场

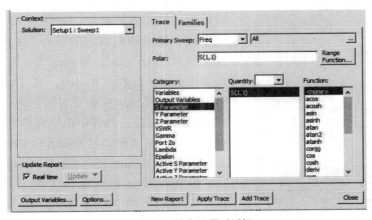

图 10.90　报告设置对话框

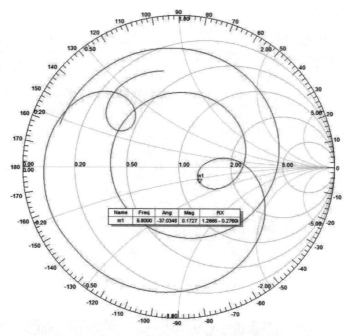

Name	Freq	Ang	Mag	RX
m1	5.8000	-37.0348	0.1727	1.2866 - 0.2760i

图 10.91　S_{11} 的 Smith 圆图结果

　　从结果报告中可以看出，5.8 GHz 时的归一化阻抗为（1.286 6-j0.276 0）Ω，达到很好的匹配状态。

　　④ xz、yz 截面上增益方向图。要查看天线的远区场计算结果，首先需要定义辐射表面。辐射表面是在球坐标系下定义的。在球坐标系下，xz 平面即相当于 $\varphi=0°$ 的平面，yz 平面即相当于 $\varphi=90°$ 的平面。

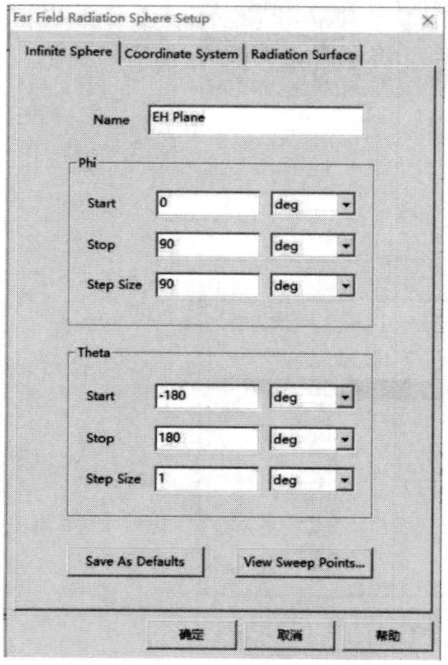

　　a. 定义 $\varphi=0°$ 和 $\varphi=90°$ 的平面为辐射表面。右键单击工程树下的 Radiation 节点，在弹出的快捷菜单中选择【Insert Far Field Setup】→【Infinite Sphere】命令，打开 Far Field Radiation Sphere Setup 对话框，定义辐射表面，如图 10.92 所示。在 Name 文本框中输入辐射表面的名称 EH Plane，在 Phi 角度对应的 Start、Stop 和 Step Size 文本框中分别输入 0 deg、90 deg 和 90 deg，在 Theta 角度对应的 Start、Stop 和 Step Size 文本框中分别输入 -180 deg、180 deg 和 1 deg，然后单击 确定 按钮完成设置。

　　此时，定义的辐射表面名称 EH Plane 会添加到工程树的 Radiation 节点下。

　　b. 查看在 xz 和 yz 截面上的增益方向图。右键单击工程树下的 Results 节点，在弹出的快捷菜单中选择【Create Far Fields Report】→【Radiation

图 10.92　定义辐射表面

Pattern】命令，打开如图 10.93 所示报告设置对话框。在该对话框中将 Geometry 选项设置为前面定义的辐射表面 EH Plane，Category 选项设置为 Gain，Quantity 选项设置为 Gain Total，Function 选项设置为 dB。然后单击 New Report 按钮，生成天线工作在 5.8 GHz 时 *xz* 和 *yz* 截面上的增益方向图，如图 10.94 所示。

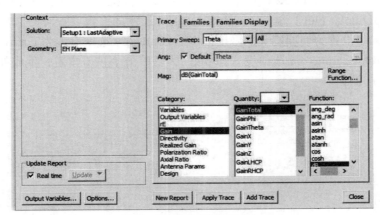

图 10.93　报告设置对话框

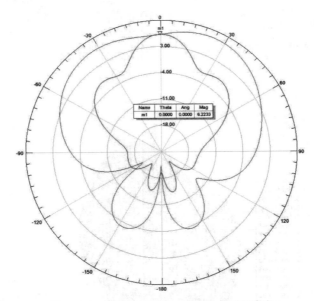

图 10.94　天线在 *xz* 和 *yz* 截面上的增益方向

⑤ 三维增益方向图。

a. 定义三维立体球面为辐射表面。使用和前面相同的操作方法，打开 Far Field Radiation Sphere Setup 对话框。在 Name 文本框中输入辐射表面的名称 3D，在 Phi 角度对应的 Start、Stop 和 Step Size 文本框中分别输入 0 deg、360 deg 和 2 deg，在 Theta 角度对应的 Start、Stop 和 Step Size 文本框中分别输入 0 deg、180 deg 和 2 deg，然后单击 确定 按钮完成设置。

此时，定义的辐射表面名称 3D 同样会添加到工程树的 Radiation 节点下。

b. 查看三维增益方向图。

右键单击工程树下的 Results 节点，在弹出的快捷菜单中选择【Create Far Fields Report】→【3D Polar Plot】命令，打开如图 10.95 所示的报告设置对话框。在该对话框中将 Geometry 选项设置为前面定义的辐射面 3D，Category 选项设置为 Gain，Quantity 选项设置为 Gain Total，Function 选项设置为 dB。然后单击 New Report 按钮，生成如图 10.96 所示的三维增益方向图。

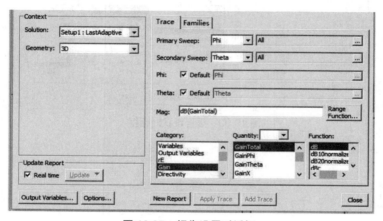

图 10.95　报告设置对话框

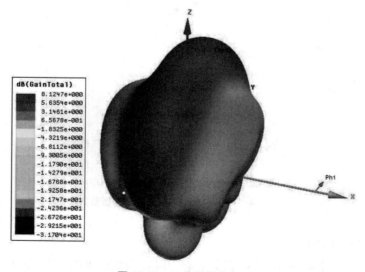

图 10.96　三维增益方向

（10）保存设计。

至此，便完成了 1×4 阵列天线的 HFSS 设计分析。在设计中，给出了工作于 IEEE 802.11a 工作频段上的微带结构单极子天线的 HFSS 分析结果。最后单击工具栏中的 ◻ 按钮保存设计，再从主菜单栏中选择【File】→【Exit】命令，退出 HFSS。

习题

1. 简述天线的功能。它有哪些基本电参量？

2. 天线可分为哪几类？

3. 简述电基本振子远区辐射场的特点。

4. 天线的基本结构形式是什么？天线的工作带宽是如何确定的？它的物理本质是什么？

5. 从接收角度讲，对天线的方向性有哪些要求？

6. 天线的前后比是如何定义的？前后比与水平瓣宽的关系是什么？

7. 什么是天线的增益？天线的增益与天线的水平波束宽度及垂直波束宽度有什么关系？

8. 电基本振子的辐射功率 $P_\Sigma = 10\,\text{W}$，试求 $r = 10\,\text{km}$，θ 分别为 $0°$、$45°$、$90°$ 的场强。其中，θ 为射线与振子轴之间的夹角。

9. 计算电基本振子的半功率波瓣宽度和零功率波瓣宽度。

参考文献

［1］白玄.麦克斯韦：十九世纪最深刻的数学物理学家［M］.北京：中央文献出版社,2000.

［2］王贵友,何兵.法拉第传［M］.湖北：湖北辞书出版社,1998.

［3］肖明.麦克斯韦：改变一生的人［M］.北京：科学技术出版社,2011.

［4］周兆屏.电磁学集大成者麦克斯韦［M］.北京：人民出版社,2016.

［5］福布斯.法拉第、麦克斯韦和电磁场：改变物理学的人［M］.北京：机械工业出版社,2020.

［6］赵喜臣.法拉第［M］.北京：中国社会出版社,2012.

［7］李美夏,李荣华.科学家讲的科学故事 071 伏打讲的化学电池的故事［M］.云南：云南教育出版社,2012.

［8］刘枫.从伏打谈电化学［M］宁夏：阳光出版社,2023.

［9］本杰明·富兰克林.富兰克林自传［M］吉林：时代文艺出版社,2017.

［10］李媛,李九生.电磁场与微波技术［M］.北京：北京邮电大学出版社,2010.

［11］傅文斌.微波技术与天线［M］.北京：机械工业出版社,2013.

［12］张洪欣,沈远茂,韩宇南.微波技术与天线［M］.北京：清华大学出版社,2016.

［13］黄玉兰.电磁场与微波技术［M］.北京：人民邮电出版社,2012.

［14］彭沛夫,张桂芳.微波与射频技术［M］.北京：清华大学出版社,2013.

［15］任伟,赵家升.电磁场微波技术［M］.北京：电子工业出版社,2006.

［16］梁昌洪.微波五讲［M］.北京：高等教育出版社,2014.

［17］沈俐娜.电磁场与电磁波［M］.武汉：华中科技大学出版社,2009.

［18］曹伟,徐立勤.电磁场与电磁波理论［M］.北京：科学出版社,2010.

［19］谢处方,饶克勤.电磁场与电磁波［M］.北京：高等教育出版社,2002.

［20］王家礼,朱满座,路宏敏.电磁场与电磁波［M］.西安：西安电子科技大学出版社,2005.

［21］王长清.现代计算电磁学基础［M］.北京：北京大学出版社,2005.

［22］吕英华.计算电磁学的数值方法［M］.北京：清华大学出版社,2006.

［23］陈艳华,李朝晖,夏玮.ADS 射频电路设计与仿真［M］.北京：人民邮电出版社,2008.

［24］单承沼,单玉峰,姚磊.射频识别(RFID)原理与应用［M］.北京：电子工业出版社,2008.

［25］李明洋.HFSS 电磁仿真设计［M］.北京：人民邮电出版社,2010.

［26］赵军辉.射频识别技术与应用［M］.北京：机械工业出版社,2008.

［27］刘鸣,袁超伟,贾宁,黄韬.智能天线技术与应用［M］.北京：机械工业出版社,2007.

［28］盛振华.电磁场微波技术与天线［M］.西安：西安交通大学出版社,2005.

［29］David M. Pozar. Microwave Engineering Third Edition［M］.张肇仪,周乐柱,吴德明,等,译.北京：电子工业出版社,2006.

［30］丁荣林,李媛. 微波技术与天线［M］.北京：机械工业出版社,2007.

［31］冯恩信.电磁场与电磁波［M］.西安：西安交通大学出版社,2005.

［32］王增和,王培章,卢春兰.电磁场与电磁波［M］.北京：电子工业出版社,2001.

［33］任伟,赵家升,官伯然.电磁场与微波技术［M］.北京：电子工业出版社,2006.

［34］Skolnik J A.电磁波理论(英文影印版)［M］.北京：高等教育出版社,2002 .

［35］谢处方,饶克谨.电磁场与电磁波［M］.3 版.北京：高等教育出版社,1999.

［36］Pozar D M. Microwave and RF Design of Wireless Systems. N.J.：Wiley，2001.

［37］杨显清，赵家升，王园.电磁场与电磁波［M］.北京：国防工业出版社，2006.

［38］孙学康，张政.微波与卫星通信［M］.北京：人民邮电出版社，2007.

［39］焦其祥.电磁场与电磁波习题精解［M］.北京：科学出版社，2004.

［40］冯恩信，张安学.电磁场与电磁波学习辅导［M］.西安：西安交通大学出版社，2007.

［41］邹澎.电磁场与电磁波教学指导——习题解答与实验［M］.北京：清华大学出版社，2009.

［42］马冰然.电磁场与电磁波学习指导与习题详解［M］.广州：华南理工大学出版社，2010.

［43］杨显清，王园.电磁场与电磁波教学指导书［M］.北京：高等教育出版社，2006.

［44］胡冰，崔正勤.电磁场理论基础——概念、题解与自测［M］.北京：北京理工大学出版社，2010.

［45］海欣.电磁场与电磁波学习及考研指导［M］.北京：国防工业出版社，2008.

［46］John D. Kraus，Ronald J. Marhefka.天线［M］.3版.章文勋译.北京：电子工业出版社，2011.